高职艺术设计专业精品教材

Photoshop 平面设计

主　编　杨　明
副主编　马　瑞　唐云龙　张　阳
编写人员（以姓氏笔画为序）
　　　　马　瑞　李曙光　杨　明
　　　　沈　洁　张　阳　唐云龙
　　　　翟　月

中国科学技术大学出版社

内 容 简 介

Photoshop CS5是由Adobe公司开发的图形图像处理和编辑软件。它功能强大、易学易用,已经成为设计与图像处理领域非常流行的软件之一,深受图形图像处理爱好者和平面设计人员的喜爱。

本教材采用"项目驱动"的编写方式,采取"项目导入—知识点讲解—项目实施—项目总结"的模式,以实际问题引导出相关原理和概念,通过分析归纳,完成项目,最后概括总结。教材内容层次清晰,脉络分明,读者容易入门和掌握。

本书既可以作为高职高专学生的教材,也可以作为平面设计人员或图像编辑爱好者自学使用的参考书。

图书在版编目(CIP)数据

Photoshop平面设计/杨明主编. —合肥:中国科学技术大学出版社,2013.8
ISBN 978-7-312-03268-4

Ⅰ.P… Ⅱ.杨… Ⅲ.平面设计—图像处理软件—教材 Ⅳ.TP391.41

中国版本图书馆CIP数据核字(2013)第185860号

出版	中国科学技术大学出版社
	安徽省合肥市金寨路96号,230026
	http://press.ustc.edu.cn
印刷	安徽省瑞隆印务有限公司
发行	中国科学技术大学出版社
经销	全国新华书店
开本	880 mm × 1230 mm 1/16
印张	23.75
彩插	4
字数	751千
版次	2013年8月第1版
印次	2013年8月第1次印刷
定价	45.00元

前　言

Photoshop CS5 是由 Adobe 公司开发的图形图像处理和编辑软件。它功能强大、易学易用，已经成为设计与图像处理领域非常流行的软件之一，深受图形图像处理爱好者和平面设计人员的喜爱。目前，我国很多高职院校的计算机、数字媒体、艺术设计等专业，都将 Photoshop 图像处理列为一门重要的专业必修课程。

本教材采用项目式教学，系统地介绍了行业和市场上流行的图像处理软件 Photoshop CS5，强调实际应用能力，注重职业院校高技能应用型人才的培养。教材内容编写细致全面、重点突出；文字叙述言简意赅、通俗易懂；案例的实用性和针对性强，便于激发学习兴趣。

本教材采用"项目驱动"的编写方式，采取"项目导入—知识点讲解—项目实施—项目总结"的模式，以实际问题引导出相关原理和概念，通过分析归纳，完成项目，最后进行概括总结。教材内容层次清晰，脉络分明，读者容易入门和掌握。本书既可以作为高职高专学生的教材，也可以作为平面设计人员或图像编辑爱好者自学使用的参考书。

本教材的作者均为高等职业院校教学一线的中青年骨干教师，具有丰富的教学经验和项目设计经验。

本书由杨明担任主编，负责全书的体系结构和统稿工作，马瑞、唐云龙、张阳担任副主编。其中绪论、项目 13 由杨明编写，项目 1、项目 12 由翟月编写，项目 2、项目 9 由沈洁编写，项目 3、项目 4 由唐云龙编写，项目 5、项目 8 由李曙光编写，项目 6、项目 7 由张阳编写，项目 10、项目 11 由马瑞编写。

本教材的编写得到了安徽电子信息职业技术学院、安徽商贸职业技术学院、安徽机电职业技术学院等单位的大力支持，中国科学技术大学出版社在教材的编排和封面设计等方面给予了鼎力相助，在此表示衷心的感谢。

本书另附教材、作业素材及效果、最终效果图和电子课件等配套资料，可通过电子邮箱 ustcp@163.com 或 http://press.ustc.edu.cn 联系。

由于时间仓促，加之编者水平有限，书中难免有错误、疏漏之处，敬请广大读者批评指正。

编　者

2013 年 5 月

目 录

前言 ··· (i)

绪论 平面设计与 Photoshop 概述 ··· (1)
0.1 平面设计及流程 ·· (1)
0.2 常用艺术设计软件分类 ··· (2)
0.3 Photoshop 的应用领域 ··· (7)
0.4 优秀设计类网站与学习网站 ··· (11)
0.5 图像基本概念和颜色基本理论 ·· (18)
0.6 印刷输出 ··· (21)
项目训练 ··· (24)

项目 1 Photoshop 基本操作 ·· (25)
1.1 项目导入：制作时尚插画 ·· (25)
1.2 熟悉 Photoshop 的工作界面 ·· (26)
1.3 新建文件 ··· (29)
1.4 打开图像 ··· (30)
1.5 置入文件 ··· (31)
1.6 保存文件 ··· (32)
1.7 关闭文件 ··· (33)
1.8 使用 Adobe Bridge 管理文件 ··· (33)
1.9 移动复制图像 ··· (40)
1.10 裁剪图像 ·· (40)
1.11 图像变换与变形操作 ··· (41)
1.12 辅助工具 ·· (42)
1.13 修改图像大小和画布大小 ··· (45)
1.14 历史记录和快照 ··· (46)
1.15 动作批处理 ··· (48)
1.16 回到项目工作环境 ·· (54)
1.17 项目总结 ·· (57)
项目训练 ··· (57)

项目 2 图像选取 ·· (58)
2.1 项目导入：制作楼盘宣传海报 ·· (58)
2.2 选择工具 ··· (59)
2.3 套索工具 ··· (66)
2.4 魔棒工具 ··· (74)
2.5 色彩范围 ··· (76)

2.6 快速选择工具 …………………………………………………………………（79）
2.7 选区操作与编辑 …………………………………………………………………（82）
2.8 回到项目工作环境 ………………………………………………………………（88）
2.9 项目总结 …………………………………………………………………………（91）
项目训练 ………………………………………………………………………………（92）

项目3 色彩与色调调整 ………………………………………………………………（93）
3.1 项目导入：制作韩式风格婚纱照片 ……………………………………………（93）
3.2 颜色模式转换 ……………………………………………………………………（94）
3.3 图像色调调整 ……………………………………………………………………（100）
3.4 图像色彩调整 ……………………………………………………………………（116）
3.5 图像特殊色调、色彩调整 ………………………………………………………（126）
3.6 回到项目工作环境 ………………………………………………………………（128）
3.7 项目总结 …………………………………………………………………………（131）
项目训练 ………………………………………………………………………………（132）

项目4 图层 ……………………………………………………………………………（133）
4.1 项目导入：制作作品展海报 ……………………………………………………（133）
4.2 图层概念和基本操作 ……………………………………………………………（134）
4.3 图层样式 …………………………………………………………………………（154）
4.4 图层混合模式 ……………………………………………………………………（165）
4.5 填充图层与调整图层 ……………………………………………………………（171）
4.6 3D图层 ……………………………………………………………………………（174）
4.7 回到项目工作环境 ………………………………………………………………（177）
4.8 项目总结 …………………………………………………………………………（179）
项目训练 ………………………………………………………………………………（180）

项目5 绘画与修饰 ……………………………………………………………………（181）
5.1 项目导入 …………………………………………………………………………（181）
5.2 颜色的设置与使用 ………………………………………………………………（182）
5.3 画笔的设置 ………………………………………………………………………（184）
5.4 铅笔工具、颜色替换工具、混合器画笔工具 …………………………………（191）
5.5 图章工具复制图像和图案 ………………………………………………………（193）
5.6 修饰工具修饰图像 ………………………………………………………………（195）
5.7 历史记录工具 ……………………………………………………………………（197）
5.8 橡皮擦工具 ………………………………………………………………………（199）
5.9 油漆桶工具和渐变工具 …………………………………………………………（200）
5.10 其他图像修饰工具 ………………………………………………………………（203）
5.11 回到项目工作环境 ………………………………………………………………（205）
5.12 项目总结 …………………………………………………………………………（211）
项目训练 ………………………………………………………………………………（211）

项目6 矢量工具 (213)
- 6.1 项目导入：绘制卡通画 (213)
- 6.2 认识路径与锚点 (214)
- 6.3 钢笔工具绘图 (215)
- 6.4 路径编辑 (217)
- 6.5 形状工具 (220)
- 6.6 回到项目工作环境 (225)
- 6.7 项目总结 (228)
- 项目训练 (228)

项目7 蒙版 (229)
- 7.1 项目导入：制作时尚插画 (229)
- 7.2 蒙版 (230)
- 7.3 矢量蒙版 (231)
- 7.4 剪贴蒙版 (232)
- 7.5 图层蒙版 (234)
- 7.6 回到项目工作环境 (237)
- 7.7 项目总结 (242)
- 项目训练 (242)

项目8 通道 (243)
- 8.1 项目导入：复杂人像的选取 (243)
- 8.2 通道简介 (243)
- 8.3 通道编辑 (245)
- 8.4 应用图像与计算 (248)
- 8.5 回到项目工作环境 (250)
- 8.6 项目总结 (253)
- 项目训练 (253)

项目9 文字 (255)
- 9.1 项目导入：制作汽车宣传广告 (255)
- 9.2 点文字和段文字 (256)
- 9.3 变形文字 (259)
- 9.4 路径文字 (262)
- 9.5 格式化文字与段落 (263)
- 9.6 回到项目工作环境 (264)
- 9.7 项目总结 (266)
- 项目训练 (266)

项目10 3D功能及其应用 (268)
- 10.1 项目导入 (268)
- 10.2 3D基础概述 (269)
- 10.3 使用3D工具 (270)

10.4　创建 3D 对象 …………………………………………………………………………（273）
10.5　3D 面板 ………………………………………………………………………………（278）
10.6　3D 模型的绘画 ………………………………………………………………………（288）
10.7　3D 渲染和存储 ………………………………………………………………………（291）
10.8　回到项目工作环境 …………………………………………………………………（294）
10.9　项目总结 ……………………………………………………………………………（297）
项目训练 ………………………………………………………………………………………（297）

项目 11　Web 与动画 ………………………………………………………………………（298）
11.1　项目导入：闪耀动感文字 …………………………………………………………（298）
11.2　切片 …………………………………………………………………………………（298）
11.3　Web 图形 ……………………………………………………………………………（301）
11.4　动画 …………………………………………………………………………………（302）
11.5　回到项目工作环境 …………………………………………………………………（308）
11.6　项目总结 ……………………………………………………………………………（310）
项目训练 ………………………………………………………………………………………（310）

项目 12　滤镜 ………………………………………………………………………………（311）
12.1　项目导入：炫丽宣传画制作 ………………………………………………………（311）
12.2　内置滤镜 ……………………………………………………………………………（311）
12.3　外置滤镜 ……………………………………………………………………………（331）
12.4　回到项目工作环境 …………………………………………………………………（334）
12.5　项目总结 ……………………………………………………………………………（337）
项目训练 ………………………………………………………………………………………（337）

项目 13　综合应用 …………………………………………………………………………（338）
13.1　招贴设计 ……………………………………………………………………………（338）
13.2　建筑后期效果处理 …………………………………………………………………（344）
13.3　数码照片设计 ………………………………………………………………………（353）
13.4　插画设计 ……………………………………………………………………………（357）
项目训练 ………………………………………………………………………………………（361）

附录 ……………………………………………………………………………………………（362）

参考文献 ………………………………………………………………………………………（371）

绪论 平面设计与 Photoshop 概述

0.1 平面设计及流程

0.1.1 平面设计

平面设计是在二维范畴内,通过适当的制作工具、元素制作、色彩搭配、元素组合,合理地表达自己的创造性思维,在众多对立中实现视觉传达的统一。

1. 选择合适的制作工具

用来表达创意的制作工具有很多,可以通过笔墨、剪纸、陶瓷、编织、雕刻等多种工具和手段来创作作品,展现独特的风采。

随着计算机的普及应用,艺术设计越来越依赖于计算机和软件。图形图像处理类的软件分为位图设计类软件(如 Photoshop)和矢量设计软件(如 CorelDRAW、Illustrator 等)。Photoshop 是平面设计中使用最多的软件之一,它已经得到全球图形图像设计行业广泛的认可。对 Photoshop 的掌握程度已成为衡量一个设计师能否进行平面设计工作的基本标准。

2. 合理的元素制作与元素组合

每个创造者都是通过各种元素来表达思想的,而制作元素的合理性就直接关系到创作者所表达的思想能否展现出来,能否被人理解。元素制作是否合理,与设计者对物质元素外形成型原理是否了解有直接的关系。而学习物体基本成型原理的最好方法就是理解素描。

对于平面设计,元素的大小、位置和相互之间的对比,能体现一幅作品的视觉重点、主次关系和设计的整体均衡。不同的宣传方式中会有不同元素的组合方式,组合方式的合理直接影响到视觉效果的体现,均衡、合理、美感的搭配成为人们理解作品的重要手段。

3. 恰当的色彩搭配

色彩是非常重要的视觉传达方式,各种色彩每天充斥着我们的眼睛,通过对色彩的观察和对色彩情绪的理解,可以不断提高我们对事物的判断能力。合理地应用色彩已成为平面设计的一个重要环节,也是设计者水平高低的重要标志。

4. 独特的表达创造性

创造性的工作思想是无限的,根据不同的设计需要,创意会有不同的表达方式。同样,不同的个体针对同一作品,会有不同的理解方式。这种方式应用到商业视觉传达上就是一个有争议的选择,所以商业设计上往往采用能让更多人看得懂的设计思想,甚至是一种一目了然的表现方式。

目的不同所表达的夸张程度也不同,设计往往通过适度的夸张来实现自己视觉传达的目的,夸张的深浅不同造成理解的不同和创意深度的不同,所以对不同的需求进行适度的夸张才能实现作品视觉传达的意义。在商业设计中,没有最好的设计师,只有更好的设计师。

5. 实现设计的对立统一

创意平淡、色彩单一、元素组合死板的设计是不成功的,无法形成视觉上的印象深刻;而创意模棱两可、滥用色彩的设计则华而不实。所以设计既要把诸多元素的不同糅合在一起，又要突出重点的表达部分，把握好对立统一的关系。无论创意、色彩还是元素组合都形成大的统一来体现主体思想，统一里面又有合理的变化，形成视觉传达上的一体而不失变化。

设计理念的把握实际上是对立统一的理解，要求设计者要不断学习各行各业的知识，提高个人素养和审美观，更加灵活自如地把握设计思想。

0.1.2 设计流程

1. 信息获取

当我们接手一个设计时，首先接触到的是第一手资料，这些资料包括由客户提供的图片和文字说明以及设计目标等，主要包括以下几个方面：

（1）客户。通过与客户接触洽谈，了解客户的背景、所属行业、区域，企业的生产规模、产品特色，用户对该产品的评价等，从而分析行业企业与常规的设计方式、行业色彩，以符合企业特定的行业需求。

（2）客户目的。客户的目的即客户决定采用哪种宣传方式，是报纸、传单、包装箱还是企业宣传册等，不同的宣传手段与方式决定着不同的设计形式。

（3）客户资料与图片。客户资料是图形设计的基础元素，包括宣传的文案与图片，有些企业能直接说明要宣传的内容，有些企业则需要设计人员重新组合资料、重新创意，制作图片等。

（4）宣传方向。宣传方向是由客户产品和内容决定的，它决定着设计的风格。比如儿童用品，风格上就要体现出幼稚、可爱，常采用卡通的形式。不同的需求造成设计风格上的差异。因为宣传对象的不同而需确定不同的设计风格，使之具有更强的针对性。

（5）制作方法。经过上述的收集整理，了解客户所需的内容，才可以安排设计制作的方式。如果客户需要将产品进行印刷，设计人员就必须了解有关印刷、喷绘的知识，如印刷的分辨率、纸张的质量等。

2. 设计流程

当设计师从客户那里得到所有相关信息后，就开始着手来实现，即设计过程。

（1）整理创意思路和文案。在得到客户的相关信息后，就可以确定设计的形式。比如是宣传册还是报纸，这就要考虑采用怎样的创意才能够符合企业提供的资料，对相关内容进行提炼整合，突出宣传点。

如果有形式上的要求，需要多个宣传点，就要在设计前把文案与创意点的结合考虑周到。

（2）确定所用色彩范围。客户特定行业的常用色是设计师需要合理把握的，设计师要确定包括企业色在内的几种色彩搭配，从中进行比较，最后确定。

（3）确定设计风格。根据客户的宣传方向确定设计的风格。

（4）制作设计中所需的各种元素。加工设计所需的元素，特别是创意图案的制作，这是一个不断反复的过程。

（5）进行合理的版式搭配。确定版式构成的方式，安排各个设计元素的位置。

（6）调整完成设计。整体调整改进，完成符合企业要求的设计。

0.2 常用艺术设计软件分类

0.2.1 平面设计类软件

1. Photoshop

Photoshop 是 Adobe 公司旗下最为出名的图像处理软件之一，是集图像扫描、编辑修改、图像制作、广告创意、图像输入与输出于一体的图像处理软件，深受广大平面设计人员和电脑美术爱好者的喜爱。

Adobe Photoshop 是电影、视频和多媒体领域的专业人士,使用3D和动画的图形和 Web 设计人员,以及工程和科学领域的专业人士的理想选择。

自从 Photoshop 问世以来,其强大的功能和无限的创意空间使得设计师爱不释手,通过它创造出无数神奇的艺术精品。工作界面如图 0-1 所示。

2. Adobe Illustrator

Adobe Illustrator 是一种应用于出版、多媒体和在线图像的工业标准矢量插画软件,如图 0-2 所示。作为一款非常好的图片处理工具,Adobe Illustrator 广泛应用于印刷出版、专业插画、多媒体图像处理和互联网页面的制作等,也可以为线稿提供较高的精度和控制,适合生产从小型设计到大型的复杂项目。它是一款专业图形设计工具,提供丰富的像素描绘功能以及顺畅灵活的矢量图编辑功能,能够快速创建设计工作流程。借助 Expression Design,可以为屏幕/网页或打印产品创建复杂的设计和图形元素。它还集成了文字处理、上色等功能,不仅适用在插图制作方面,在印刷制品(如广告传单,DM)设计制作方面也广泛使用,事实上已经成为桌面出版(DTP)业界的默认标准。

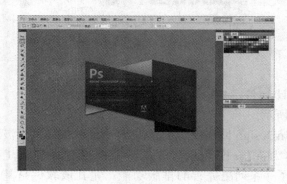

图 0-1　Photoshop 界面

图 0-2　Adobe Illustrator 界面

据不完全统计,全球有37%的设计师在使用 Adobe Illustrator 进行艺术设计。尤其是基于 Adobe 公司专利的 PostScript 技术的运用,Illustrator 已经完全占领专业的印刷出版领域。其强大的功能和简洁的界面设计风格吸引着无论是线稿的设计者、专业插画家、生产多媒体图像的艺术家,还是互联网页或在线内容的制作者。

3. CorelDRAW

CorelDRAW 是加拿大 Corel 公司的平面设计软件,如图 0-3 所示。该软件是 Corel 公司出品的矢量图形制作工具软件,这个图形工具给设计师提供了矢量动画、页面设计、网站制作、位图编辑和网页动画等多种功能。

该图像软件是一套屡获殊荣的图形、图像编辑软件,它包含两个绘图应用程序:一个用于矢量图及页面设计,一个用于图像编辑。这套绘图软件组合带给用户强大的交互式工具,使用户在简单的操作中就可创作出多种富于动感的特殊效果及点阵图像即时效果。通过 CorelDRAW 全方位的设计及网页功能可以融合到用户现有的设计方案中,灵活性十足。

该软件套装更为专业设计师及绘图爱好者提供简报、彩页、手册、产品包装、标识、网页及其他;该软件提供的智慧型绘图工具以及新的动态向导可以充分降低用户的操控难度,允许用户更加容易精确地创建物体的尺寸和位置,减少点击步骤,节省设计时间。

4. Painter

Painter 是加拿大著名的图形图像类软件开发公司——Corel 公司设计开发的。与 Photoshop 相似,Painter 也是基于栅格图像处理的图形处理软件。

Painter 是一款极其优秀的仿自然绘画软件,拥有全面和逼真的仿自然画笔。它是专门为渴望追求自由创意及需要数码工具来仿真传统绘画的数码艺术家、插画画家及摄影师而开发的。它能通过数码手段复制自然媒质(Natural Media)效果,是同级产品中的佼佼者,获得业界的一致推崇。如图 0-4 所示。

把 Painter 定为艺术级绘画软件比较适合，其中的多种笔刷提供了重新定义样式、墨水流量、压感以及纸张的穿透能力，Painter 为数字绘画提高到一个新的高度。Painter 完全模拟了现实中作画的自然绘图工具和纸张的效果，并提供了电脑作画的特有工具，为艺术家的创作提供了极大的自由空间，使得在电脑上作画就如同纸上一样简单明了，还允许用户自定义笔刷和材质，从而使创意的自由度更加广阔。

图 0-3　CorelDRAW 界面

图 0-4　Painter 界面

5. InDesign

InDesign 软件是一个定位于专业排版领域的设计软件，是面向公司专业出版方案的新平台，由 Adobe 公司于 1999 年 9 月 1 日发布。界面如图 0-5 所示。

InDesign 博众家之长，从多种桌面排版技术中汲取精华，为杂志、书籍、广告等灵活多变、复杂的设计工作提供了一系列更完善的排版功能。尤其该软件是基于一个创新的、面向对象的开放体系（允许第三方进行二次开发扩充加入功能），大大增加了专业设计人员用排版工具软件表达创意和观点的能力。此外 Adobe 还开发了中文 InDesign，全面扩展了 InDesign 适应中文排版习惯的要求。

图 0-5　InDesign 界面

Adobe InDesign 捆绑了 Adobe 的其他流行产品如 Adobe Illustrator，Adobe Photoshop，Adobe Acrobat 等。熟悉 Photoshop 或者 Illustrator 的用户将很快学会 InDesign，因为它们有着共同的快捷键。设计者也可以利用内置的转换器导入 QuarkXPress 和 Adobe PageMaker 文件以实现将现有的模板和主页面转换进来。

0.2.2　三维设计类软件

1. Maya

Maya 是美国 Autodesk 公司出品的世界顶级的三维动画软件，被广泛用于电影、电视、广告、电脑游戏和电视游戏等的数位特效创作。Maya 软件可以提供完美的 3D 建模、动画、特效和高效的渲染功能，是电影级别的高端制作软件。如图 0-6 所示。

Maya 集成了最先进的动画及数字效果技术。它不仅包括一般三维和视觉效果制作的功能，而且还与最先进的建模、数字化布料模拟、毛发渲染、运动匹配技术相结合。Maya 可在多个操作系统上运行。在市场上用来进行数字和三维制作的工具中，Maya 是首选解决方案。

图 0-6　Maya 界面

另外 Maya 也被广泛地应用到了平面设计(二维设计)、网站资源开发领域。Maya 软件的强大功能正是那些设计师、广告主、影视制片人、游戏开发者、视觉艺术设计专家、网站开发等人员极为推崇的原因。

2. 3DS MAX

3D Studio Max,简称为 3DS Max 或 MAX,由国际著名的 Autodesk 公司的子公司 Discreet 公司制作开发的,它是集造型、渲染和制作动画于一身的三维制作软件。从它出现的那一天起,即受到了全世界无数三维动画制作爱好者的热情赞誉,它已逐步成为在个人 PC 机上最优秀的三维动画制作软件之一,广泛应用于广告、影视、工业设计、建筑设计、多媒体制作、游戏、辅助教学以及工程可视化等领域。如图 0-7 所示。

3DS MAX 有非常好的性能价格比,可以使作品的制作成本大大降低,而且它对硬件系统的要求相对来说也很低,一般普通的配置就已经可以满足学习的需要了。3DS MAX 的制作流程十分简洁高效,可以使初学者很快地上手。

3. Softimage

Softimage XSI 是 Autodesk 公司面向高端三维影视市场的旗舰产品,以其独一无二的真正非线性动画编辑为众多从事三维电脑艺术人员所喜爱。XSI 将电脑的三维动画虚拟能力推向了极致,是最佳的动画工具。除了新的非线性动画功能之外,XSI 比之前更容易设定 Keyframe 的传统动画,是制作电影、广告、3D、建筑表现等方面的强力工具。如图 0-8 所示。

图 0-7 3DS Max 界面

图 0-8 Softimage XSI

Softimage XSI 的前身是业内久负盛名的 Softimage 3D。它是一个基于节点的体系结构,这就意味着所有的操作都是可以编辑的。它的动画合成器功能可以将任何动作进行混合,以达到自然过渡的效果。XSI 拥有世界上最快速的细分优化建模功能以及直觉的创造工具,让 3D 建模感觉就像在做真实的模型雕塑一般。拥有最灵活的控制架构工具组,可以让设计者自由的操控设计的人物,在 3D 软件当中提供最佳资源循环工作流程。

4. ZBrush

ZBrush 是一个数字雕刻和绘画软件,它以强大的功能和直观的工作流程彻底改变了整个三维行业。ZBrush 能够雕刻高达 10 亿多边形的模型,可以无限发挥艺术家自身的创造力。如图 0-9 所示。

ZBrush 将三维动画中间最复杂最耗费精力的角色建模和贴图工作,变得非常简单有趣。设计师可以通过手写板或者鼠标来控制 ZBrush 的

图 0-9 ZBrush

立体笔刷工具，自由自在地雕刻自己头脑中的形象。ZBursh 不但可以轻松塑造出各种数字生物的造型和肌理，还可以把这些复杂的细节导出成法线贴图和展示 UV 的低分辨率模型。这些法线贴图和低模可以被所有的大型三维软件 Maya、Max、Softimage XSI、Lightwave 等识别和应用，成为专业动画制作领域里面最重要的建模材质的辅助工具。

0.2.3 网页设计类软件

1. Dreamweaver

它原本是由 Macromedia 公司所开发的著名网站开发工具。它使用所见即所得的接口，亦有 HTML 编辑的功能，目前已被 Adobe 收购，如图 0-10 所示。

Dreamweaver 功能强大，网站管理能力强。使用网站地图可以快速制作网站雏形、设计、更新和重组网页。改变网页位置或档案名称，Dreamweaver 会自动更新所有链接。使用支援文字、HTML 码、HTML 属性标签和一般语法的搜寻及置换功能使得复杂的网站更新变得迅速又简单。

Dreamweaver 功能强大。Dreamweaver 是唯一提供 Roundtrip HTML、视觉化编辑与原始码编辑同步的设计工具。Dreamweaver 支持精准定位，利用可轻易转换成表格的图层以拖拉置放的方式进行版面配置。所见即所得的功能，不需要通过浏览器就能预览网页，可以全方位地呈现在任何平台的热门浏览器上，因此是网站设计者的首选软件。

2. Fireworks

Fireworks 是 Macromedia 公司发布的一款专为网络图形设计的图形编辑软件，2005 年被 Adobe 公司收购。它大大简化了网络图形设计的工作难度，无论是专业设计家还是业余爱好者，使用 Fireworks 都不仅可以轻松地制作出十分动感的 GIF 动画，还可以轻易地完成大图切割、动态按钮、动态翻转图等。借助于 Fireworks，可以在直观、可定制的环境中创建和优化用于网页的图像并进行精确控制。Fireworks 业界领先的优化工具可以在最佳图像品质和最小压缩大小之间达到平衡。它与 Dreamweaver 和 Flash 并称"网页三剑客"，共同构成的集成工作流程可以在创建并优化图像的同时，避免由于进行 Roundtrip 编辑而丢失信息或浪费时间。利用可视化工具，无需学习代码即可创建具有专业品质的网页图形和动画，如变换图像和弹出菜单等。如图 0-11 所示。

图 0-10 Dreamweaver

图 0-11 Fireworks 界面

Adobe Fireworks 可以加速 Web 设计与开发，是一款创建与优化 Web 图像和快速构建网站与 Web 界面原型的理想工具。Fireworks 不仅具备编辑矢量图形与位图图像的灵活性，还提供了一个预先构建资源的公用库，并可与 Adobe Photoshop、Adobe Illustrator、Adobe Dreamweaver 和 Adobe Flash 等软件省时集成。

3. Flash

Flash 是一个非常优秀的矢量动画制作软件，它以流式控制技术和矢量技术为核心，制作的动画具有短小精悍的特点,所以被广泛应用于网页动画的设计中,已成为当前网页动画设计最为流行的软件之一。

Flash 目前为止最新的零售版本为 Adobe Flash Professional CS6(2012 年发布),如图 0-12 所示。Adobe Flash 为创建数字动画、交互式 Web 站点、桌面应用程序以及手机应用程序开发提供了功能全面的创作和编辑环境。

图 0-12　Flash 界面

0.3　Photoshop 的应用领域

Adobe 公司的 Photoshop 作为一款十分优秀的图像处理软件,在许多领域都具有非常广泛的应用,比如平面设计、视觉创意、网页设计、建筑效果图后期修饰、照片修复、桌面排版、数码摄影、字体设计等,而且其实际应用范围还在不断地拓宽,比如影视后期制作、二维动画制作等。

0.3.1　平面广告设计

平面广告设计是 Photoshop 应用领域最为广泛的领域,涉及人们生活的各个方面,在平面广告、DM 单、海报、招贴、书籍装帧、封面设计等的各个环节,Photoshop 都是设计师必不可缺的软件选择。图 0-13 即为一幅优秀的商业广告制品。

图 0-13　商业广告设计

0.3.2　包装设计

包装装潢设计是增加商品价值的一种手段,被生产厂商广泛使用。Photoshop 可以完成形形色色的产品包装设计工作,如服装类、食品类、酒水类、化妆品、药品类、日用品、工艺品等。如图 0-14 所示。

图 0-14　包装设计

0.3.3 界面设计

从以往的软件界面、游戏界面,到如今的手机操作界面、MP4、智能家电等,界面设计随着电脑、网络和智能电子产品的普及而得到迅猛发展。界面设计与制作主要是使用 Photoshop 来完成的,使用 Photoshop 的渐变、图层样式和滤镜等功能可以制作出各种真实的质感和特效。如图 0-15 所示。

图 0-15 手机游戏的界面设计

0.3.4 网页设计

在网页设计领域里 Photoshop 是不可缺少的一个设计软件。一个好的网页创意不会离开图片,只要涉及图像,就会用到图像处理软件。使用 Photoshop 不仅可以将图像进行精确的加工,还可以将图像制作成网页动画上传到网页中。如图 0-16 所示。

图 0-16 网页设计

0.3.5 数码照片与图像修复

Photoshop 可以完成从照片的扫描与输入,到校色、图像修正,再到分色输出等一系列专业化的工作;Photoshop 还提供了大量的色彩色调调整工具、图像修复与修饰工具,无论是色彩与色调的调整、照片的校正、修复与润饰,还是图像创造性的合成,Photoshop 都可以找到最佳的解决方法。随着数码产品的大众化的普及,更使得 Photoshop 的这一功能得到了最大限度的应用。如图 0-17 所示。

图 0-17 数码照片

0.3.6 建筑效果图后期修饰

建筑效果图一般在三维制作软件中完成,但是渲染出的图片通常都要在 Photoshop 中做后期处理,例如人物、植被、天空、饰品、车辆、光线等,这样不仅节省渲染时间,也增强了画面的美感。如图 0-18 所示。

图 0-18 建筑后期效果图

0.3.7 插画设计

电脑艺术插画作为IT时代的先锋视觉表达艺术之一,其触角延伸到网络、广告、绘本、卡漫、包装品等多个领域,插画已经成为新文化群体表达文化意识形态的有效利器,使用Photoshop强大的画笔和调色功能,插画师可以绘制各种风格的插画。如图0-19所示。

图0-19 张雅涵插画作品

0.3.8 动画和CG设计

3DS Max、Maya等3D软件的贴图制作功能都比较弱,模型的贴图通常都是在Photoshop中制作的。使用Photoshop制作人物贴图、场景贴图和各种质感的材质不仅效果逼真,还可以为动画渲染节省时间,此外Photoshop还常用来绘制各种风格的CG艺术作品。如图0-20所示。

图0-20 场景设计

0.4 优秀设计类网站与学习网站

1. 视觉平面设计在线（http://www.3visual3.com）

视觉平面设计在线（图 0-21）创建于 2005 年，起初以个人博客形式出现，2007 年正式使用域名：3visual3.com。它是一个公益性质的设计媒体，旨在传播设计思想，激发设计灵感，提高大众审美意识。其内容涉及平面设计、工业设计、广告、CG 动画、UI 设计、卡通动漫、绘画艺术、摄影、服装设计等领域。视觉平面设计在线以对国内外优秀设计作品的鉴赏为主，同时报道与设计领域相关的新闻资讯，以及行业内的竞技比赛信息，力求为广大设计爱好者提供一个更好更全面的平台。

图 0-21 视觉平面设计在线

2. 中国创意之都（http://www.cndu.cn）

中国创意之都（图 0-22）是一家专注创意人群的在线媒体，致力于打造荟萃创意设计、艺术设计、时尚文化、艺术摄影等各类人文艺术资讯平台，引领中国创意产业发展潮流风向。它是全国访问量最频繁的创意设计行业门户网站之一，是一个以创意产业、创意人群交流为主题的开放社区。目前已有数十万注册用户，80%的会员为中高层管理人员，其中大、中型企业的会员约占 55%。

图 0-22 中国创意之都

3. 七色鸟设计空间（http://www.colorbird.com）

七色鸟设计空间（图 0-23）是一个致力于传播设计文化、研究设计艺术、提高大众审美意识的非盈利性的艺术设计指导网站，它由一群热爱设计艺术的同道者共同打造，网站目前主要是以提供免费的设计资讯、资源和即时交流平台为主。

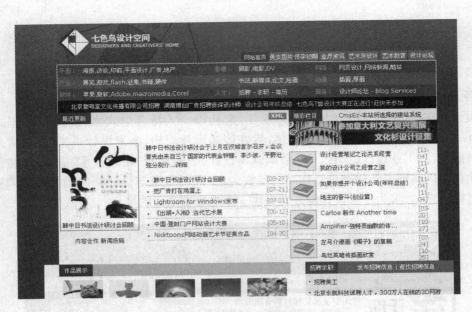

图 0-23　七色鸟设计空间

4．创意在线（http://www.52design.com）

创意在线（图 0-24，原"我爱设计网"）创建于 2001 年 5 月，其内容涉及 CG 动画、平面设计、广告、UI 设计、互动媒体、影像视频、数字游戏、工业设计、卡通动漫、绘画艺术等领域。创意在线还同时拥有国内专业、丰富的设计行业资源子站——"创意素材库"、"酷站营"。

图 0-24　创意在线

创意在线经过多年的发展，已成为专业、权威的中文数字艺术专题门户。网站目前已经拥有众多的行业会员，其主要由数字领域的制作人员、设计师、企业厂家、艺术院校师生以及广大艺术设计爱好者组成。

5．视觉中国（http://shijue.me/home）

"shijue.me 视觉中国"（图 0-25）是中国极具活力的视觉图片分享社区及创意设计产品社会化电商平台。依托独特的创意生态理论，为原创者和消费者提供一个互动沟通的社区，发现原创、发现美丽，收获并分享美好的创意体验。

"视觉中国"的前身是创意设计门户"视觉中国网 www.chinavisual.com"。2000 年 12 月成立的"视觉中国网"以独特的定位和商业模式，前瞻性的预见了一个视觉创意时代的来临。经过12年的不懈努力，收获了创意界广泛的媒体影响力和荣誉。

图 0-25　视觉中国

6. 设友公社（http://www.uuuu.cc）

"uuuu.cc 设友公社"（图 0-26）是目前极具影响力的设计门户，设友公社网站正式成立于 2004 年 12 月，以推广、传播新锐数字创意和视觉艺术理念为特色，是一个服务于设计领域的创意门户网站，网站内容涉及设计行业资讯、平面设计、工业设计、建筑设计、交互设计、服装设计、CG 动画、绘画艺术等众多创意领域，专注于数字、艺术、游戏动漫等相关创意产业服务，致力于为设计者、设计院校与设计企业提供高质量、多元化的信息交流，以及专业的行业应用解决方案。

图 0-26　设友公社

7. 中国设计之窗（http://www.333cn.com）

中国设计之窗（图 0-27）创建于 2000 年 9 月，是国内具有影响力的创意设计专业门户网站，是服务于创意设计产业的互联网强势媒体。由信息资讯平台、服务平台及数字设计作品备案中心三大平台构成。目前网站总访问量已达 55 亿次以上，日页面浏览量 160 万页左右，日点击率已突破 500 万次。

图 0-27　中国设计之窗

8. 中国设计在线（http://www.cpcool.com）

中国设计在线（图 0-28）是专注于中国创意设计行业的网络媒体，是为平面设计师和印前处理领域人员提供全方位服务，发布创意设计行业前沿资讯，传播印前行业最新技术，推荐设计师最新佳作的行业门户网。

图 0-28　中国设计在线

网站主要内容包括：创意资讯、平面设计、工业设计、CG 动画、环境艺术、名片设计、室内设计、菜谱设计、广告设计、包装设计、VI 设计、艺术摄影、画册设计、插画设计、书籍装帧设计、logo 设计、设计竞赛、设计招聘、设计理论、设计装备等栏目，并介绍印前技术，设计软件教程；形成以资讯、作品欣赏、理论、访谈、专题为一体的全内容模式。查询台的创立为用户随时随地查找到自己身边的设计公司、印刷公司、广告公司和纸业公司而提供方便。

9. 全球设计网（http://www.70.com）

全球设计网（图 0-29）平台是国内较大的设计外包网站，致力于为客户提供一站式设计服务。主要业务包括平面设计、字体设计、包装设计、室内设计，产品设计等各类设计悬赏交易及招标服务。网站以设计行业为基本定位，向垂直纵深发展，以中小企业主和创业者为主要服务群体，提供小到 LOGO 设计、DM 单设计，大到 VI 设计、室内室外装修设计等一系列设计产品悬赏及招标交易服务。

有设计需求的企业和个人雇主可以在全球设计网发布设计任务，提供悬赏奖金，在全球设计网注册的众多设计师将根据设计要求提交相应的设计作品供雇主选择。雇主可以从多达几百上千的参选作品中挑选出最满意的设计。作品一旦被选中，设计师将赢得该任务悬赏奖金。而雇主将独家拥有该设计作品及相关源文件。

图 0-29　全球设计网

10. 中国标志设计在线（http://www.cldol.com）

中国标志设计在线（图 0-30）专业致力于标志设计、LOGO 设计、商标设计和 VI 设计服务。八年的品牌战略规划及设计经验；拥有上百个品牌、近十个不同行业的案例积累；为企业提供全方位服务，透过细致的调研和严谨的分析，为客户创作准确的、极具商业和人文价值的品牌战略与设计服务。

图 0-30　中国标志设计在线

11. 设计中国（http://www.photoshopcn.com）

设计中国（图 0-31）是一家主要面向设计行业用户的综合性设计艺术门户网站。

设计中国的前身为中国 Photoshop 联盟，成立于 2000 年 4 月。涉及平面设计、广告、网页设计、互动媒体、CG 动画、影像视频卡通动漫、绘画艺术等领域。其通过完善的网站框架体系向用户提供信息资讯、设计教学、招聘、商务信息交流、电子杂志和网络社区服务，形成了一个内容充实、功能完备的综合性网络服务平台，树立了备受业界大众欢迎的互联网 IT 品牌形象。

图 0-31　设计中国

12. 思缘教程网（http://www.missyuan.net/）

思缘教程网（图 0-32）创办于 2005 年 12 月 1 号，除了平面设计的交流外，还辅以设计素材、设计教程与娱乐性版块。设计素材主要囊括海报、DM、折页、画册等成品设计模板，高精度分层源文件，影楼常用婚纱，写真，儿童模板等。教程涵盖设计软件教程，如 Photoshop、CorelDRAW、Illustrator、AutoCAD、3DS MAX、Flash、Fireworks 等。

图 0-32　思缘教程网

13. PS 学堂（http://www.52psxt.com）

PS 学堂（图 0-33）始创于 2008 年 3 月 21 日，是 PS 爱好者交流、分享、互助的社区平台，也是在 PS 教程与 PS 资源相互分享的一个活动平台，是了解 Photoshop 知识、学习入门的实用手册。

图 0-33　PS 学堂

14. PS 酒吧（http://www.98ps.com）

PS 酒吧（图 0-34）是由一群爱生活、喜欢设计的 PS 爱好者们创建的，旨在为大家提供一个免费学习、互相交流提高的网络场所。在这里，初学者可以从 PS 入门开始，免费地学习 PS 图像操作技巧；进阶者也可以在原有基础上得到更大的提高，打造属于自己的 PS 王国。

图 0-34　PS 酒吧

15. PS 家园网（http://www.psjia.com）

PS 家园网（图 0-35）是集 PS 教程、PS 素材、笔刷、滤镜、PS 字体下载于一体，打造 PS 爱好者乐园的一个学习网站。

图 0-35　PS 家园网

16. PS 联盟（http://www.68ps.com）

PS 联盟（图 0-36）是一个比较专业的 Photoshop 教程网，内容包括新手教程、图片处理、视频教程、实用技巧、素材下载、抠图教程、设计欣赏，是 Photoshop 爱好者经常光顾的一个网站。

图 0-36　PS 联盟

17. CC 视觉-教程站（http://www.ps369.com）

CC 视觉-教程站（图 0-37）提供了 Photoshop 多个方面应用的教程，包括国外的教程和视频教程，还提供了各种素材、笔试的下载，是学习和提高 Photoshop 软件使用较为专业的教学网站。

图 0-37　CC 视觉-教程站

0.5　图像基本概念和颜色基本理论

0.5.1　图像基本概念

1. 像素（pixel）

像素是一个小矩形颜色块。它是组成图像的最基本单元，一个图像通常由许多像素组成，这些像素被排成行或者列。每个像素都有不同的颜色值，一幅图像包含像素越多，颜色就越丰富，图像效果就越好，图像文件就越大。

2. 图像分辨率

图像分辨率指图像中存储的信息数，单位长度内包含的像素的数量，通常是以英寸（ppi）为单位，例如 100 ppi 表示每英寸图像包含 100 个像素点。分辨率越高，所包含的像素越多，图像的清晰度越高。

尽管图像的分辨率越高，图像的质量越好，但是图像文件占用空间也就越大，只有根据图像的用途设置合理的分辨率才能取得最佳的使用效果。比如图像用于网络或屏幕显示，可将分辨率设置为 72 或 96 ppi，用来提高传输和下载速度；如果图像用于报纸印刷，可将分辨率设置成 120 ppi；如果用于挂网印刷、周刊杂志，一般将分辨率设置为 150 ppi；如果图像用于普通印刷，分辨率一般在 200 ppi 以上；如果使用彩色印刷，高档输出，则分辨率不应低于 300 ppi。

3. 图像类型

在计算机中，图像是以数字方式记录、处理和保存的，大体分为两类：位图和矢量图。如图 0-38 所示。

（1）位图。位图是由许多像素组成的图像，又名像素图。位图可以表现色彩的变化和颜色的细微过度，产生逼真的效果，并且容易在不同的软件间交换使用。通常使用数码相机拍摄的照片、扫描仪扫描的图片都属于位图。但位图保存时需要记录每一个像素的位置和颜色值，占用的存储空间较大；另外受分辨率的制约，位图在进行缩放或旋转操作时，会产生锯齿即虚化失真现象。常见的 Photoshop、Painter 等软件就是位图处理软件。

（2）矢量图。矢量图是以通过数学的向量方式进行计算得到的图形，内容以线条和色块为主。矢量图占用的磁盘空间小，且与分辨率无关，所以矢量图在进行缩放、旋转等操作时不会出现失真现象，适合制作企业图标、VI 标志等。但矢量图不易制作过于复杂的图形，也无法像位图那样表现丰富多变的色彩变化和色调过度。常见的矢量图制作软件有 Illustrator、CorelDRAW、AutoCAD、Flash 等。

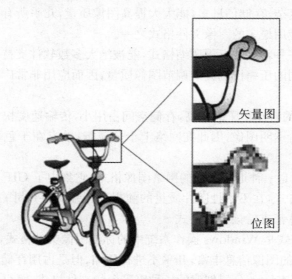

图 0-38　矢量图与位图

0.5.2　颜色基本理论

1．色彩秩序

色彩分为无彩色和有彩色两大类。无彩色包括黑色、白色以及不同层次的灰色。将黑色、白色以及灰色按照上白下黑成渐变规律的排列起来，形成一个秩序序列，色彩学上称此序列为黑白度序列。黑白度又称明暗度，简称明度。所以无彩色中只有明暗属性变化。

有彩色又称彩色系，它指除无彩色系以外所有不同色相、不同明暗、不同纯度的颜色。所以色相、明度、纯度就构成了有彩色系的三个最基本特征，被称为色彩三要素。

（1）色相。从物体反射或透过物体传播的颜色，它是根据可见光的波长来决定的，不同的波长按照不同比例混合形成各种各样的颜色，一般用"°"来表示，范围是 0°～360°。通常用颜色名称识别，如红色、绿色、蓝色等。

（2）明度。指色彩明暗的程度，这是由于光线强弱程度不同产生的效果。同一色相可以有不同的明度。明度一般用黑白度来度量，范围是 0（黑色）～100%（白色）。

（3）纯度。指某种颜色含色量的饱和程度，是相对色彩的强弱而言，又称为饱和度或鲜艳度。当色彩浓度达到饱和，且无白色、黑色或灰色渗入时，称为纯色；有黑色、灰色渗入时，称为过饱和色；有白色渗入时，称为未饱和色。通常以"%"来表示，范围是 0～100%。

2．色彩模式

色彩模式即颜色的表达形式，是当图像在显示或打印时定义颜色的不同方式。理解图像的色彩模式是使用 Photoshop 软件进行图像处理的基础。色彩模式可以通过软件的"选择"菜单中"模式"命令进行相互转换，在转换过程中，如果在新的模式中找不到与之对应的色彩，这部分色彩将损失掉。常见的色彩模式主要有：RGB 模式、CMYK 模式、HSB 模式、Lab 模式、索引色模式、灰度模式、位图模式等。

3．图像文件格式

图像文件格式指一副图像、一个作品被计算机保存在存储介质上所采用的规格。几乎每种图像处理软件都有自身独立的文件格式。常见的图像文件格式主要有以下几种：

（1）PSD、PDD 格式。这两种格式是 Photoshop 的专用文件格式，它包含图层、通道、路径等多种专门信息，以便下次打开文件时可以修改上一次的设计。在 Photoshop 所支持的各种图像格式中，该文件的存取速度最快。但是这种文件格式占用的存储空间较大。

（2）TIFF 格式。标签图像格式，是 Mac 中广泛使用的图像格式，由 Aldus 和微软开发，能够存储通道信息，其特点是图像格式复杂，存储信息多，能大大提高图像质量，几乎所有软件都支持该文件格式，能够跨平台操作，因此是目前使用最多的图像文件格式之一。

（3）JPEG 格式。这是一种常见的有损压缩格式，能被绝大多数软件支持，体积小，下载速度快，网络上十分流行；另外可以用不同的压缩比例灵活调节图像质量，因而应用非常广泛，特别是在网络和光盘读物上。

（4）GIF 格式。该格式的特点是压缩比高，存储空间占用小，传输速度快，并且能够同时存储若干张静止图像形成连续动画，支持透明图像，因此在网络上十分流行；缺点在于色彩不够丰富，不能存储超过 256 色的图像。

（5）PNG 格式。该格式是一种近年常用的网络图像格式，它集中了 GIF 和 JPEG 二者的优点，存储形式丰富；采用无损压缩的方式，在不牺牲图片质量的前提下压缩文件尺寸；显示速度快，支持透明图像的制作等，但是不是所有软件都支持该文件格式。

（6）BMP 格式。位图格式是 Windows 操作系统中的标准图像文件格式，能被各种 Windows 应用程序支持。这种文件格式包含的图像信息丰富，几乎不进行压缩，但是占用存储空间大。

（7）PDF 格式。这是由 Adobe 公司创建的一种跨平台的文件格式，既可以用于保存图像，也可以用来保存文本文件。

（8）EPS 格式。这是一种通用的跨平台的标准格式，采用 PostScript 语言进行描述，可以同时保存矢量图像信息和像素图像信息，还可以保存通道、路径等信息，常用于印刷或打印输出。

4．色彩的情绪

每种色彩都会对人们产生一种情绪上的影响，进而使人们产生联想，比如看到红色联想到火焰。其实这种联想是每个人都会有的，是随着年龄和阅历逐渐累积起来的，同时每个行业都有自己特定的颜色和习惯色，比如 IT 行业通常使用蓝色，因为蓝色表现一种冷静、空远、永恒的含义，符合 IT 业勇于创新、探索未来的特点。因此设计者在选择运用何种色彩时，就必须考虑作品是面向哪一个人群、哪个行业，以免适得其反。

（1）红色。红色的感情效果是刺激性的，容易引起注意、兴奋、激动，象征着火焰、热情、活泼、热闹、革命、温暖、幸福、吉祥、危险等。由于红色容易引起注意，所以在各种媒体中被广泛应用，除了具有较佳的明视效果外，常被用来传达有活力、积极、热情、温暖、前进等含义的企业形象与精神。另外红色也常用作警告、危险、禁止、防火等标志用色；在工业安全用色中，红色是警告、危险、禁止和防火的指定色。

（2）橙色。橙色是所有色彩中最暖和的颜色，会使人感到饱满、成熟和富有营养，也会给人以庄重、神秘和疑惑的印象。橙色的明视度高，在工业安全用色中，橙色是警戒色，如登山服、救生衣等。由于橙色非常明亮刺眼，有时会使人产生负面低俗的意象，这种现象容易发生在服饰搭配运用上，所以运用橙色时，要注意选择搭配的色彩和表现方式，才能突出橙色明亮活泼的特性。

（3）黄色。黄色在所有色相中是最明亮的颜色，给人以丰硕、甜美、香酥的感觉，是一种能引起食欲的色彩，常用于食品的包装；黄色给人以辉煌、高贵的感觉，常作为王者的象征，表现着权威；黄色也象征着理解、希望、智慧、阳光、发展、富有等。黄色在工业安全色中是警告危险色，常用来警告危险或提醒注意，如交通标志上的黄灯、工程用的大型机器、学生用的雨衣、雨鞋等，都使用黄色。

（4）绿色。绿色是中庸的颜色，象征着和平与安全，表现肥沃、满足、肃静、希望、成长等。在商业设计中，绿色所传达的清爽、理想、希望、生长的意象，符合服务业、卫生保健业的诉求；在工厂中为了避免操作时眼睛疲劳，许多工业机械也用绿色；一般的医疗场所也常采用绿色作为空间色彩规划以及医疗用品的标志。

(5)蓝色。蓝色代表深远、永恒、冷静、理智、诚实、寒冷等。由于蓝色沉稳的特性,具有理智、准确的意象,在商业设计中,强调科技、效率的商品或企业形象,大多选用蓝色作为标准色,如电脑、汽车、摄影等。另外蓝色也代表忧郁,常出现在文学作品或感性诉求的商业设计中。

(6)白色。白色代表纯洁、神圣、美好、朴素、纯真、柔弱、明快等。在商业设计中,白色具有高级、科技的意象,通常需要与其他色彩搭配使用,纯白色会给人以寒冷、严峻的感觉,所以在使用白色时,都会掺一些其他的色彩,在生活用品、服饰用色上,白色是永远的流行主要色,可以与任何颜色作搭配。

(7)黑色。黑色象征崇高、严肃、沉默、坚实、黑暗、罪恶、绝望、恐怖、死亡等。在商业设计中,黑色具有高贵、稳重、科技的意象,许多科技产品的用色,如电脑、汽车、音响、仪器的色彩大多采用黑色;在其他方面,黑色是庄严的象征,常用来在一些特殊场合的空间设计;生活用品和服饰设计大多利用黑色塑造高贵的形象。黑色也是一种永远流行的主要色,适合与许多色彩搭配。

(8)灰色。灰色是完全的中性色,对于邻接的任何色彩不予影响,代表谦虚、平凡、中庸、消极、寂寞等。在商业设计中,灰色具有柔和、高雅的意象,许多高科技产品,尤其是与金属材料有关的,几乎都采用灰色来传达高级、科技的形象。使用灰色时,大多利用不同的层次变化组合或搭配其他色彩,才不会过于朴素、沉闷,而有呆板、僵硬的感觉。

(9)紫色。紫色代表优雅、高贵、自傲、轻率等。由于具有强烈的女性化色彩,在商业设计用色中,紫色受到相当的限制,除了与女性有关的商品或企业形象外,其他类的设计不常采用此为主色。

(10)褐色。褐色代表原始、食品、古典等。在商业设计中,褐色通常用来表现原始材料的质感,如麻、木材等;或用来传达某些饮品的味感,如咖啡、茶等;或强调格调古典优雅的企业或商品形象。

0.6 印刷输出

0.6.1 印前知识

印前处理是印刷工艺的前期工作,包括文字排版、为输出菲林做准备、选择拼版方式等,将图文组合起来,并将其转换成 PostScript 语言,再经过 RIP 栅格化图像,将其变为栅格点与以后的印刷网点对应,再将它送至电子分色仪或激光照排机上产生 CMYK 胶片。

1. 文字

(1)字体。在国内印刷业中,主要使用汉字、西文字、民族字等。汉字主要有宋体、楷体、黑体、隶书、幼圆等,西文字主要有 Times New Roma、Arial、Symbol、Wingdings 等,民族字是指一些少数民族所使用的文字。

> 提示:整篇使用的字体不宜超过 4 种,过多的字体和大小会产生杂乱感,让人的眼睛无所适从。

(2)文字样式与颜色。在文字排版时,可以设置文字样式,如粗体、斜体、下划线等,也可以设置文字颜色。通常标题应为无衬线文字,如黑体,但大标题也可使用有衬线文字,以增加装饰性。在正文中,对关键词句可以加以适当变化,但不要过多。文字色彩不宜变化过多,正文一般使用黑色,最好不用反白。

(3)字号。字号是区分文字大小的一种衡量标准,国际上通用的是点制,国内则是以号制为主,点制为辅。字号的标称越小,字形越大,比如三号字比四号字大,四号字又比五号字大。

> **提示** 文字大小不应超过5种,可为大标题、小标题、正文、图例文字设置不同的大小,但过多的文字大小会产生杂乱感。

(4)版面设计与规格。版面设计要让浏览者清楚、容易理解作品所表达的信息,将不同介质中的不同元素巧妙地进行整体的排列、组织,以突出主题思想、内容等。在进行文字排版时,还要注意一些禁排规定,如在行首不能排句号、冒号、逗号等标点符号,在行末不能排上引号、上括号、序号等。

2. 输出菲林

现代胶印采用多是四色套印,即将彩色图片分成青、品红、黄、黑四色网点菲林,再晒成PS版,经过胶印机四次印刷,出来后就是彩色的印刷成品。但在印刷前经常出现一些输出问题,导致时间和经济上的浪费,因此印前制作人员需要了解并承担以往电子分色人员所做的工作是十分必要的。

(1)文件格式。将文件发往输出中心前,应检查所需文件,包括链接的图片与字体,还要包含一张标有裁切与出血标志的打印稿,打印比例为100%,电子文件的页面尺寸与印刷品的页面尺寸相匹配。

(2)图片的格式、精度。印刷用图片不同于计算机显示用的图片,该图片必须为CMYK模式,而不能采用RGB模式或其他模式,图片存储格式为不压缩的TIFF或EPS格式,在存储最后的图片文件之前要去除额外的路径和通道。输出时要将图片转换成网点,即精度(dpi),一般要达到300 dpi。

(3)图片的色彩。若将图像分色,最好在CMYK模式中定义色彩,否则可直接定义专色,然后在打印机上打印测试分色档以确保不会有额外的分色版或不用的专色。

专色是指在印刷时,不是通过印刷的CMYK四色合成这种颜色,而是专门用一种特定的油墨来印该颜色。专色油墨是由印刷厂预先混合好或是油墨厂生产的。对于印刷品的每一种专色,在印刷时都有一个专门的色版相对应。使用专色可以使颜色更准确。

(4)挂网精度。印刷工艺决定了印刷只能采用网点再现原稿的连续调层次,若将图像放大,就会发现它是由无数大小不等的网点组成。网点的大小虽然不同,但都占据同等大小的空间位置。网点越大,表现的颜色越深,层次越暗;网点越小,表现的颜色越浅,层次越亮。每个网点占用的固定空间位置大小是由加网线数决定的,挂网精度又称挂网目,挂网目数越大,网点所占空间位置越小,能描述的层次就越多,越细腻。

挂网的精度越高,印刷品就越精美,但与纸张、油墨有较大关系。若在一般的报纸上印刷挂网目高的图片,该图片不但不会变精美,反而会变得一团糟,所以输出前要先了解印刷选用什么纸张,再决定挂网的精度。

(5)校对打样。校对打样是为了在印刷前减少错误避免损失。打样分为传统打样方式和数码打样方式,其中数码打样作为印刷流程数字化的重要组成部分,具有传统打样不可替代的优势,是印刷业发展的必然趋势。

3. 拼版

拼版一般是将多个单页面编排为一个大印版,经过翻转等印刷工序,经过折叠仍能保证印刷位置和页码的正确。拼版习惯按页码进行操作,在进行拼版时,需要注意印刷品是单面还是双面,是单页还是装订,装订方式是什么等细节。

拼版一般分底面版和自翻版。底面版为单面印刷或一套版印刷一面;自翻版是双面印刷共用一套版,翻纸不换版。

0.6.2 纸张

印刷纸张是设计师与印刷人员需要注意的重要内容之一。

1. 纸张性能

纸张根据印刷用途的不同分为平板纸和卷筒纸,平板纸适用于一般打印机,卷筒纸一般用于高速轮转打印机。

2. 纸张单位

纸张重量是以定量和令重表示的,一般是以定量来表示,即通常所说的"克重"。定量是指纸张单位面积的质量关系,用 g/m^2 表示。纸张的重量在 200 g/m^2 的称为"纸",超过 200 g/m^2 重量的称为"纸板"。500 张纸称为 1 令,令重是指每令纸的总重量,通常以 kg 为单位。

3. 纸张类型

根据不同的用途,纸张可分为工业用纸、包装用纸、生活用纸、文化用纸等,其中文化用纸又包括书写用纸、艺术绘画用纸、印刷用纸等。

在印刷用纸中,又根据纸张的性能和特点将其分为新闻纸、凸版印刷纸、胶版印刷涂料纸、字典纸、地图和海图纸、凹版印刷纸、画报纸、周报纸、白板纸、书面纸等。另外一些高档印刷品也广泛采用艺术绘图类用纸。我们可以根据印刷工艺,合理地选用印刷用纸。

0.6.3 印刷类型

1. 凸版印刷

凡是印刷品的印痕凸起,线条或网点边缘部分整齐,我们称之为凸版印刷。凸版印刷品有明显受压痕迹,印纹部分与非印纹部分有明显的高低差别,被压边缘油墨较中心重。

凸版印刷的优点是油墨厚实,色彩鲜艳,清晰度好;缺点是制版难以控制,成本较高,对于大面积色块印刷效果差,通常用于印刷教材、报纸、杂志、票据等。

2. 胶版印刷

胶版印刷也称平版印刷,因其印刷速度快、质量稳定、印刷周期短、制版方便、成本低、套色准确等优点被广泛应用。通常胶版印刷常用于印刷色彩丰富的画册、海报、说明书、报纸等。

3. 凹版印刷

凡是在线条上所印的油墨有堆积,就是凹版印刷。凹版的印墨大多堆积在凹槽里,印刷部分下凹的深浅随原稿色彩浓淡不同而变化,因此凹版印刷是唯一可以用油墨层的厚薄来表示色彩浓淡的印刷方式。

凹版印刷所印图像色彩丰富、色调浓厚、版面耐磨、可用印刷纸广泛,适合做精美高档画册、邮票、钞票、凭证等,还可以印刷玻璃纸、丝绸、塑料等。但是凹版印刷的制版复杂,制版周期长,成本较高,不适宜印制少量印品。

4. 孔版印刷

孔版印刷也称为滤过版印刷。凡是印纹部分呈孔状的印刷方式称为孔版印刷,孔版印刷包括油印、丝网印刷、镂空印刷等。目前丝网印刷应用较广,丝网印刷可以在一般纸张上印刷,也可以在陶瓷、玻璃、塑料、金属片、纺织品上印刷。根据承印物的品种不同将其划分为纸张类印刷、塑料类印刷、陶瓷类印刷、玻璃类印刷、线路板印刷、金属类印刷、纺织类印刷等,形成了相对独立的印刷系统。

5. 特种印刷

随着科学技术的发展,新工艺、新材料不断涌现,出现了许多特殊的印刷工艺。这些印刷工艺与常规的书刊、报纸、画册等印刷不同,凡是采用具有特殊性能油墨、印刷方法,在特殊形状或特殊材料上进行印刷的特殊加工方法统称为特种印刷。

特种印刷的种类很多,随着科技进步不断地发展,还会呈现上升趋势,包括磁卡和智能卡印刷、立体印刷、激光虹膜印刷、不干胶印刷、液晶印刷、全息烫印盲文印刷等多种类别,被广泛地应用于金融、医疗、卫生、包装装潢、文化传媒等多个领域。

0.6.4 输出前应注意问题

图像在输出之前需要注意以下问题：

（1）如果图像是以 RGB 模式进行扫描的，在进行色彩调整和编辑过程中，尽可能保持 RGB 模式，最后一步再转换成 CMYK 模式，然后在输出成胶片前进行颜色微调。

（2）在转换成 CMYK 模式前，将 RGB 模式的没有合并图层的图像存储为一个副本，以便日后进行其他编辑修改。

（3）如果图像是以 CMYK 模式扫描的，就保持 CMYK 模式，不必将图像转换成 RGB 模式进行色彩调整，然后再转回 CMYK 模式进行胶片输出，这样转换会使像素的信息受到影响。

（4）在 RGB 模式下工作会更快速一些，因为 RGB 模式的文件比 CMYK 模式小 25%。

（5）在 RGB 模式下，可以通过信息调板来了解 CMYK 的颜色组成。

（6）可以通过 Photoshop 提供的调整图层进行图像的颜色改变而不影响实际的像素，该功能对于图像的编辑和修改非常有用。

项目训练

（1）通常平面设计有哪些流程？
（2）Photoshop 常见的应用领域有哪些？
（3）矢量图和位图有何区别？
（4）简述常见的图像文件格式。
（5）RGB 模式和 CMYK 模式有何异同点？
（6）了解图像打印输出前应注意的问题。
（7）查阅资料，浏览常用的 Photoshop 学习网站。

项目 1　Photoshop 基本操作

 项目目标

通过本项目的学习，使读者熟练掌握 Photoshop 的基本操作，学会修改图像大小和画布大小，掌握历史记录和快照的使用以及动作的批处理，完成 Photoshop 的入门学习。

 项目要点

◇ Photoshop 工作界面
◇ 裁剪工具
◇ 自由变换
◇ 历史记录与快照
◇ 动作批处理

1.1　项目导入：制作时尚插画

项目需求：本项目主要设计一幅时尚插画，整体色调给人以积极、向上、带有青春活力的绿色为主，通过黑色剪影的时尚人物来强调主题，完成插画的制作。如图 1-1 所示。

图 1-1　时尚插画

引导问题：使用钢笔工具、移动工具和动作面板中的录制和播放操作打造放射状的图形效果，最后结合剪影图片和文本完成时尚的插画效果。

1.2 熟悉 Photoshop 的工作界面

Photoshop 是目前公认的最优秀的图像处理软件，利用它可以创作出任何你所能想象出来的电脑平面作品，几乎所有的广告、出版和图片处理公司，都将 Photoshop 作为首选的平面图像处理工具。

熟悉工作界面是学习 Photoshop CS5 的基础。熟练掌握工作界面的内容，有助于初学者日后得心应手地使用 Photoshop CS5。

Photoshop CS5 的操作界面由视图控制栏、菜单栏、工具选项栏、工具箱、工作区、状态栏和控制面板等组成，如图 1-2 所示。

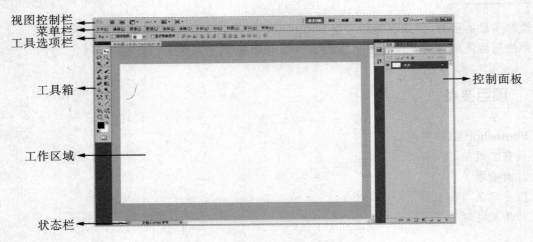

图 1-2　Photoshop CS5 操作界面

1.2.1　视图控制栏

视图控制栏，如图 1-3 所示，位于工作界面顶部，左端显示 Photoshop CS5 图标和主要用于控制当前操作图像的查看方法，比如显示比例、屏幕显示模式、文件窗口摆放方式、界面预设以及 CS5 新增的设计、绘画、摄影三个工作区选项按钮，通过单击不同的工作区按钮，可以切换到不同的工作环境，方便用户进行设计、排版和绘画操作。右端还增加了 CS Live 在线支持功能等。

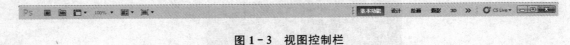

图 1-3　视图控制栏

1.2.2　菜单栏

菜单栏上集合了各种菜单命令，包括文件、编辑、图像、图层、选择、滤镜、分析、3D、视图、窗口、帮助等 11 个菜单项，近百个菜单命令。利用这些菜单命令，既可完成如复制、粘贴等基础操作，也可以完成如调整图像颜色、变换图像、修改选区、对齐分布链接图层等较为复杂的操作。如图 1-4 所示。

| 文件(F) | 编辑(E) | 图像(I) | 图层(L) | 选择(S) | 滤镜(T) | 分析(A) | 3D(D) | 视图(V) | 窗口(W) | 帮助(H) |

图 1-4　菜单栏

1.2.3 工具选项栏

可以通过选项栏对具体工具进行参数设置,在软件中选择不同的工具,其对应的工具选项栏也是不同的。例如,选择工具箱中的"画笔工具",显示的就是"画笔工具"的工具选项栏,如图1-5所示。

图1-5 工具选项栏

1.2.4 工具箱

工具箱与菜单栏、面板一起构成了 Photoshop 的核心,是不可缺少的工作手段。Photoshop 的工具箱中包括了该软件所有的工具,如图1-6所示。

选择工具箱中的默认工具的方法有两种:

(1)使用鼠标选择默认工具:用鼠标单击工具箱中的工具按钮,就可以快速选择该工具。

(2)使用快捷键选择默认工具:每一个工具按钮,都对应一个快捷键,例如矩形选框工具,对应的按键是"M",直接在键盘上单击"M",就可以快速选择该工具,如图1-7所示。

有些工具按钮的右下角有一个黑色的三角形,这代表着该工具是一个工具组合,选择工具组中的工具按钮的方法如下:

(1)使用鼠标选择隐藏工具:单击工具按住左键不放,会弹出该工具组中的隐藏工具。单击工具箱顶部的按钮,可将双栏的工具箱调整为单栏的工具箱,图1-8为画笔工具隐藏工具组。

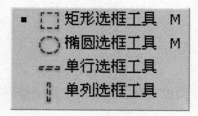

图1-6 工具箱　　　图1-7 矩形选框工具组　　　图1-8 画笔工具组

(2)使用快捷键选择隐藏工具:按住"Alt"键的同时,用鼠标反复单击隐藏工具的图标,就会循环出现每个隐藏工具的图标。按住"Shift"键的同时,反复按键盘上的工具快捷键,就会循环出现每个隐藏的工具图标。

1.2.5 工作区

Photoshop中所有的操作都是在工作区进行的,用户进行的任何操作都会直观地在工作区中显示出来。

1.2.6 状态栏

在 Photoshop CS5 中,图像的状态栏显示在图像窗口的底部。状态栏的左侧是当前图像缩放显示的百分数;状态栏的中间部分是图像的文件信息,用鼠标单击黑色三角图标,在弹出的菜单中可以选择当前图像的相关信息,如图1-9所示。

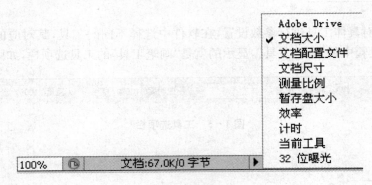

图1-9 状态栏

1.2.7 控制面板

Photoshop CS5 的控制面板是处理图像时不可缺少的一部分,启动面板的方法有:

（1）在"窗口"菜单中选择显示或隐藏控制面板:"窗口"菜单中集合了所有的控制面板。

（2）使用快捷键选择控制面板:例如按"F6"键,启动"颜色"控制面板,按"F7"键,启动"图层"控制面板等。

控制面板可以进行任意的组合和拆分,只需要拖动对应面板的选项卡标签,到另一个面板的选项卡处,当面板周围出现蓝色的框时,松开鼠标,就可以将两个面板进行组合,如图1-10所示;拆分时,只需把拆分的面板选项卡标签拖出来即可。

图1-10 控制面板

1.2.8 自定义工作区

用户可以根据自己的个人习惯自定义工作区,存储控制面板及设置工具的排列方式,设计出个性化的 Photoshop CS5 界面。

选择"窗口"/"工作区"/"新建工作区"命令,如图1-11所示,弹出"新建工作区"对话框,输入名称,单击"存储",就可以将图所示的工作区存储为自定义的一个工作区了,如图1-12所示。

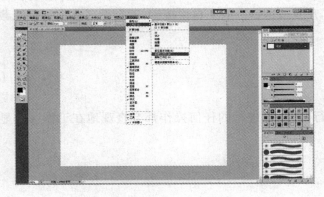

图1-11 选择命令

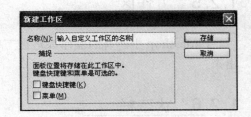

图1-12 新建工作区

如果想要恢复 Photoshop CS5 默认的工作区的状态,可以选择"窗口"/"工作区"/"基本功能(默认)"命令。选择"窗口"/"工作区"/"删除工作区"命令,可以删除自定义的工作区。

1.3 新建文件

新建图像文件是图像绘制和设计的第一步。执行"新建"命令,有以下几种方法:
(1) 通过菜单完成新建:选择"文件"/"新建"命令。
(2) 通过快捷键完成新建:按"Ctrl+N"快捷键。
启用了"新建"命令后,会弹出相应的"新建"对话框,如图1-13所示。
在对话框中:

☞ 名称:给新建的图像文件指定文件名称,默认为"未标题-*"(*依次为1、2、3…)"。

☞ 预设:在预设选项的下拉列表中可以自定义或者选择其他固定格式文件的大小,其中包括"默认 Photoshop 大小"、"国际标准纸张"、"照片"、"自定"等选项。

图1-13 新建文件

☞ 宽度和高度:数值框中用于输入需要设置文档的宽度和高度的数值,下拉列表中用来选择对应的尺寸单位。对于进行包装等方面的设计,一般采用"毫米"为单位;对于进行软件界面的设计时,一般采用"像素"为单位。

☞ 分辨率:数值框中用于输入需要设置的图像的分辨率,下拉列表中用来选择对应的分辨率单位,分辨率的大小必须根据图像的用途来确定。比如视频文件只能以 72 ppi 的分辨率显示,因为即使图像的分辨率高于 72 ppi,在视频编辑应用程序中显示图像时,图像品质看起来也不一定会非常好;用于网页制作或软件的界面时,分辨率也只能设为 72 ppi,因为小于 72 ppi,清晰度降低,高于 72 ppi,文件变大而清晰度不会有丝毫改善,所以 72 ppi 最合适;用于印刷时,尤其是四色印刷,如产品的包装盒、海报和图书封面等,一般要求采用 300 ppi 或更高;而用于写真或喷绘时,150 ppi 就足够了。

☞ 颜色模式:此选项用来选择文档中的颜色模式,Photoshop 的颜色模式基于颜色模型,而颜色模型对于印刷中使用的图像非常有用。列表中有"RGB 颜色"、"CMYK 颜色"、"Lab 颜色"和"灰度"可以选择。由于我们的设计通常都是通过显示器来观察效果的,所以新建文档时一般都选择"RGB 颜色",后期可以通过 Photoshop 很方便地转换为其他的颜色模式。

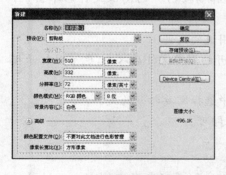

图1-14 新建文件扩展对话框

☞ 背景内容:此选项用来在下拉列表中选择设定的图像的背景颜色,有"白色"、"背景色"和"透明"供选择。

单击对话框下方的"高级"展开按钮,对话框将被展开显示,如图1-14所示。

在展开的选项中,"颜色配置文件"可以设置文件的色彩配置方式,其中包括"Adobe RGB"、"Apple RGB"等。

☞ 像素长宽比:可以设置文件中像素比的方式。

各个选项设置好后,单击"确定"按钮,就完成了新建图像的任务。

提示: 每英寸像素数越高,图像文件也就越大,应该根据工作需要设定合适的分辨率。

1.4 打开图像

【任务1】 打开图像文件

(1) "文件"/"打开",在"打开"对话框中,"查找范围"选择为桌面,在桌面列表中选择"边框.jpg",单击"打开"按钮,如图1-15所示。

(2) 图片被打开后呈现在工作区中,如图1-16所示。

图1-15 打开文件对话框　　　　　图1-16 被打开的图片

 知识链接

打开图像是图像处理中最常用和常见的操作,主要有以下5种方法来实现:

(1) 通过菜单,选择"文件"/"打开"命令,弹出"打开"对话框,选择需要打开的图像文件后单击"打开"按钮,完成对图像的打开操作。

(2) 通过选择"文件"/"最近打开的文件"命令,即可打开最近使用过的文件。

(3) 通过Mini Bridge面板浏览电脑中的图像文件,选择需要打开的图像文件后双击,也可以打开相应的图像文件,这一部分的内容,后面会详细进行讲解。

(4) 在灰色工作区中双击,弹出"打开"对话框,在弹出的对话框中选择需要打开的文件。

(5) 按下快捷键"Ctrl+O",弹出"打开"对话框,打开指定的图像即可。

 提示　　在"打开"对话框中,也可以同时打开多个文件,只要在文件列表中将所需的多个文件选中,单击"打开"按钮,Photoshop CS5会按先后顺序逐个打开这些文件,这样就避免了多次反复调用"打开"对话框,从而提高了工作效率。

1.5 置入文件

【任务2】 将图片"花",置入到任务1中打开的"边框"图片中

(1) 在"文件"菜单下选择"置入"命令,如图1-17所示。
(2) 在"置入"对话框中选择要置入的文件,单击"置入"按钮,如图1-18所示。

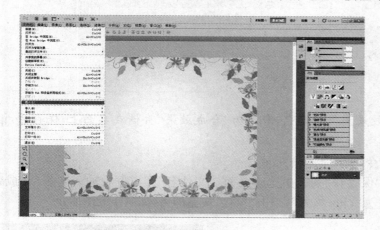

图1-17 选择置入命令

图1-18 选择置入的图片

(3) 图片"花"就被置入到"边框"图片之中了,如图1-19所示。

图1-19 图片被置入效果图

知识链接

置入的图像为智能图像,智能图像是一个嵌入到当前文档中的文件,它保留文档的原始数据,而不是作为一个新文件被打开。

提示

打开、置入和导入的区别：

打开文件就是在 Photoshop 中将一幅图像直接打开；置入文件的操作只有在 Photoshop 工作界面中已经存在图像文件的基础上才可以进行，要置入文件的格式必须是 Photoshop 软件能够兼容的格式，如 AI、EPS、PDF 等；导入文件指的是，只能是从非图片（例如 PDF 文档或者扫描仪）来源获取图片。

1.6 保存文件

【任务3】 将任务2中制作好的效果图保存起来，命名为"合成效果"存储在桌面上，保存为 .jpg 格式

（1）在"文件"菜单下选择"存储"命令，如图 1-20 所示。

（2）在弹出的"存储为"对话框中，"保存在"列表中选择桌面，"文件名"文本框中输入名称"合成效果"，在"格式"下拉列表中选择保存格式为".jpg 格式"，单击"保存"按钮即可，如图 1-21 所示。

图 1-20 选择储存命令　　　　　　　　　　图 1-21 存储为对话框

图像文件编辑完成后，需要对编辑图像进行保存，通过"文件"/"存储"命令，保存相应图像文件。存储文件主要分为存储当前文件、对当前文件进行另存为以及存储为 Web 和设备所用格式。下面分别对其进行介绍。

（1）存储当前文件。选择"文件"/"存储"命令，或按下快捷键"Ctrl+S"，弹出"存储为"对话框，在弹出的对话框中设置文件的名称与格式等，完成后单击"保存"按钮即可。

（2）"存储为"命令。选择"文件"/"存储为"命令，打开"存储为"对话框，可以对文件的名称、类型和存储路径进行修改。或按下快捷键"Ctrl+Shift+S"，也可以弹出"存储为"对话框，设置好后，单击"保存"按钮即可。

项目1　Photoshop基本操作

（3）存储为Web和设备所用格式。执行"文件"/"存储为Web和设备所用格式"命令,可以出现"存储为Web和设备所用格式"对话框,通过该对话框可以对文件的格式以及颜色等进行设置来优化图像,从而使图像可以在网页中使用。

1.7　关闭文件

在完成图像处理后,需要对文件进行关闭处理,关闭文件的方法有以下几种:
（1）选择"文件"/"关闭"命令,也可以按下快捷键"Ctrl＋W"或者"Ctrl＋F4"关闭文件,系统会弹出询问是否存储更改的提示对话框,单击"是",重新保存,单击"否",将不对文件进行存储,直接关闭掉。
（2）直接单击图像窗口右上角的"关闭"按钮,如 。
（3）选择"文件"/"关闭全部"命令,或按下快捷键"Ctrl＋Alt＋W"关闭文件。
（4）直接双击工作窗口左上角的控制窗口图标 ,可将所有文件关闭掉,并退出Photoshop。

1.8　使用Adobe Bridge管理文件

【任务4】　为拍摄的图片批量重命名
（1）在"编辑"菜单中将图片"全选",或者使用"Ctrl"键选中要重命名的图片,如图1-22所示。

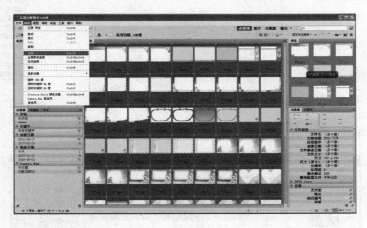

图1-22　全选图片

（2）在"工具"菜单中选择"批重命名"命令,如图1-23所示。

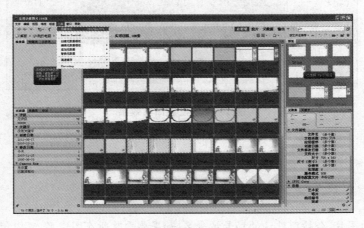

图1-23　批重命名

(3) 在弹出的对话框中,进行相关设置。"新文件名"中选择新的文件名由"文字+文字+序列数字",如图1-24所示。

(4) "目标文件夹"选项中,选择"在同一文件夹中命名",如图1-25所示。

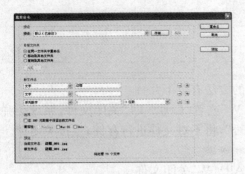

图1-24 批重命名对话框

图1-25 目标文件夹选项

(5) "新文件名"中选择新的文件名由"文字+文字+序列数字"组成,对应的新文件名为"边框-001"。其中新名称的构成组合可以根据需要通过后边的"-"、"+"来减少或增加,如图1-26所示。

(6) 文件名的命名组合方式可以在列表中进行选择,如图1-27所示。

图1-26 新文件名

图1-27 文件名组合方式

(7) 设置完成后,单击"重命名"按钮,即完成了重命名操作,如图1-28所示。

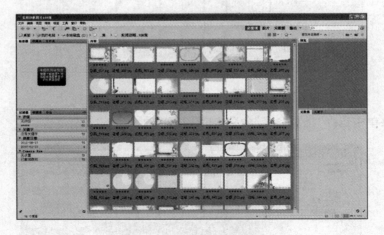

图1-28 批重命名效果

知识链接

拍摄的相同类别的图片,会按照默认的序号被命名,如果要更改所有图像名,可以使用批量重命名来完成。

项目1　Photoshop 基本操作

【任务5】　将直式显示的图片旋转为横式显示

(1) 先将图片选中,如图1-29所示。

图1-29　选择图片

(2) 单击操作界面右上方的"逆时针旋转90度"或"顺时针旋转90度"按钮,即可完成图像的旋转操作,如图1-30所示。

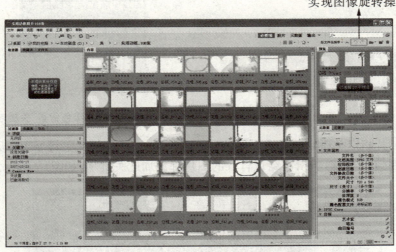

图1-30　完成旋转

知识链接

有些图片在拍摄时导致图片成直式显示的,不方便查看,可以通过Adobe Bridge,快速将直式显示的图片旋转为横式显示。

【任务6】　添加关键字来分类整理文件

(1) 在操作界面的右下方的"关键字"面板菜单中,选择"新建关键字"命令,如图1-31所示。

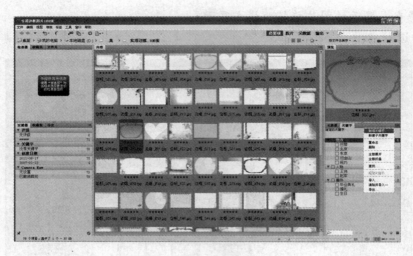

图1-31　新建关键字

（2）在文本框中输入要添加的关键字，如图1-32所示。

（3）输入"绿色背景"后，按"Enter"键，就会看到"绿色背景"关键字添加成功，如图1-33所示。

图1-32　添加关键字　　　　　　　　　图1-33　添加"绿色背景"关键字

（4）接下来，为图片指定关键字。先选中图片"边框-020.jpg"，再在"关键字"面板中将"绿色背景"关键字选中，接下来重复此步骤，将所有绿色背景的图片都添加此关键字，如图1-34所示。

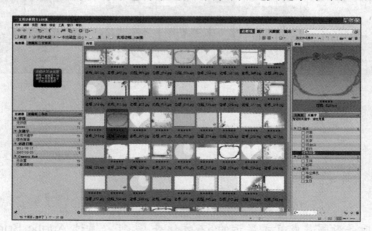

图1-34　为其他图片添加"绿色背景"关键字

（5）接下来，利用刚才添加的关键字来查找图像。在"编辑"菜单中选择"查找"命令，将弹出"查找"对话框，如图1-35所示。

（6）在"查找位置"下拉列表中找到"实用边框图片 108 张"，在"条件"选项组中设置"关键字"、"包含"、"绿色背景"，再单击"查找"按钮，即可找到被添加了"绿色背景"关键字的图像了，如图 1-36 所示。

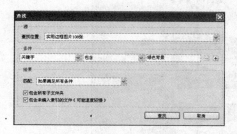
图 1-35　查找关键字

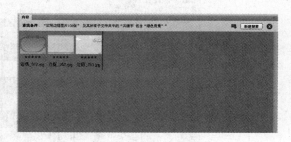
图 1-36　完成查找

（7）完成查找后，可单击"内容"面板中的"取消"按钮，取消此次搜索，这样即可重新显示文件夹中的所有图像，如图 1-37 所示。

图 1-37　取消搜索

随着数码相机的普遍使用，计算机中存储的图片越来越多，当着急使用图像文件却又找不到时怎么办呢？若能在图像的属性中加入一些关键字，那么就方便我们进行图片的查找了。

【任务 7】　针对图像文件进行排序和过滤

（1）首先进行排序操作，单击"视图"/"排序"命令，或者单击应用程序栏中的"排序"按钮，如图 1-38 所示，按照所提供的条件进行排序。

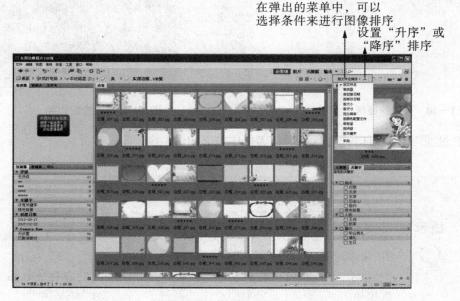
图 1-38　排序

(2) 图1-39是选择了"按评级"、"降序"排序后的效果,图像将按照评级的星星数量的降序方式进行显示。

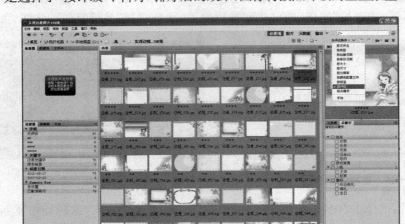

图1-39 排序条件设置

(3) 接下来进行图像的过滤操作,通过"窗口"/"过滤器"命令,打开"过滤器"面板,如图1-40所示。
(4) 在"过滤器"面板中可以指定过滤条件,选中的条件会以"√"形式呈现。
(5) 图1-41是按照"无评级"和"创建日期"两个条件进行过滤后,"内容"面板中显示出符合条件的图像内容。

图1-40 过滤器面板

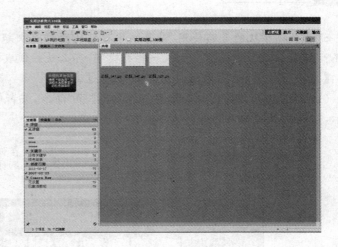

图1-41 过滤后效果

(6) 清除"过滤"条件,可以选择"过滤器"面板中右下角的" "按钮即可。

提示

(1) 一张图片可以添加多个关键字。
(2) 因为关键字是设置在图像的属性信息中的,所以图像外观并没有产生变化,若想查看是否成功地添加了关键字,可在"视图"菜单中选择"详细信息"命令来查看。
(3) 可以在同一类别或不同类别中选择多个过滤条件进行图像过滤。

项目1　Photoshop 基本操作

Adobe Bridge 在"内容"面板中默认是以"文件名称"排序的，通过"排序"功能可按照不同的方式来对图像文件的显示方式进行排序；"过滤器"面板可以按照评级、标签、关键字、文件类型、创建日期或修改日期等指定条件过滤图像，来控制显示在"内容"面板中的图像。

在 Photoshop 中，还可以像 ACDSee 和 Windows 图片和传真查看器那样浏览图像文件。执行"文件"/"在 Bridge 中浏览"命令，就可以打开 Adobe Bridge。Adobe Bridge 是一个能够单独运行的完全独立的应用程序，因此，也可以通过 Windows 的"开始"菜单启动，如图 1-42 所示。

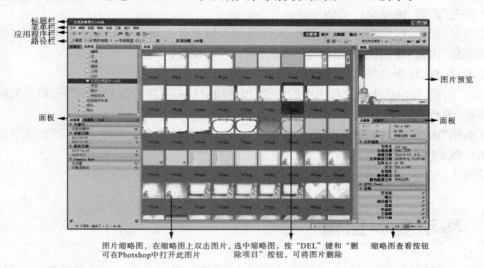

图 1-42　Adobe Bridge 操作界面

1.8.1　标题栏和菜单栏

标题栏中包含了软件的名称和控制按钮；菜单栏中集合了 Adobe Bridge 的所有命令。

1.8.2　应用程序栏

应用程序栏分为三个区，左侧提供前后画面切换、查看最近打开的文件列表、返回 Adobe Photoshop、从相机获取照片、输出等功能按钮；中间为切换工作区，可更换工作区的操作环境；右侧为搜索栏、切换紧缩或完整模式，如图 1-43 所示。

图 1-43　Adobe Bridge 应用程序栏

1.8.3　路径栏

路径栏分成两个区，左侧显示文件夹的路径，并可进行文件夹的切换；右侧为过滤、排序、旋转、打开文件和删除等功能按钮，如图 1-44 所示。

图 1-44　Adobe Bridge 路径栏

1.8.4 面板

Adobe Bridge 提供了 9 个面板,用户可根据自己的需要在"窗口"菜单中选择显示和隐藏面板,并且可以根据具体操作在面板中进行相关设置。

☞ "收藏夹"面板:将经常浏览的文件夹收藏起来,方便下一次查找。
☞ "文件夹"面板:浏览文件夹的内容。
☞ "过滤器"面板:根据图像创建日期、文件类型等信息对当前选中的文件夹中的文件进行过滤。
☞ "收藏集"面板:将相同类别的图像建立为集合,以便进行浏览。
☞ "导出"面板:将图像导出至指定的路径中。
☞ "内容"面板:显示选中的文件夹中的图像,可运用窗口右下角的查看缩略图按钮来变换浏览模式。
☞ "预览"面板:以缩略图方式预览"内容"面板中选取的图像。
☞ "元数据"面板:包含所选文件的元数据信息。如果选择了多个文件,则会列出共享数据(如关键字、创建日期和曝光度设置)。
☞ "关键字"面板:通过附加关键字来组织、搜索或过滤图像。

1.9 移动复制图像

在编辑图像的时候,常常需要对图像的位置进行调整。移动的对象可以是整幅图像也可以是选区内的图像,如图 1-45 所示。移动的对象可以在一幅图像里进行移动,也可以在两幅图像中进行移动。

要移动图像,可单击工具箱中的移动工具按钮,将鼠标指针移动到要移动的图像或选区上,再将其拖动到合适的位置即可,如图 1-45 所示。

若要将对象在移动的同时再复制一个副本,可在移动时按住"Alt"键拖动鼠标即可。

图 1-45 移动选区内图像

> **提示** 背景层中的图像不能在其层内移动,若要移动,可创建选区或将背景层转换为普通图层再进行移动。

1.10 裁剪图像

裁剪图像可以改变图像的文件大小和图像尺寸。裁剪图像有两种方法:一种是通过工具箱中的裁剪工具 进行裁剪;一种是通过"图像"/"裁剪"命令进行裁切。

☞ 使用裁剪工具:单击工具箱中的裁剪工具按钮,在图像中需要保留的区域上拖出一个矩形框,释放鼠标,图像中将出现一个矩形裁剪框,颜色正常区域为保留区域,颜色变暗区域为裁剪区域。鼠标放在矩形框内可以随意移动裁剪框的位置;鼠标指针放在矩形框的控制点上,拖动鼠标可调整裁剪区域的大小;鼠标放在裁剪框外时鼠标指针形状变

图 1-46 裁剪图像

成弧形时,可以旋转裁剪框。调整好后,按回车键确认操作,如图 1-46 所示。

☞ 使用裁剪命令:首先在图像上对需要保留的区域创建矩形选区,然后选择"图像"/"裁剪"命令即可。

1.11 图像变换与变形操作

【任务 8】 绘制花朵

(1) 新建空白文档,尺寸:宽为 800 像素,高为 600 像素,背景颜色填充为黄色。

(2) 新建普通图层,在图层中绘制花瓣,填充颜色为红色,如图 1-47 所示。

(3) 执行"Ctrl + Alt + T",进行变换复制操作,调整旋转中心点到花瓣下方中心处,对复制出来的花瓣进行旋转操作,如图 1-48 所示。

(4) 执行"Ctrl + Alt + Shift + T",进行再次变换,直到旋转为花朵形状后,即完成花朵的制作,如图 1-49 所示。

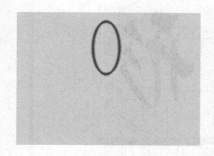  

图 1-47 绘制图形　　　　图 1-48 复制旋转变形　　　　图 1-49 花朵

选择"编辑"/"自由变换"命令,图像或选区周围出现一个自由变形的控制框。可以通过控制框上的 8 个控制点,来实现对图像的旋转和翻转,以及改变位置和大小的变形操作。

选择"编辑""变换"命令后,在变换子菜单中可以选择相应操作,图 1-50 即为几种变换效果。

原图　　　　　　　　　　缩放　　　　　　　　　　旋转

斜切　　　　　　　　　　扭曲　　　　　　　　　　透视

图 1-50 变换效果

☞ 缩放：可在自由变形控制框各边方向不变的前提下，对控制框内图像实现大小的调整。

☞ 旋转：可对图像实现任意角度的旋转操作，默认的旋转中心点在控制框的中心处，可以调整中心点的位置。

☞ 斜切：将鼠标放置在控制框的角点上，拖动角点可在其他 3 个角点不变的前提下实现斜切变形的操作。

☞ 扭曲：可以通过调整控制框上的 4 个角的角点，来对图像进行扭曲变形操作。

☞ 透视：当鼠标拖动角点时，两边角点会向内靠拢，形成梯形。这种变形形成透视效果。

☞ 变形：可以对图像进行变形。Photoshop 预置了很多变形，如图 1-51 所示。图 1-52 是应用了凸起变形的效果。

图 1-51　变形列表　　　　　　　　　　图 1-52　凸起变形

还可以对图像进行旋转 90 度、旋转 180 度以及水平和垂直翻转操作。

变换结束后，按回车键确认变形操作，若要取消当前的变形操作，可按"Esc"键。

1.12　辅助工具

标尺、参考线、网格线的设置可以使图像处理变得更加精确。有许多实际设计任务中的问题也需要使用标尺和网格线来解决。注释工具的作用是在文件中写入一段文字注释内容，这主要应用在将文件交予其他人使用的时候，也可以作为自己的备忘录。

1.12.1　标尺的设置

设置标尺可以精确地编辑和处理图像。选择"编辑"/"首选项"/"单位与标尺"命令，如图 1-53 所示。"单位"选项组用于设置标尺和文字的显示单位，有不同的显示单位供选择；"列尺寸"选项组可以用列来精确确定图像的尺寸；"新文档预设分辨率"用于设置打印的新文档和屏幕显示的新文档的预设分辨率；"点/派卡大小"选项组则与输出有关。

选择"视图"/"标尺"命令，或反复按"Ctrl + R"快捷键，可以显示和隐藏标尺。默认状态下，标尺原点位于左上角(0,0)标志，标尺的原点也确定了网格的原点。Photoshop 允许更改标尺的原点位置，这样就可以从图像上的特定点开始度量。

项目1　Photoshop 基本操作

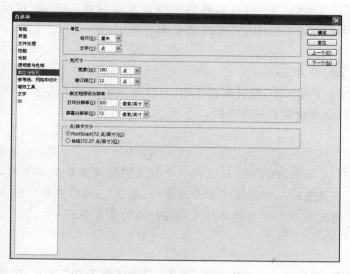

图1-53　单位与标尺首选项

将指针放在窗口左上角标尺的交叉点上,然后沿对角线向下拖动到图像上,就会看到一组十字线,此时它们标出了标尺上的新原点,如图1-54所示。

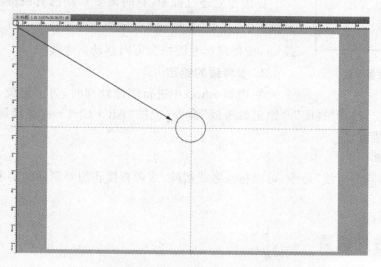

图1-54　创建新原点

执行"视图"/"对齐到"命令,然后从子菜单中选取选项的任意组合,此操作会将标尺原点与参考线、切片或文档边界对齐。在 Photoshop 中,还可以与网格对齐。

> 提示　　在 Photoshop 中,可以在拖动鼠标时按住"Shift"键,以使标尺原点与标尺记号对齐;如果要将标尺的原点复位到其默认的位置,只要双击标尺的左上角即可。

1.12.2　参考线的设置

设置参考线可以使编辑图像的位置更精确,参考线显示为浮动在图像上方的一些不会打印出来的线条。选择"视图"/"显示"/"参考线"命令,可以将参考线显示或隐藏。选择"视图"/"显示"/"智能参考线",智能参考线用于同图层或者不同图层的数个形状对齐所用。

1. 参考线的创建

参考线的创建有以下两种方法:

(1) 将鼠标指针放在水平标尺上,按住鼠标不放,可以拖曳出水平的参考线,将鼠标指针放在垂直标尺上,按住鼠标不放,可以拖曳出垂直的参考线。

> **提示** 按住"Alt"键,可以从水平标尺中拖曳出垂直参考线,也可以从垂直标尺中拖曳出水平参考线;按住"Shift"键并从水平或垂直标尺拖动可以创建与标尺刻度对齐的参考线。

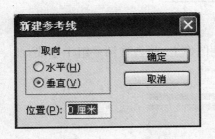

图 1-55 新建参考线

(2) 选择"视图"/"新建参考线"命令,在弹出的"新建参考线"对话框中,设置方向和位置,也可以创建参考线,如图 1-55 所示。

2. 参考线的移动

在图像处理过程中,有时需要移动已有的参考线的位置,选择工具箱中的"移动"工具,将鼠标指针放在参考线上,指针形状变为 ╪ 或 ╫,按住鼠标左键拖曳可以移动参考线。

3. 参考线的锁定

在 Photoshop 中进行图像处理时,为了避免无意中移动参考线,此时最好将它们锁定。选择"视图"/"锁定参考线"命令(或按"Alt+Ctrl+;"快捷键),可以将参考线锁定,锁定后参考线不能移动。

4. 参考线的清除

选择"视图"/"清除参考线"命令,可以将参考线清除,或者直接将想要删除的参考线拖到图像窗口之外也可以清除参考线。

1.12.3 网格线的设置

选择"编辑"/"首选项"/"参考线、网格和切片"命令,可以对参考线和网格进行设置:"参考线"选项组用于设定参考线的颜色和样式;"网格"选项组用于设定网格的颜色、样式以及网格线间隔和子网格等;"切片"选项组用于设定切片的颜色和显示切片的编号。

选择"视图"/"显示"/"网格"命(或按"Ctrl+ ' "快捷键),可以将网格显示或隐藏。

1.12.4 注释工具

选择工具箱中的注释工具,在要添加注释的位置单击鼠标后,会出现一个注释标记,并且会弹出"注释"面板,在面板中输入要添加的注释内容。查看注释时,只要单击注释标记就可以在面板中查看到注释内容。右键单击注释标记,可在快捷菜单中选择对注释进行打开、关闭和删除等操作;也可以直接选择注释标记,按"Delete"键将其删除。

1.13 修改图像大小和画布大小

在完成平面设计任务的过程中,经常需要调整图像尺寸。下面具体讲解图像和画布尺寸的调整方法。

1.13.1 图像尺寸的调整

打开一幅图像,选择"图像"/"图像大小"命令,在"图像大小"对话框中,可以设置图像的尺寸大小,如图1-56所示。

☞ "像素大小"选项组:通过改变宽度和高度的数值,改变在屏幕上显示的图像大小,图像的尺寸也相应改变,同时可以改变宽度和高度对应的计量单位。

☞ "文档大小"选项组:通过改变宽度、高度和分辨率的数值,改变图像的文档大小,图像的尺寸也相应改变。

☞ "缩放样式":勾选该复选框后将按比例缩放图像所对应图层样式的效果。

☞ "约束比例"选项:选中该复选框,在宽度和高度的选项后出现"锁链"图标 ,表示更改其中一项设置时,另一项将按原图像比例相应变化。

☞ "重定图像像素"选项:勾选该复选框后,激活"像素大小"选项组中的参数,取消勾选该复选框,像素大小将不会发生变化,此时"文档大小"选项组中的宽度、高度和分辨率的选项后将出现"锁链"图标 ,改变时三项会同时改变。

☞ "自动":用鼠标单击"自动"按钮,将弹出"自动分辨率"对话框,系统将自动调整图像的分辨率和品质效果,如图1-57所示。

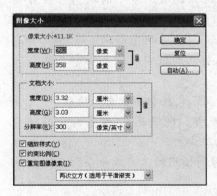

图1-56 图像大小对话框

图1-57 自动分辨率

1.13.2 画布尺寸的调整

图像画布尺寸的大小是指当前图像周围的工作空间的大小。

选择"图像"/"画布大小"命令,系统将弹出"画布大小"对话框,如图1-58所示。

☞ "当前大小"选项组:用于显示当前文件的大小和尺寸。

☞ "新建大小"选项组:用于重新设定图像画布的大小。

☞ "定位"选项:调整图像在新画面中的位置,如偏左、居中或偏右下等。

☞ "画布扩展颜色"选项:其下拉列表中可以选择填充图像周围扩展部

图1-58 画布大小

分的颜色,在列表中可以选择前景色、背景色或 Photoshop CS5 中默认颜色,也可以自己调整所需要的颜色。

1.14 历史记录和快照

1.14.1 历史纪录

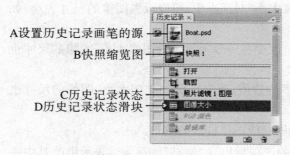

图 1-59 历史记录面板

A 设置历史记录画笔的源
B 快照缩览图
C 历史记录状态
D 历史记录状态滑块

可以使用"历史记录"面板在当前工作会话期间跳转到所创建图像的任一最近状态。每次对图像应用更改时,图像的新状态都会自动添加到该面板中。

例如,如果对图像执行打开、裁剪和更改图像大小等操作,则每一种状态都会单独在面板中列出。当选择其中某个状态时,图像将恢复为第一次应用该更改时的外观,然后就可以从该状态开始重新工作。

要显示"历史记录"面板,请选择"窗口"/"历史记录",如图 1-59 所示。

提示

(1)程序范围内的更改(如对面板、颜色设置、动作和首选项的更改)不是对某个特定图像的更改,因此不会反映在"历史记录"面板中。

(2)默认情况下,"历史记录"面板将列出以前的 20 个状态。可以通过设置首选项来更改记录的状态数。较早的状态会被自动删除,以便为 Photoshop 释放出更多的内存。如果要在整个工作会话过程中保留某个特定的状态,可为该状态创建快照。

(3)关闭并重新打开文档后,将从面板中清除上一个工作会话中的所有状态和快照。

(4)默认情况下,面板顶部会显示文档初始状态的快照。

(5)状态将被添加到列表的底部。也就是说,最早的状态在列表的顶部,最新的状态在列表的底部。

(6)每个状态都会与更改图像所使用的工具或命令的名称一起列出。

(7)默认情况下,当选择某个状态时,它下面的各个状态将呈灰色。这样很容易就能看出从选定的状态继续工作,将放弃哪些更改。

(8)默认情况下,选择一个状态然后更改图像将会消除后面的所有状态。如果选择一个状态,然后更改图像,致使以后的状态被消除,可使用"还原"命令来还原上一步更改并恢复消除的状态。

(9)默认情况下,删除一个状态将删除该状态及其后面的状态。如果选取了"允许非线性历史记录"选项,那么,删除一个状态的操作将只会删除该状态。

1.14.2 快照

"快照"命令允许建立图像任何状态的临时副本。新快照将添加到历史记录面板顶部的快照列表中。选择一个快照可以从图像的那个版本开始工作。

快照除了与"历史记录"面板中列出的状态有类似之处,它还具有其他优点:

(1) 快照可以被命名,使它更易于识别。

(2) 在整个工作会话过程中,可以随时存储快照。

(3) 可轻松比较效果。例如,可以在应用滤镜前后创建快照。然后选择第一个快照,并尝试在不同的设置情况下应用同一个滤镜。在各快照之间切换,找出最喜爱的设置。

(4) 利用快照,可以轻松恢复工作。可以在尝试使用复杂的技术或应用动作时,先创建一个快照。如果对结果不满意,可以选择该快照来还原所有步骤。

> **提示**
> (1) 快照不会与图像一起存储,关闭某个图像将会删除其快照。
> (2) 除非选择了"允许非线性历史记录"选项,否则,如果选择某个快照并更改图像,则会删除"历史记录"面板中当前列出的所有状态。

1. 创建快照

选择一种状态,然后执行以下操作之一:

☞ 单击"历史记录"面板上的"创建新快照"按钮 。

☞ 如果选中了历史记录选项内的"存储时自动创建新快照",请从"历史记录"面板菜单中选择"新建快照"。

要在创建快照时设置选项,请从"历史记录"面板菜单中选择"新建快照",或者按住"Alt"键并单击"创建新快照"按钮,图1-61所示为"新建快照"对话框。

图1-60 新建快照

(1) 在"名称"文本框中输入快照的名称。

(2) 从"自"菜单中选取快照内容:

☞ "全文档":建立该状态下图像中所有图层的快照。

☞ "合并的图层":建立的快照会合并该状态下图像中的所有图层。

☞ "当前图层":只建立该状态下当前选定图层的快照。

2. 使用快照

(1) 要选择某个快照,请单击该快照的名称。

(2) 将快照左边的滑块向上或向下拖移到另一个快照。

要重命名某个快照,请双击该快照,然后输入一个名称。要删除快照,请选择此快照,然后从面板菜单中选择"删除",单击删除图标,或将此快照拖动到删除图标。

1.15 动作批处理

1.15.1 动作面板

动作命令可以录制一系列操作步骤的组合,并通过运行该组合,自动地在其他的图像文件中进行一系列的重复操作,从而完成繁杂的图像处理工作。

使用动作控制面板可以应用预设或自定义动作,并且可以对其进行存储、调整等操作。

选择"窗口"/"动作"命令或者使用快捷键"Alt + F9",都可以打开"动作"面板,如图 1-61 所示。

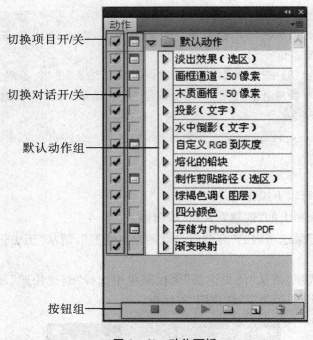

图 1-61 动作面板

"动作"面板提供了一个在单个文件或一批文件中记录 Photoshop 操作并按顺序回放的途径。动作以组的形式存放于"动作"面板中。

☞ 切换项目开/关:设置动作或动作中的命令是否被跳过,如果某一命令左侧显示图标,则表示此命令运行正常;如果不显示图标,则表示此命令被跳过。

☞ 切换对话开/关:动作或命令在运用过程中是否显示设置参数的对话框,如果命令左侧显示图标,表示运行该命令时将显示设置参数的对话框。

☞ 默认动作组:是一个包含多个预设动作的动作文件夹,单击▽按钮,可以关闭该文件夹,单击▷按钮,可以打开该文件夹。

☞ 按钮组:按从左到右的顺序,分别为"停止播放记录 ""、"开始记录 ""、"播放选定动作 ""、"创建新组 ""、"创建新动作 ""以及"删除 ""按钮。

① "停止播放记录 ":新建动作后,在动作录制的过程中单击此按钮,可以停止动作的录制。

② "开始记录 ":单击此按钮,可以录制作为动作的操作步骤,在录制的过程中,该按钮处于激活状态。

③ "播放选定动作 ▶":单击此按钮,可以播放并在图像文件夹中应用选定的动作。

④ "创建新组 ▢":单击此按钮,可以在"动作"面板中创建一个新的动作序列文件组。

⑤ "创建新动作 ▢":单击此按钮,可以在动作序列文件组中创建一个新动作。

⑥ "删除 ▢":单击删除按钮,可以删除选定的动作或动作序列文件组。

1.15.2 应用预设动作

【任务9】 应用预设动作给照片添加边框

(1) 打开素材木质画框"0.jpg",然后在"窗口"菜单中选择"动作",打开"动作"面板,在动作序列组中选择需要应用的动作,在此选择"木质画框-50像素"选项。

(2) 单击"动作"面板下方的"播放选定的动作 ▶"按钮运行该动作,系统会将动作效果添加到图像中,效果如图1-62所示。

应用效果前　　　　　　　　　　　应用效果后

图1-62　应用效果对比

在 Photoshop CS5 的"动作"面板中提供了多种预设动作,使用这些预设的动作可以快速制作各种不同的图像特效、文字特效、纹理特效、边框特效等。用户可以从选择的文件中播放预设动作或预设动作中的某个特定命令。

启动预设动作的方法有以下几种:

(1) 使用面板菜单应用预设动作。单击"动作"面板右上角的扩展按钮,在弹出的"面板"菜单中选择"播放"命令,即可应用当前选择的预设动作。

(2) 使用快捷键应用预设动作。在创建新动作时,如果为动作指定相应的快捷键,在运用时就可以按下相应的快捷键来自动播放相应的动作。

(3) 单击"播放"按钮应用预设动作。如果要播放某个动作或动作中的一部分,则需选择要开始播放的动作,然后单击"动作"面板下方的"播放选定的动作 ▶"按钮,即可应用预设动作。

> 提示　序列名称后面的括号内的文字表示运行该动作的前提条件,例如运行"装饰图案(选区)"动作的前提是图像中存在选区。

1.15.3 自定义新动作

【任务10】 创建新动作并将其应用到其他图像中

(1) 打开素材"花1.jpg",如图1-63所示。

(2) 打开"动作"面板,单击"创建新动作 "按钮。在弹出的"新建动作"对话框中,设置动作名称、功能键等参数。如图1-64所示。

图1-63 打开素材　　　　　　　　　图1-64 新建动作

(3) 设置完成后,单击"记录"按钮,开始记录动作。使用"矩形选框工具 ",绘制一个和图像大小相同的选区。

(4) 在工具箱中选择"矩形选框工具 ",并选择"从选区减去 "按钮,在刚确定好的图片选区内部再绘制一矩形选区,如图1-65所示。

(5) 设置前景色为白色,新建"图层1",将前景色填入选区内,如图1-66所示。

图1-65 绘制选区　　　　　　　　　图1-66 填充前景色

(6) "Ctrl+D"取消选区,双击"图层1",弹出"图层样式"对话框,在对话框中,分别设置样式"投影"、"斜面和浮雕"和"纹理",参数如图1-67、图1-68、图1-69所示。

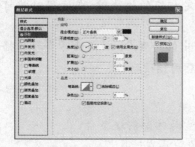
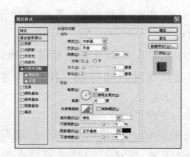

图1-67 设置投影　　　图1-68 设置斜面和浮雕　　　图1-69 设置纹理

完成后,效果如图 1-70 所示。

图 1-70 完成效果

(7) 选择"停止播放记录 ■"按钮,动作录制完毕,打开另一幅图片"花2.jpg",如图1-71所示。

(8) 在"动作"面板中选择创建的动作,单击"动作"面板中的"播放选定动作 ■"按钮,图像将应用此动作,效果如图1-72所示。

图 1-71 打开图片

图 1-72 应用动作

知识链接

在"动作"面板中,除了 Photoshop 自带的一些动作外,用户还可以自行创建所需动作,并在一个或多个图像中执行该动作,完成效果的应用。

提示

(1) 在创建动作时,某些工具和功能不能被录制在动作中,如画笔、钢笔等绘制类的工具组和"视图"菜单中的命令等。

(2) 在低版本中创建的动作可以和在高版本中创建的动作兼容,反之则不行。

(3) 在 Photoshop 中,所有动作均被存放于动作组中,在未创建组的情况下创建动作,系统会自动将该动作保存于系统自带的"默认动作"组中。

(4) 如果在应用动作中没有包含消除之前动作的命令时,可以同时在一个图像中添加多个动作。

1.15.4 动作的编辑

【任务11】 应用预设动作并重新设置色彩

（1）打开素材"花2.jpg"，如图1-73所示。
（2）打开"动作"面板，对此图片应用预设动作"渐变映射"，效果如图1-74所示。

图1-73 打开图片

图1-74 应用渐变映射

（3）切换到"图层"面板，双击"渐变映射1"前面的图标，如图1-75所示。
（4）打开"调整"面板，在"渐变编辑器"中选择铬黄渐变，如图1-76所示，也可以自己设计颜色。

图1-75 图层面板

图1-76 渐变编辑器

（5）完成后，单击"确定"按钮，应用更改渐变后的图像效果如图1-77所示。

图1-77 应用渐变后效果

项目1　Photoshop 基本操作

 知识链接

使用"动作"面板不仅可以在图像上执行各种动作,快速为图像添加各种效果,而且可以对录制好的动作进行再编辑,如添加动作、更改动作、删除动作和复制动作等。

1．添加动作

在预设动作或录制完成的自定义动作中可以添加新的操作以补充该动作。在"动作"面板中打开一个新动作,然后选中需要添加操作的位置处的动作名称,单击"面板"下方的"开始记录　"按钮,进行需要添加的操作,该操作即可被添加到该动作中。完成添加后,单击"面板"下方的"停止播放/记录　"按钮即可完成动作的添加。

2．更改动作

双击"动作"面板中要更改的命令名称,将弹出相应的对话框,从中可以重新进行参数的调整。

3．删除动作

(1) 选中要删除的动作,单击"动作"面板下方的"删除　"按钮。

(2) 也可以直接将要删除的动作拖曳至"动作"面板下方的"删除　"按钮上。

(3) 也可以在面板菜单中选择"删除"命令。

4．复制动作

(1) 对于预设的动作和新创建的动作,用户均可以对其进行复制。

(2) 选择动作,可以直接将其拖曳至"动作"面板下方的"创建新动作　"按钮上。

(3) 也可以在按住"Alt"键的同时,将选择的动作拖曳至"动作"面板中的新的位置上。

(4) 也可以在面板菜单中选择"复制"命令。

1.15.5　文件的批量处理

【任务12】　将多个文件同时应用"渐变映射"动作

(1) 将要应用相同效果的图片集中在一个源文件夹中,选择"文件"/"自动化"/"批处理",打开"批处理"的对话框,如图1-78所示。

图1-78　批处理

(2) 在"动作"选项中选择要应用的动作,这里选择的是"渐变映射"。

(3) 在"源"下拉列表中选择应用批处理的文件来源。从中选择"文件夹"选项,然后单击 选择(C)...

按钮,弹出"浏览文件夹"对话框,从中选择源文件夹所在位置,然后单击 [确定] 按钮。

(4) 单击"目标"选项组中的 [选择(C)...] 按钮,弹出"浏览文件夹"对话框,从中选择完成批处理后文件夹的存储路径,然后单击 [确定] 按钮。

(5) 进行其他相关设置后单击 [确定] 按钮即可在工作区中进行自动化批处理操作。

知识链接

在 Photoshop 中可以使用"自动化"命令来进行大批量的文件处理,从而提高工作的效率。文件的批量处理操作包括批处理、Photomerge 等。

使用"批处理"命令可以使多个文件自动地应用同一个动作,实现操作自动化。选择"文件"/"自动化"/"批处理",可以打开"批处理"的对话框。"批处理"对话框中其他选项的作用如下:

(1)"播放"选项组包括:

☞ "组"下拉列表:在组下拉列表中可以选择"动作"面板中指定动作所在的动作序列组。

☞ "动作"下拉列表:在"动作"下拉列表中可以选择要执行的动作名称。

(2)"源"选项区:在"源"选项区内的"源"下拉列表中选择源图像,并对其进行设置,其中包括 4 个不同复选框,用于对源文件进行不同选项的设置。"源"下拉列表中的"源"用于选择文件的位置。

☞ "覆盖动作中的'打开'命令"复选项:勾选该复选项,可以忽略动作中录制的"打开"命令。

☞ "包含所有子文件夹"复选项:勾选该复选项,可处理选择文件夹内的所有文件。

☞ "禁止显示文件打开选项对话框"复选项:勾选该复选项,将不显示打开文件的对话框。

☞ "禁止颜色配置文件警告"复选项:勾选该复选项,将不显示颜色配置文件警告。

(3)"目标"下拉列表:在"目标"下拉列表中包括了"无"、"存储并关闭"和"文件夹"3 个选项。

☞ "无"选项:选择"无"选项,对处理后的图像文件不做任何操作。

☞ "存储并关闭"选项:选择"存储并关闭"选项,将文件存储在当前位置,并覆盖原来的文件。

☞ "文件夹"选项:选择"文件夹"选项,则将处理的文件存储到另一指定的位置。

(4)"错误"下拉列表:在"错误"下拉列表中,提供了"由于错误而停止"和"将错误记录到文件"两个选项。

☞ "由于错误而停止"选项:选择"由于错误而停止"选项,可指定动作在执行时发生错误时的处理方式。

☞ "将错误记录到文件"选项:选择"将错误记录到文件"选项,则是将每个错误都记录在文件中而不停止进程。

1.16 回到项目工作环境

项目制作流程:

(1) 打开对应的素材"花背景.jpg",如图 1-79 所示。

(2) 单击"图层"控制面板下方的"创建新图层"按钮 ,新建一个图层,名称为"图层 1",设置前景色为绿色(R:86,G:123,B:3)。

(3) 选择钢笔工具,选择属性栏中的"路径"按钮,在图像中绘制一个不规则路径,如图 1-80 所示。

图 1-79 打开素材

图 1-80 绘制路径

(4) 按"Ctrl + Enter"快捷键,将路径转换为选区,按"Alt + Delete"快捷键,用前景色填充选区,按"Ctrl + D"快捷键取消选区。效果如图 1-81 所示。

(5) 选择移动工具,将不规则图形拖曳到图像窗口中适当的位置,效果如图 1-82 所示。

图 1-81 填充颜色

图 1-82 调整位置

(6) 打开"动作"面板,单击"动作"面板下方的"创建新动作"按钮,在对话框中进行设置,单击"确定",开始录制动作。

(7) 将"图层 1"拖曳到"创建新图层"按钮上,生成新的"图层 1 副本",如图 1-83 所示。

(8) 按"Ctrl + T"快捷键,图形周围出现变换框,将旋转中心拖到图形下方尖角处,对图形进行角度的旋转,旋转到适当位置后,按"Enter"键确认操作。

(9) 单击"动作"面板下方的"停止播放/记录"按钮,选中"动作"面板中的"复制当前图层"选项,单击多次"动作"面板下方的"播放选定的动作"按钮,如图 1-84 所示。

图 1-83 复制图层

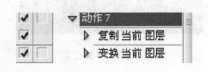
图 1-84 创建动作

将不规则图形围绕旋转中心一周,效果如图1-85所示。

(10) 按住"Shift"键的同时,在"图层"面板中将除"背景"以外所有图层合并。

(11) 单击"图层"面板下方的"添加图层蒙版"按钮,为合并后图层添加黑白径向渐变的蒙版,效果如图1-86所示。

图1-85 应用动作

图1-86 添加渐变蒙版

(12) 打开对应的素材"黑色剪影.jpg",如图1-87所示。

图1-87 打开素材

(13) 使用移动工具将该素材移到上一图片的操作窗口中,并调整其位置,效果如图1-88所示。

(14) 使用文本工具,创建文本"FASHION",字体为Rosewood Std,字母"F"的字号为72点,其余字母为60点,颜色为白色。文本"我青春我时尚",字体为华文行楷,字号30点,颜色为白色,最终效果如图1-89所示。

图1-88 调整位置

图1-89 最终效果图

1.17 项目总结

训练内容：使用工具和动作面板制作时尚插画。
训练目的：熟练掌握钢笔工具、移动工具和文本工具的使用以及灵活运用动作的功能。
技术要点：通过动作面板播放重复步骤，制作背景中的特殊效果。
常见问题解析：
（1）旋转对象前确定旋转中心的位置。
（2）在图层蒙版中添加径向渐变时，鼠标拖曳的初始位置即为渐变的中心位置。

1. 填空题
（1）控制面板的显示和隐藏可使用_____菜单进行设置。
（2）Photoshop CS5 的操作界面由_____、_____、_____、_____、_____、_____状态栏和_____等组成。

2. 选择题
（1）下列哪个工具不属于 Photoshop CS5 的辅助工具？_____
    A．标尺   B．线条   C．参考线   D．网格
（2）下列哪个选项不属于新建文档时可选择的背景内容？_____
    A．白色   B．黑色   C．背景色   D．透明

3. 操作题
制作图像的渐变特效，原图和效果图如图 1-90 所示。

图 1-90　渐变特效前后对比图

项目 2　图像选取

项目目标

通过本项目的学习，熟悉图像选取的基本方法，能够进行简单的图像合成。

项目要点

◇ 选择工具、套索工具、魔棒工具的使用方法
◇ 使用"色彩范围"命令创建复杂选区的方法
◇ 对选区进行操作和编辑

2.1　项目导入：制作楼盘宣传海报

项目需求：房地产公司进行楼盘广告宣传，本项目按照房产公司要求制作一幅宣传海报，如图2-1所示。

图2-1　楼盘宣传海报

引导问题：从项目任务中可以看到，楼盘宣传海报制作主要是使用图像选取工具来完成的，如使用磁性套索工具、矩形选框工具、椭圆选框工具、多边形套索工具等，了解和掌握了选择工具、套索工具、魔棒工具的使用方法以及使用"色彩范围"命令创建复杂选区的方法，并且学会对选区进行操作和编辑，完成项目制作。

2.2 选择工具

Photoshop 提供了一系列工具来进行选区的创建，如图 2-2 所示。

在进行选区创建的过程中，有些选区是规则的，比如正方形、长方形、圆形、椭圆等，还有些选区是不规则的，如人脸、衣服、花朵等。

在工具箱中使用鼠标按住 不放，将显示图 2-3 所示的工具列表，分别为矩形选框工具、椭圆选框工具、单行选框工具和单列选框工具。

图 2-2　选区创建工具　　　　图 2-3　矩形选框工具组

【任务1】　制作宝宝日历（图 2-4）

图 2-4　宝宝日历

（1）选择"文件"/"打开"命令（或者双击背景的灰色空白处），打开所需要制作的宝宝文件，如图 2-5 所示。

（2）选择工具箱中的矩形选框工具，在所需选择的区域拖出一个虚线框，如图 2-6 所示。

（3）选择"编辑"/"拷贝"命令（或使用"Ctrl+C"快捷键）。

（4）打开要用到的宝宝日历背景图片，如图 2-7 所示。

（5）选择"编辑"/"粘贴"命令（或使用"Ctrl+V"快捷键），将刚刚复制的宝宝选区粘贴到背景图片文件中，生成新的图层，如图 2-8 所示。

（6）使用"Ctrl+T"快捷键，进行图片大小的变换，在"自由变换"属性栏中选择"锁定长宽比"按钮，将长度和宽度调整为原来的30%，如图2-9所示。

图2-5　打开文件

图2-6　选取图像

图2-7　宝宝日历背景

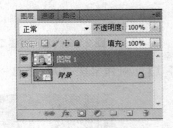

图2-8　复制图像

图2-9　调整大小

（7）将缩小后的宝宝图像进行旋转，如图2-10所示。

（8）按回车键或者单击 ✓ 按钮，进行确定。

（9）把"图层1"拖到图层面板下方创建新图层按钮 🔲 上，复制出一个"图层1副本"，如图2-11所示。

图2-10　旋转图像

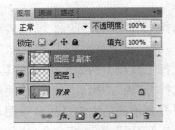

图2-11　复制图层

（10）使用移动工具把"图层1副本"中的内容移动到如图2-12所示的位置。

(11) 再次使用"Ctrl+T"快捷键进行旋转和缩放,得到如图2-13所示的效果。

图2-12 移动"图层1副本"

图2-13 旋转和缩放

(12) 重复步骤(9)~(10),再复制一次"图层1",得到"图层1副本2",并移动到合适的位置,如图2-14所示。

(13) 选择"编辑"/"变换"/"水平翻转"命令,得到如图2-15所示的效果。

图2-14 复制图层并移动

图2-15 水平翻转

(14) 重复使用"Ctrl+T"快捷键再次进行旋转和缩放,得到如图2-16所示的宝宝日历最终效果。

图2-16 旋转和缩放最终效果图

宝宝日历的制作并不复杂,只要通过两幅图像的合成就可以完成制作。这里就涉及矩形选框工具的

使用,对其中宝宝图像的部分进行选取,进行选区的创建,然后再把两个图像进行拼接,完成宝宝日历最终的效果图。

【任务2】 制作宠物店宣传单(图2-17)

图2-17 宠物店宣传单

(1)选择"文件"/"打开"命令(或者双击背景的灰色空白处),打开所需要制作的宠物文件,如图2-18所示。

(2)选择工具箱中的椭圆选框工具,按住"Shift"键,在所需选择的区域拖出一个正圆虚线框,如图2-19所示。

图2-18 打开文件

图2-19 选取图像

(3)选择"编辑"/"拷贝"命令(或使用"Ctrl+C"快捷键)。

(4)打开要用到的背景图片,如图2-20所示。

(5)选择"编辑"/"粘贴"命令(或使用"Ctrl+V"快捷键),将刚刚复制的正圆虚线选区粘贴到背景图片文件中,生成新的图层,如图2-21所示。

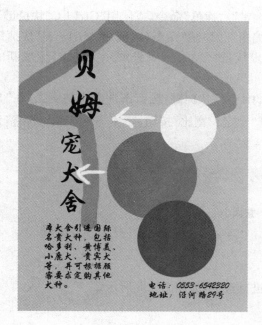

图 2-20 打开背景

图 2-21 复制图像

（6）使用"Ctrl+T"快捷键，进行图片大小的变换，在"自由变换"属性栏中选择"锁定长宽比"按钮，将长度和宽度调整为原来的100%，如图 2-22 所示。

图 2-22 调整大小

（7）将缩小后的宠物图像进行位置的调整，如图 2-23 所示。

（8）按回车键或者单击 按钮，进行确定。

（9）再次打开另外一张宠物图像，用上面同样的方法进行选取，如图 2-24 所示。

图 2-23 调整图像

图 2-24 选取图像

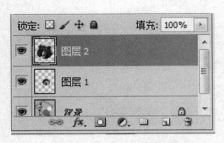

（10）选择"编辑"/"拷贝"命令（或使用"Ctrl＋C"快捷键）。

（11）选择"编辑"/"粘贴"命令（或使用"Ctrl＋V"快捷键），将刚刚复制的正圆虚线选区粘贴到背景图片文件中，生成新的图层（图层2），如图2－25所示。

（12）使用"Ctrl＋T"快捷键，进行图片大小的变换，在"自由变换"属性栏中选择"锁定长宽比"按钮，将长度和宽度调整为原来的100%，如图2－26所示。

图2－25　生成新图层

图2－26　调整大小

（13）将缩小后的宠物图像进行位置的调整，如图2－27所示。

（14）按回车键或者单击 ✓ 按钮，进行确定。

（15）打开最后一张宠物图片，用上面同样的方法进行选取，如图2－28所示。

图2－27　调整图像

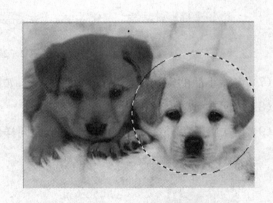

图2－28　选取图像

（16）选择"编辑"/"拷贝"命令（或使用"Ctrl＋C"快捷键）。

（17）选择"编辑"/"粘贴"命令（或使用"Ctrl＋V"快捷键），将刚刚复制的正圆虚线选区粘贴到背景图片文件中，生成新的图层（图层3），如图2－29所示。

（18）使用"Ctrl＋T"快捷键，进行图片大小的变换，在"自由变换"属性栏中选择"锁定长宽比"按钮，将长度和宽度调整为原来的96.30%，如图2－30所示。

图2－29　生成新图层

图2－30　调整大小

（19）将缩小后的宠物图像进行位置的调整，如图2－31所示。

（20）按回车键或者单击 ✓ 按钮，进行确定。

(21) 调整图层面板中图层之间的位置,把图层1拖到图层2和图层3的上方,最后完成的效果图,如图2-32所示。

图2-31 调整图像

图2-32 最终效果图

2.2.1 矩形选框工具的使用

以创建矩形选区为例,来了解矩形选框工具组的使用方法,如图2-33所示。具体操作如下:

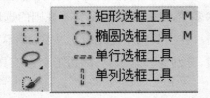

图2-33 矩形选框工具组

(1) 打开需要进行矩形选取的图像,单击工具箱中的矩形选框工具,在菜单栏的下方就会出现其工具属性栏,如图2-34所示。

图2-34 矩形选框工具属性栏

这4个图标用于在已经存在选区的情况下继续进行选区的选择。

表示创建新选区,而原来已经存在的选区将消失;

表示创建的选区将添加到原有选区上,两个选区将合并;

表示将从原有选区中减去新创建的选区;

表示将创建的选区与原有选区的交叉部分作为新的选区。

用于设置选区的羽化效果,也就是通过创建选区边框内外像素的过渡来使选区边缘模糊,羽化值设置的越大,选区的边缘就越模糊,此时选区的直角处就越圆滑。

(2) 将鼠标指针移到图像中选取的区域,按住鼠标左键不放,拖出所需选择区域的虚线框,释放鼠标,即可创建一个矩形选区。

2.2.2 椭圆选框工具的使用

椭圆选框工具的使用方法可参照上面介绍的矩形选框工具的使用,这里就不重复介绍了。

2.2.3 单行选框工具和单列选框工具的使用

创建单行选区和单列选区时,可以使用单行选框工具和单列选框工具,它们的属性栏与前面介绍的矩形选框工具属性栏的参数选项内容相同,只需要选择工具组中的单行选框工具或单列选框工具,在图像中单击,就可以得到单行或单列选区了。

> **提示** 使用矩形选框工具(椭圆选框工具和矩形选框工具的使用方法完全相同,这里不再叙述)时,按住"Shift"键不放,可以创建正方形,按住"Alt"键不放,可以从中心点画矩形。

2.3 套索工具

图 2-35 套索工具组

在我们所需选择的区域中,多数的区域并不是规则的,它们大多形状多变,这时就需要用到不规则的选取工具。

在工具箱中使用鼠标按住 不放,将显示图 2-35 所示的工具列表,分别为套索工具、多边形套索工具、磁性套索工具。

2.3.1 套索工具

【任务3】 制作精美鲜花壁纸(图 2-36)

图 2-36 精美鲜花壁纸

(1) 选择"文件"/"新建"命令,新建一个宽度为 8.47 cm、高度为 5.93 cm、像素为 300 px、背景内容为背景色的背景,如图 2-37 所示。

(2) 双击工具箱下方的背景色按钮,弹出背景色"拾色器"对话框,修改其中的参数如图2-38所示。

图2-37 新建背景

图2-38 背景色拾色器参数设置

(3) 选择"文件"/"打开"命令,打开所需要制作的鲜花文件,如图2-39所示。

(4) 选择工具箱中的套索工具,在所选择的花朵图像中按住鼠标左键不放拖动鼠标,直到选择完整个花朵,松开鼠标左键,则完成了选择花朵区域的操作如图2-40所示。

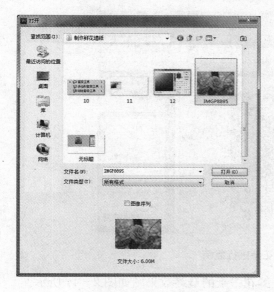

图2-39 打开文件

图2-40 选取图像

(5) 选择"编辑"/"拷贝"命令(或使用"Ctrl+C"快捷键)。

(6) 选择"编辑"/"粘贴"命令(或使用"Ctrl+V"快捷键),将刚刚复制的花朵选区粘贴到背景图片文件中,生成新的图层,如图2-41所示。

图2-41 复制花朵选区粘贴到背景图片中

(7) 选择工具箱中的橡皮擦工具对花朵的边缘进行修整,如图 2-42 所示。

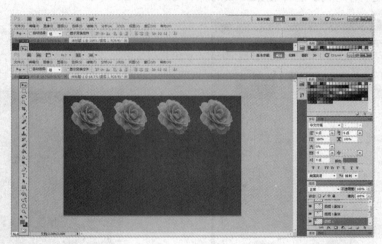

图 2-42 修整花朵边缘

(8) 使用"Ctrl+T"快捷键,对花朵进行缩小,并进行多次复制(按住"Alt"键拖动花朵图层),如图 2-43 所示。

图 2-43 缩小花朵进行复制

(9) 多次复制花朵后,进行对齐排列,就得到精美鲜花壁纸的最终效果图如图 2-44 所示。

图 2-44 精美鲜花壁纸的最终效果图

 知识链接

套索工具主要用于创建随意性的边缘光滑的选区,可以按照拖动的轨迹创建选区,一般不用于创建精确选区。

2.3.2 多边形套索工具

【任务4】 制作更换背景图像(图2-45)

图2-45 更换背景图像

(1) 选择"文件"/"打开"命令,打开所需要制作的建筑图片,如图2-46所示。

图2-46 打开文件

(2)单击工具箱中多边形套索工具,将鼠标指针移到图片中建筑物左下角的边界位置上并单击,松开左键后沿着要选取的建筑物边缘区域移动鼠标,在建筑物转角处单击作为另一个顶点,重复上述步骤,直到回到起始点。

(3)当回到起始点,鼠标指针的右下角会出现一个小圆圈,这时单击鼠标左键封闭选区,完成选取。如图2-47所示。

图2-47 选取图像

(4)选择"编辑"/"拷贝"命令(或使用"Ctrl+C"快捷键)。

(5)选择"文件"/"打开"命令,打开蓝天白云天空背景,如图2-48所示。

图2-48 打开文件

(6)选择"编辑"/"粘贴"命令(或使用"Ctrl+V"快捷键),将刚刚复制的建筑图形选区粘贴到天空背景图片文件中,生成新的图层,调整建筑物图层大小(使用"Ctrl+T"快捷键),得到如图2-49所示的最终效果图。

项目2 图像选取 71

图 2-49 最终效果图

多边形套索工具主要用于创建多边形轮廓选区,通过依次单击所创建的轨迹来指定选区,是由直线段构成的多边形选区。它可以用来选取边界为直线或者边界曲折的复杂图形。

2.3.3 磁性套索工具

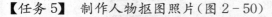

【任务5】 制作人物抠图照片(图 2-50)

图 2-50 人物抠图照片

(1)选择"文件"/"打开"命令,打开所需要制作的人物图片,如图 2-51 所示。

图 2-51 打开文件

（2）单击磁性套索工具，沿着图片中人物的边缘进行选区的绘制，磁性套索工具就像具有磁性般附着在图像的边缘，这样就完成了选区的创建。如图 2-52 所示。

图 2-52 创建人物选区

（3）选择"编辑"/"拷贝"命令（或使用"Ctrl+C"快捷键）。
（4）选择"文件"/"打开"命令，打开沙滩背景，如图 2-53 所示。

图 2-53 打开沙滩背景

(5) 选择"编辑"/"粘贴"命令(或使用"Ctrl+V"快捷键),将刚刚复制的人物图形选区粘贴到沙滩背景图片文件中,生成新的图层,调整人物图层大小("Ctrl+T"),得到如图2-54所示最终效果图。

图2-54 最终效果图

磁性套索工具主要是用于在色差比较明显、背景颜色单一的图像创建选区,就像具有磁性般附着在图像的边缘,拖动鼠标时套索就沿着图像边缘自动绘制出选区。

磁性套索工具的使用,具体操作如下:

单击工具箱中的磁性套索工具,在菜单栏的下方就会出现其工具属性栏,如图2-55所示。

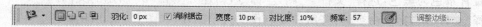

图2-55 工具属性栏

☞ 宽度:用于设置选取时能够检测到的边缘宽度,磁性套索工具只检测从鼠标指针到所指定的宽度距离范围内的边缘,然后在视图中绘制选区。

☞ 对比度:可以设置磁性套索工具检测边缘图像的灵敏度。如果要选取的对象与周围的图像颜色差异比较明显,那么就应该设置一个较高的百分数值;反之,对于图像比较模糊的边缘,应输入一个较低的百分数值。

☞ 频率:是设置在选取时关键点创建的速率。设定的数值越大,标记关键点的速率越快,标记的关键点就越多,反之,设置的数值越小,标记关键点的速率越慢,标记的关键点就越少。当查找的边缘复杂时,需较多的关键点来确定边缘的准确性,可采用较大的频率值;反之,可采用较小的频率值。

☞ 光笔压力:用于设置笔刷的压力,只有安装了绘图板及其驱动程序后才可以使用。选中了该选项时,增大光笔压力将导致边缘宽度减小。

> 提示
>
> (1) 使用多边形套索工具时,按住"Shift"键,可以按水平、垂直或者45度方向选取线段;按"Delete"键,可以删除最近选取的一条线段。
>
> (2) 按下"Caps Lock"键将鼠标指针更改为圆形,圆形的大小就是磁性套索工具探查的范围;在创建选区时,可以按"["键将磁性套索边缘宽度增大1个像素,按"]"键将宽度减小1个像素。
>
> (3) 操作过程中,按下"Delete"键,可以删除最近一个关键点。
>
> (4) 操作过程中,按下"Alt"键进行拖动,可以切换成套索工具;按下"Alt"键单击,可以切换成多边形套索工具。多种工具结合使用,可以更方便地进行任意形状的选择。

2.4 魔棒工具

【任务6】 制作人物剪影(图2-56)

图2-56 人物剪影

(1) 设置背景色为黑色,选择"文件"/"新建"命令,新建如图2-57所示的文档。
(2) 选择"文件"/"打开"命令,打开所需要制作的人物图片,如图2-58所示。

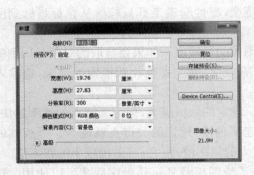

图2-57 新建文档

图2-58 存储为对话框

(3) 使用魔棒工具,容差值使用默认值,选择"连续"选项,在图像背景左侧空处出单击,创建选区,如图2-59所示。

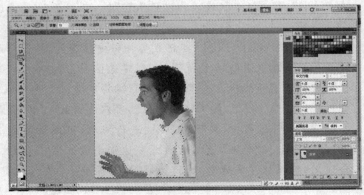

图2-59 使用魔棒单击后效果

（4）选择"选择"/"反向"命令（或使用"Shift+Ctrl+I"快捷键）进行反向选择，从而得到人物选区，如图 2-60 所示。然后将鼠标指针移动到选区内，将选区拖动到新建的背景中，如图 2-61 所示。

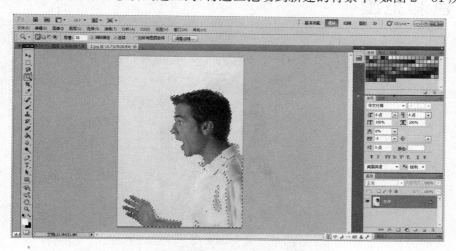

图 2-60 "反向"后选中人物

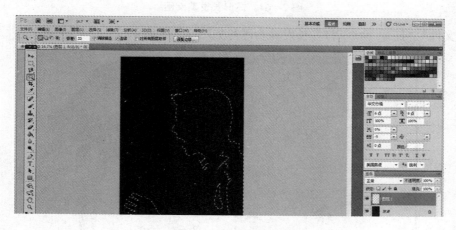

图 2-61 拖动选取

（5）设置前景色为白色，添加一个图层后，使用"Alt+Delete"快捷键填充选区，并使用"Ctrl+D"快捷键取消选择，得到的图 2-62 所示的最终效果。

魔棒工具被用来选择相近色的所有对象。魔棒工具是根据图像的饱和度、色度或亮度等信息来选择对象的范围。可以通过调整选项栏中的容差值来控制选区的精确度。另外，选项栏还提供其他一些参数设置，方便用户灵活地创建自定义选区，如图 2-63 所示。

☞ 容差：用于设置颜色选择范围的误差值，容差值越大，所选择的颜色范围也就越大。

☞ 消除锯齿：用于创建边缘较平滑的选区。

☞ 连续：用于设置是否在选择颜色选区范围，对整个图像中所有符合该颜色范围的颜色进行选择。

☞ 对所有图层取样：可对图像文件中所有图层的图像进行操作。

图 2-62 最终效果

图 2-63 魔棒工具选项栏

2.5 色彩范围

【任务7】 制作怀旧长发美女图（图2-64）

图2-64 怀旧长发美女图

（1）选择"文件"/"打开"命令，打开长发美女图片如图2-65所示。

图2-65 打开长发美女图

（2）选择"选择"/"色彩范围"命令，打开"色彩范围"对话框，用吸管工具单击图片中人物图形，吸取颜色范围，对话框中白色的部分，就是选择的范围，设置颜色容差为200，点击"确定"按钮。如图2-66所示。

图2-66 选择范围

(3) 创建人物选区,按"Ctrl+J"新建选区图层,如图 2-67 所示。

图 2-67 创建人物选区和新建选区图层

(4) 新建图层 2,打开前景色"拾色器"对话框,设置 RGB 颜色如图 2-68 所示。

图 2-68 RGB 颜色的设置

(5) 选择颜料桶工具,填充前景色为拾色器中设置的颜色,并且调整图层顺序,把图层 1 拖到图层 2 的上面,得到最终效果图。如图 2-69 所示。

图 2-69 最终效果

"色彩范围"命令可以根据图像的颜色来确定整个图像的选取。"色彩范围"可以选定一个标准色彩或用吸管吸取一种颜色,然后在容差设定允许的范围内,图像中所有在这个范围的色彩区域都将成为选区。它适合在颜色对比度大的图像上创建选区。

"色彩范围"对话框中的各选项含义如下:

☞ 选择:从"选择"中选取取样颜色工具,也可以选择颜色:红色、黄色、绿色、青色、蓝色、洋红、高光、中间调、暗调、溢色。

"溢色"选项仅适用于 RGB 和 Lab 图像,是无法使用印刷色打印的 RGB 或 Lab 颜色。

☞ 颜色容差:它是通过拖动滑块或输入一个数值来调整选定颜色的范围,可以控制选择范围内色彩范围的广度,并增加或减少部分选定像素的数量(指选区预览中的灰色区域)。设置较低的值可以限制色彩范围,设置较高的值可以增大色彩范围。

☞ 预览:选择范围是预览由于对图像中的颜色进行取样而得到的选区。白色区域是选定的像素,黑色区域是未选定的像素,而灰色区域是部分选定的像素。

☞ 图像:预览整个图像。例如,你可能需要从不在屏幕上的一部分图像中取样。

要在选择范围和图像预览之间切换,请按"Ctrl"键。

☞ 选区调整:将吸管指针放在图像或预览区域上,然后单击要包含的颜色进行取样。要添加颜色,选择加色吸管工具,并在预览或图像中单击;要移去颜色,选择减色吸管工具,并在预览或图像区域中单击。

要临时启动加色吸管工具,请按住"Shift"键;按住"Alt"键可临时启动减色吸管工具。

☞ 选区预览:要想在图像窗口中也能预览选区效果,"选区预览"选取一个选项,如灰度、黑色杂边、白色杂边、快速蒙版。

如果看到"选中的像素不超过 50%"信息,则选区边界将不可见。您可能已从"选择"菜单中选取一个颜色选项,例如"红色",此时图像不包含任何带有高饱和度的红色色相。

☞ 反相:用于在选取区域和没有被选取区域之间进行切换。

☞ 存储和载入设置:点击"色彩范围"对话框中的"存储"和"载入"按钮以存储和重新使用当前设置。

2.6 快速选择工具

【任务8】 打造 MM 靓丽秀发(图2-70)

图2-70 打造MM靓丽秀发

(1)选择"文件"/"打开"命令,打开金发美女图片,如图2-71所示。
(2)按"Ctrl+J"快捷键,复制背景图层,在图层面板出现图层1,如图2-72所示。

图2-71 打开金发美女图片

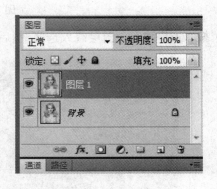

图2-72 复制图层

(3)打开快速选择工具,设置工具选项栏中画笔的大小,如图2-73所示。

图2-73 设置工具选项栏中参数

(4) 选用画笔，画出边缘如图2-74所示。

图2-74　画出边缘

(5) 选择"添加到选区"修改选取大小。如图2-75所示。

图2-75　修改选取大小

(6) 按"Ctrl"键点击图层载入选区，然后进行羽化，如图2-76所示。

图2-76　载入选区并羽化选区

（7）设置前景色为大红色，背景色为黄色，进行渐变填充。如图2-77所示。

图2-77 渐变填充

（8）设置图层模式为柔光。如图2-78所示。

图2-78 设置图层模式为柔光

（9）合并图层，完成最终效果图。如图2-79所示。

图2-79 最终效果

快速选择工具用于多种情况下选区的创建，它是基于色彩差别但却是用画笔智能查找的主体边缘的新颖方法，利用可调整的圆形画笔笔尖快速绘制选区。它结合了魔棒工具和画笔工具的特点，可以自动调整所绘制的选区大小，并且可以在其工具选项栏中设置参数，如图2-80所示。

图2-80 快速选择工具选项栏

☞ 选区选项：包括"新选区" （这是在未选择任何选区的情况下的默认选项）、"添加到选区" （新创建的选区将添加到已有选区内）和"从选区减去" （新创建的选区将从已有选区中减去）3个按钮。创建选区后会自动切换到添加到选区的状态。

☞ 画笔：通过单击画笔缩览图或者其右侧的下拉按钮弹出"画笔选项"面板。包括硬度、间距、角度、圆度和大小等参数。

☞ 自动增强：选中该复选框，将减少选区边界的粗糙度和块效应。

☞ 调整边缘：对话框中，分别有视图模式选项、边缘检测选项、调整边缘选项和输出选项，其中视图模式选项中有7种模式（如闪烁虚线、叠加、黑底、白底、黑白、背景图层、显示图层）可供选择，边缘检测选项中，勾选"显示半径"后，图像被黑色完全覆盖，当向右拖动滑块时，选区会以蚁线为中心如线条般显示出来，再次拖动滑块时，随着半径值的增大，这个线条的面积也会逐渐变大变宽。调整边缘选项中，可以调整对象边缘的平滑度、羽化的像素、对比度和移动边缘；输出选项中勾选"净化颜色"，可以调整数量滑块，设置百分比参数，最后输出选择所需要的路径。

在工具栏里单击快速选择工具，选择合适大小的画笔，在需要选择的图像区域内按住画笔并稍加拖动，选区会向外扩展并自动查找和跟随图像中定义的边缘。

> **提示**
>
> 在创建选区时，需要调节画笔大小，按键盘上的右方括号键"["可以增大快速选择工具的画笔笔尖；按左方括号键"]"可以减小快速选择工具画笔笔尖的大小。
>
> 使用快速选择工具比较适合选择图像和背景相差较大的图像，在扩大颜色范围且连续选取时，其自由操作性相当高，要创建准确的选区首先需要设置选项栏，特别是画笔预设选取器的各选项。

2.7 选区操作与编辑

新建选区后还需要对选区进行进一步的编辑调整，才能达到理想的效果。Photoshop提供了多种选择方法，包括移动和复制选区、修改选区、反向扩大选区、选取相似以及调整选区的边缘和变换选区等。

【任务9】 时尚女鞋（图2-81）

图2-81 时尚女鞋

(1) 选择"文件"/"打开"命令,在打开的对话框中选择打开两幅图像文件,如图2-82所示。

图2-82　打开图像文件

(2) 选择魔棒工具,在背景区域单击创建选区,并选择"选择"/"选取相似"命令,如图2-83所示。

图2-83　创建选区

(3) 选择"选择"/"反向"命令,并选择移动工具,按住"Ctrl+Alt"快捷键将选区内的图像拖动复制到另一幅图像文件中,生成"图层1",如图2-84所示。

图2-84　移动复制图像

（4）选择"编辑"/"自由变换"命令，调整复制的图像大小及位置，并按回车键应用，如图2-85所示。

图2-85　调整图片大小

（5）得到最终效果图，如图2-86所示。

图2-86　最终效果

【任务10】　花朵照片的处理（图2-87）

图2-87　花朵照片的处理

（1）选择"文件"/"打开"命令打开花图片，选择椭圆选框工具，在选项栏中单击"添加到选区"按钮，在"样式"下拉列表中选择"固定比例"选项，然后创建选区，并按"Ctrl+J"快捷键复制选区内图像，如图2-88所示。

图2-88　复制图像

（2）按"Ctrl"键单击"图层1"载入选区，选中背景图层，选择"选择"/"修改"/"扩展"命令，打开"扩展选区"对话框。在对话框的扩展量数值框中输入20，然后单击"确定"按钮，并单击"Ctrl+J"快捷键复制选区内图像，并生成"图层2"，如图2-89所示。

（3）选中"图层1"，按"Ctrl"键，单击"图层1"载入选区，选择"选择"/"修改"/"收缩"命令，打开"收缩选区"对话框。在对话框的收缩量数值框中输入20像素，然后单击"确定"按钮，并按"Ctrl+J"快捷键复制选区内图像，并生成"图层3"，如图2-90所示。

图2-89　设置扩展量数值

图2-90　设置收缩选区数值

（4）选中"背景"图层，在"调整"面板中单击"亮度/对比度"图标，在显示的设置选项中设置亮度数值为100，如图2-91所示。

图2-91　亮度/对比度

(5) 选中"图层2"图层,在"调整"面板中单击"亮度/对比度"图标,在显示的设置选项中设置亮度数值为80,如图2-92所示。

图2-92 亮度/对比度—图层2

(6) 选中"图层1"图层,在"调整"面板中单击"亮度/对比度"图标,在显示的设置选项中设置亮度数值为60,如图2-93所示。

图2-93 完成图

2.7.1 移动、复制选区

选择任意一个选择工具,将鼠标指针移动到图像窗口的选区中,指针变为白色箭头时拖动鼠标可以移动选区。

复制选区主要通过使用移动工具及结合快捷键的使用。

 提示　　用移动工具选中选区,按住"Alt"键,光标显示为黑白重叠箭头即可拖动鼠标,进行选区的复制。

2.7.2 修改选区

可以在选区激活的状态下更改选区。在"选择"菜单下"修改"命令子菜单中,包含"边界"、"平滑"、"扩展"、"收缩"、"羽化"等5种命令。

- 边界:可以将选区的边界向内部和外部扩展,扩展后的边界与原来的边界形成新的选区。
- 平滑:用于平滑选区的边缘。
- 扩展:用于扩展选区的范围。
- 收缩:用于收缩选区的范围。
- 羽化:可以通过扩展选区轮廓周围的像素区域,达到柔和边缘效果。

2.7.3 反向、扩大选区、选取相似

"选择"菜单中还包含了一些与"修改"命令并列的选择命令,如反向、扩大选区、选取相似等命令。

- 反向:命令主要用于选择复杂对象,当发现多种颜色的复杂对象在单一背景上,通过反向可以使选择的图像更加简单。
- 扩大选区:命令用于添加与当前选区颜色相似且位于选区附近的所有像素。可以通过在魔棒工具的选项栏中设置容差值扩大选区,容差值界定了扩大选区时颜色取样的范围。容差值越大,扩大选区时的颜色取样范围越大。
- 选取相似:主要用于将所有不相邻区域内相似颜色的图像全部选取,从而弥补只能选取相邻相似色彩像素的缺陷。

2.7.4 调整选区边缘

调整边缘的作用就是对选区边缘进行灵活的调整,提高选区边缘的质量并允许用户对照不同背景查看选区以便轻松编辑。使用选框工具、套索工具、魔棒工具和快速选择工具都会在选项栏中出现"调整边缘"按钮。

选择"选择"/"调整边缘"命令,或是在选择了一种选区创建工具后,单击选项栏上的"调整边缘"按钮,即可打开"调整边缘"对话框,如图 2-94 所示,在该对话框中包含"视图模式"、"半径"、"平滑"、"羽化"、"对比度"等参数。

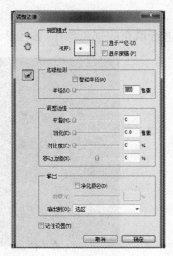

图 2-94 调整边缘对话框

☞ 视图模式：从下拉列表中，用户可以根据不同的需要选择最合适的预览方式。
☞ 半径：此参数可以微调选区与图像边缘之间的距离，数值越大，选区会越来越精确地靠近图像边缘。
☞ 平滑：当创建的选区边缘非常生硬，甚至有明显的锯齿时，使用此选项可以进行柔化处理。
☞ 羽化：此参数是用来柔化选区边缘的。
☞ 对比度：设置此参数可以调整边缘的虚化程度，数值越大则边缘越锐利。通常可以创建比较精确的选区。

2.7.5 变换选区

创建选区后，选择"选择"/"变换选区"命令，或是在选区内单击右键，在弹出的快捷菜单中选择"变换选区"命令，然后把光标移动到选区内，当光标变为黑色三角形时，即可按住鼠标拖动选区。使用"变换选区"命令除了可以移动选区外，还可以改变选区的形状，如缩放、旋转、扭曲等。在变换选区时，除了直接通过拖动定界框手柄的调整方式外，还可以配合"Shift"、"Alt"和"Ctrl"键的使用。

2.7.6 选区存储和载入选区

对于已经创建完成的选区，如果在后面的操作过程中还需要使用，建议将其进行保存，当需要再使用时，可以通过载入选区的方法将存储的选区载入到图像中。

> **提示**：在修改选区中，如果选区较小而羽化半径设置的比较大，则会打开警告对话框。单击"确定"按钮可确认当前设置的羽化半径，而选区可能会变得非常模糊，以至于在画面中看不到，但此时选区仍存在。如果不想出现该警告，应减少羽化半径或增大选区的范围。

☞ 移动边缘：该参数与收缩和扩展命令的功能基本相同，使用负值向内移动柔化边缘的边框，使用正值向外移动边框。"输出到"决定调整后的选区是变成当前图层上的选区或蒙版，还是生成一个新图层或文档。

2.8 回到项目工作环境

项目制作流程：
（1）首先新建文件，如图 2-95 所示。
（2）将前景色设置为红色，使用"Shift + F5"快捷键进行填充前景色操作，如图 2-96 所示。

图 2-95　新建文件

图 2-96　设置前景色并填充

(3) 新建"图层1",用矩形选框工具在图像中绘制一长方形选区,将前景色设置为淡黄色,背景色设置为深黄色,使用渐变工具——径向渐变工具为选区进行黄色渐变填充,如图2-97所示。

图2-97 绘制渐变长方形

(4) 打开素材1图片,使用多边形套索工具将素材1中的建筑物图像抠取下来,如图2-98所示,并移动到楼盘海报文件中,调整好文件位置及大小,如图2-99所示。

图2-98 选取图像　　　　　　　　　图2-99 移动并调整图像大小

(5) 接着使用"Ctrl+B"快捷键打开"色彩平衡"对话框,调整"图层2"建筑物的颜色,如图2-100所示。

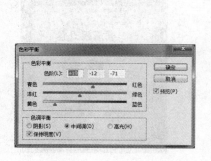 

图2-100 调整建筑物色彩

（6）新建"图层3"，使用多边形套索工具绘制一选区并填充颜色，该图形作为楼盘的标志，如图2-101所示。

图2-101 制作标志

（7）调整好标志大小，并在下方输入文字，如图2-102所示。
（8）接着使用文字工具，输入相关文字，如图2-103所示。
（9）使用自定形状工具在"一期震撼开盘"字体的左右处绘制图案，如图2-104所示。

图2-102 输入文字　　　图2-103 输入文字　　　图2-104 绘制图案

（10）打开"素材2"图片，使用矩形选框工具在图像中画出一个矩形选区并将选中的图像移动到项目文件中，调整好图片大小，如图2-105所示。
（11）接着输入文字，如图2-106所示。

图2-105 创建矩形选区　　　图2-106 输入文字

（12）接着打开"素材3"图片，使用圆形选区工具在图像中画出一个圆形选区，并使用移动工具将选区中图像移动到项目文件中，调整好图片大小，如图2-107所示。

图2-107 创建选区并移动

（13）最后新建"图层6"，为图像画出边框，为选区填充颜色，完成。如图2-108所示。

图2-108 创建选区并填充颜色

2.9 项目总结

训练内容：灵活运用图像选取工具，如使用磁性套索工具、矩形选框工具、椭圆选框工具、多边形套索工具等，主要是掌握这些工具的使用方法以及如何进行选区的编辑与修改，完成项目设计。

训练目的：从制作项目任务中，掌握图像选取工具的使用方法以及如何进行选区的编辑与修改。

技术要点：对选区进行操作、修改和编辑。

常见问题：创建选区的图像，移到新的背景中，色彩光感要注意协调，这时要打开"色彩平衡"对话框，进行色彩调整。

项目训练

1. 填空题

(1) 在已有选区情况下，按_____键可以添加选区。

(2) 按_____快捷键可以取消选区。

(3) _____工具可以选择颜色相同或相近的选区。

2. 选择题

(1) 下列_____属于选择工具。
　　A. 图章工具　　　B. 画笔工具　　　C. 钢笔工具　　　D. 椭圆选框工具

(2) 选择"选择"菜单下的_____命令可以进行选区大小的调整。
　　A. 反选　　　　　B. 存储选区　　　C. 羽化　　　　　D. 变换选区

(3) 如果要以鼠标指针的起点为中心创建选区，需要按_____键。
　　A. Shift　　　　　B. Ctrl　　　　　C. Alt　　　　　D. Caps Lock

3. 操作题

(1) 学会使用选择工具、套索工具、魔棒工具的使用方法以及使用"色彩范围"命令创建复杂选区的方法，运用这些工具和命令绘制宣传广告作品。

(2) 制作出如图2-109所示的旅行社宣传广告效果。

图 2-109　旅行社宣传广告效果

项目 3　色彩与色调调整

在一张图像中,色彩不只能真实记录物体,还能够带给我们不同的心理感受。创造性地使用色彩,可以营造各种独特的氛围和意境,使图像更具表现力。Photoshop 提供了大量色彩和色调调整工具,可用于处理图像和数码照片。

◇ 能熟练完成图像色彩模式的相互转换
◇ 能熟练运用调整命令对图形图像素材进行色彩校正
◇ 能熟练对图像色调进行调整
◇ 能熟练完成图像色彩调整

3.1　项目导入:制作韩式风格婚纱照片

项目需求:陈同学在校期间勤工俭学,找了一份兼职,负责某影楼婚纱照片和个人写真照片的后期处理。在处理制作某客户照片时,通过与客户的交流,发现客户比较喜欢当下较流行的优雅韩式风格,同时陈同学又发现摄影师拍摄的原片曝光度不够,而影楼从成本考虑,不想重新拍摄。陈同学最终通过 Photoshop CS5 顺利解决问题,做出了让客户满意的效果图,如图 3-1 所示。

图 3-1　韩式风格婚纱照

引导问题:本项目需要用到 Photoshop 软件中的强大色彩调整功能,在色彩调整中需要掌握颜色模式转换、色调调整、色彩调整及特殊色彩调整。

3.2 颜色模式转换

颜色模式决定了用来显示和打印所处理图像的颜色方法。颜色模式的转换操作是打开一个文件以后，在"图像"/"模式"下拉菜单中选择一种模式，如图3-2所示，即可将其转换为该模式。这其中RGB、CMYK、Lab等是常用和基本的颜色模式，索引颜色和双色调等是用于特殊色彩输出的颜色模式。颜色模式基于颜色模型（一种描述颜色的数值方法）。选择一种颜色模式，就等于选用了某种特定的颜色模型。

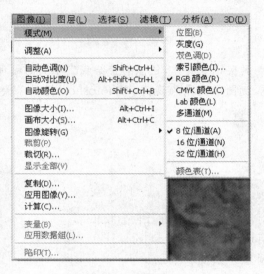

图3-2 模式转换菜单

3.2.1 位图模式

位图模式只有纯黑和纯白两种颜色，适合制作艺术样式或用于创作单色图形。彩色图像转换为该模式后，色相和饱和度信息都会被删除，只保留亮度信息。只有灰度和双色调模式才能够转换为位图模式。

打开一个RGB模式彩色图像"猫.jpg"，如图3-3所示，执行"图像"/"模式"/"灰度"命令，先将它转换为灰度模式，在出现确认扔掉颜色信息的对话框中单击"扔掉"，丢弃颜色信息，转换为灰度模式，再执行"图像"/"模式"/"位图"命令，打开"位图"对话框，如图3-4所示。在"输出"选项中设置图像的输出分辨率，然后在"方法"选项中选择一种转换方法，包括"50%阈值"、"图案仿色"、"扩散仿色"、"半调网屏"和"自定图案"。

图3-3 素材图片

图3-4 位图对话框

☞ 阈值：将50%色调作为临界点，灰色值高于中间色阶128的像素转换为白色，灰色值低于色阶128的像素转换为黑色，如图3-5所示。

☞ 图案仿色：用黑白点图案模拟色调，如图3-6所示。

图3-5 阈值选项效果图

图3-6 图案仿色选项效果图

☞ 扩散仿色：通过使用从图像左上角开始的误差扩散过程来转换图像，由于转换过程的误差原因，会产生颗粒状的纹理，如图3-7所示。

☞ 半调网屏：可模拟平面印刷中使用的半调网点外观，如图3-8所示。

图3-7 扩散仿色选项效果图

图3-8 半调网屏选项效果图

☞ 自定图案：可选择一种图案来模拟图像中的色调，如图3-9、图3-10所示。

图3-9 自定图案选项

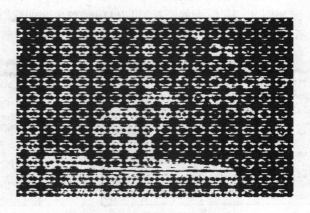

图3-10 自定图案选项效果图

3.2.2 双色调模式

双色调模式采用一组曲线来设置各种颜色油墨传递灰度信息的方式。使用双色油墨可以得到比单一通道更多的色调层次，能在打印中表现更多的细节。双色调模式还包含三色调和四色调选项，可以为三种或四种油墨颜色制版。但是，只有灰度模式的图像才能转换为双色调模式，所以如果要将 RGB 模式转换为双色调模式，就需要先将图像转换为灰度模式才可以，转换为灰度以后，可以执行"图像"/"模式"/"双色调"。

图 3-11、图 3-12 所示分别为双色调和三色调效果。

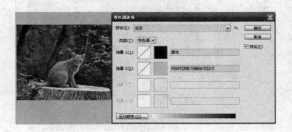 

图 3-11　双色调效果图　　　　　　　　　图 3-12　三色调效果图

☞ 预设：可以选择一个预设的调整文件。

☞ 类型：在下拉列表中可以选择"单色调"、"双色调"、"三色调"或"四色调"。单色调是用非黑色的单一油墨打印的灰度图像，双色调、三色调和四色调分别是用两种、三种和四种油墨打印的灰度图像。选择之后，单击各个油墨颜色块，可以打开"颜色库"设置油墨颜色，如图 3-13、图 3-14 所示。

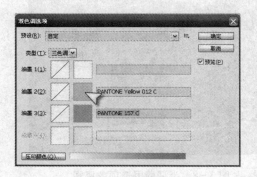 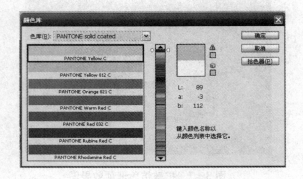

图 3-13　双色调选项设置　　　　　　　　图 3-14　颜色库

☞ 编辑油墨颜色：选择"单色调"时，只能编辑一种油墨，选择"四色调"时，可以编辑全部的四种油墨。单击如图 3-15 所示的图标，可以打开"双色调曲线"对话框，调整曲线可以改变油墨的百分比，如图 3-16 所示。单击"油墨"选项右侧的颜色块，可以打开"颜色库"选择油墨。

 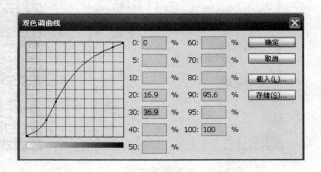

图 3-15　双色调选项设置　　　　　　　　图 3-16　双色调曲线

☞ 压印颜色：压印颜色是指相互打印在对方之上的两种无网屏油墨。单击该按钮可以在打开的"压印颜色"对话框中设置压印颜色在屏幕上的外观。

3.2.3 灰度模式

灰度模式的图像不包含颜色,彩色图像转换为该模式后,色彩信息都会被删除。

灰度图像中的每个像素都有一个 0~255 之间的亮度值。0 代表黑色,255 代表白色,其他值代表了黑、白中间过渡的灰色。在 8 位图像中,最多有 256 级灰度,在 16 和 32 位图像中,图像中的级数比 8 位图像要大得多。

3.2.4 索引模式

使用 256 种或更少的颜色替代全彩图像中上百万种颜色的过程叫做索引。Photoshop 会构建一个颜色查找表(CLUT),存放图像中的颜色。如果原图像中的某种颜色没有出现在该表中,则程序会选取最接近的一种,或使用仿色以现有颜色来模拟该颜色。索引模式是 GIF 文件默认的颜色模式。如图 3-17 所示为"索引颜色"对话框。

☞ 调板颜色:可以选择转换为索引颜色后使用的调板类型,它决定了使用哪些颜色。如果选择"平均分布"、"可感知"、"可选择"或"随样性",可通过输入颜色值指定要显示的实际颜色数量(多达 256 种)。

☞ 强制:可以选择将某些颜色强制包括在颜色表中的选项。选择"黑色和白色",可将纯黑色和纯白色添加到颜色表中;选择"原色",可添加红色、绿色、蓝色、青色、洋红、黄色、黑色和白色;选择"Web",可添加 216 种 Web 安全色;选择"自定",则允许定义要添加的自定颜色。如图 3-18、图 3-19 所示是设置颜色为 9、强制分别为黑白和三原色构建的颜色表及图像效果。

图 3-17 索引颜色对话框

图 3-18 颜色为 9、强制为黑白构建的颜色表及图像效果

图 3-19 颜色为 9、强制为三原色构建的颜色表及图像效果

☞ 杂边：指定用于填充与图像的透明区域相邻的消除锯齿边缘的背景色。
☞ 仿色：在下拉列表中可以选择是否使用仿色。如果要模拟颜色表中没有的颜色，可以采用仿色。仿色会混合现有颜色的像素，以模拟缺少的颜色。要使用仿色，可在该选项下拉列表中选择仿色选项，并输入仿色数量的百分比值。该值越高，所仿颜色越多，但可能会增加文件大小。

3.2.5　RGB 颜色模式

RGB 是通过红、绿、蓝 3 种原色光混合的方式来显示颜色的，计算机显示器、扫描仪、数码相机、电视、幻灯片、网络、多媒体等都采用这种模式。在 24 位图像中，每一种颜色都有 256 种亮度值，因此，RGB 颜色模式可以重现 1 670 万种颜色（256×256×256）。

在 Photoshop 中除非有特殊要求而使用特定的颜色模式外，RGB 都是首选。在这种模式下可以使用所有 Photoshop 的工具和命令，而其他模式则会受到限制。

3.2.6　CMYK 颜色模式

CMYK 是商业印刷使用的一种四色印刷模式。它的色域（颜色范围）要比 RGB 模式小，在制作需用印刷色打印的图像时，才使用该模式。此外，在 CMYK 模式下，有许多滤镜都不能使用。

在 CMYK 颜色模式中，C 代表青，M 代表品红，Y 代表黄，K 代表黑色。在 CMYK 模式下，可以为每个像素的每种印刷油墨指定一个百分比值。

3.2.7　Lab 颜色模式

Lab 模式是 Photoshop 进行颜色模式转换时使用的中间模式。例如，在将 RGB 图像转换为 CMYK 模式时，Photoshop 会在内部先将其转换为 Lab 模式，再由 Lab 转换为 CMYK 模式。因此，Lab 的色域最宽，它涵盖了 RGB 和 CMYK 的色域。

在 Lab 颜色模式中，L 代表了亮度分量，它的范围为 0～100；a 代表了由绿色到红色的光谱变化；b 代表了由蓝色到黄色的光谱变化。颜色分量 a 和 b 的取值范围均为 +127～-128。

Lab 模式在照片调色中有着非常特别的优势，我们处理明度通道时，可以在不影响色相和饱和度的情况下轻松修改图像的明暗信息；处理 a 和 b 通道时，则可以在不影响色调的情况下修改颜色。

3.2.8　多通道模式

多通道是一种减色模式，将 RGB 图像转换为该模式后，可以得到青色、洋红和黄色通道，如图 3-20 所示。此外，如果删除 RGB、CMYK、Lab 模式的某个颜色通道，图像会自动转换为多通道模式。在多通道模式下，每个通道都使用 256 级灰度。进行特殊打印时，多通道图像十分有用。

图 3-20　多通道模式

3.2.9 位深度

位深度也称为像素深度或色深度，即多少位/像素，它是显示器、数码相机、扫描仪等使用的术语。Photoshop 使用位深度来存储文件中每个颜色通道的颜色信息。存储的位越多，图像中包含的颜色和色调差就越大。

打开一个图像后，可以在"图像"/"模式"下拉菜单中选择 8 位/通道、16 位/通道、32 位/通道命令，改变图像的位深度。

☞ 8 位/通道：位深度为 8 位，每个通道可支持 256 种颜色，图像可以有 1 600 万个以上的颜色值。

☞ 16 位/通道：位深度为 16 位，每个通道可以包含高达 65 000 种颜色信息，无论是通过扫描得到的 16 位通道文件，还是数码相机拍摄得到的 16 位通道的 Raw 文件，都包含了比 8 位通道文件更多的颜色信息。因此，色彩渐变更加平滑，色调也更加丰富。

☞ 32 位/通道：32 位/通道的图像也称为高动态范围（HDR）图像，文件的颜色和色调更胜于 16 位/通道文件。用户可以有选择性地对部分图像进行动态范围的扩展，而不至于丢失其他区域的可打印和可显示的色调。目前，HDR 图像主要用于影片、特殊效果、3D 作品及某些高端图片。

3.2.10 颜色表

当我们将图像的颜色模式转换为索引模式以后，"图像"/"模式"下拉菜单中的"颜色表"命令可用。执行该命令时，Photoshop 会从图像中提取 256 种典型颜色。如图 3-21 左边所示为一个索引模式的图像，右边所示为它的颜色表。

图 3-21 颜色表

在"颜色表"下拉列表中可以选择一种预定义的颜色表，包括"自定"、"黑体"、"灰度"、"色谱"、"系统（Mac OS）"和"系统（Windows）"。

☞ 自定：创建指定的调色板。自定颜色表对于颜色数量有限的索引颜色图像可以产生特殊效果。

☞ 黑体：显示基于不同颜色的面板。这些颜色是黑体辐射物被加热时发出的，从黑色到红色、橙色、黄色和白色，如图 3-22 所示。

☞ 灰度：显示基于从黑色到白色的 256 个灰阶的面板。

☞ 色谱：显示基于白光穿过棱镜所产生的颜色的调色板，从紫色、蓝色、绿色到黄色、橙色和红色，如图 3-23 所示。

☞ 系统（Mac OS）：显示标准的 Mac OS 256 色系统面板。

☞ 系统（Windows）：显示标准的 Windows 256 色系统面板。

图 3-22 黑体颜色表

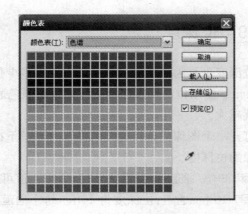
图 3-23 色谱颜色表

3.3 图像色调调整

Photoshop CS5 作为一个专业的平面图像处理软件，内置了多种全局色调调整命令，通过这些命令用户可以快速实现对图像色调的调整。

3.3.1 快速调整图像

在"图像"/"调整"下拉菜单中，"自动色调"、"自动对比度"和"自动颜色"命令可以自动对图像的颜色和色调进行简单的调整，适合对于各种调色工具不太熟悉的初学者使用。

☞ "自动色调"命令：自动调整图像中的黑场和白场，将每个颜色通道中最亮和最暗的像素映射到纯白（色阶为255）和纯黑（色阶为0），中间像素值按比例重新分布，从而增强图像的对比度。

☞ "自动对比度"命令：自动调整图像对比度。由于"自动对比度"不会单独调整通道，因此不会引入或消除色痕。它剪切图像中的阴影和高光值，然后将图像剩余部分的最亮和最暗像素映射到纯白（色阶为255）和纯黑（色阶为0）。这会使高光看上去更亮，阴影看上去更暗。默认情况下，在标识图像中的最亮和最暗像素时，"自动对比度"将剪切白色和黑色像素的0.5%，也就是说，忽略两个极端像素值的前0.5%。可以使用"色阶"和"曲线"对话框中的"自动颜色校正选项"更改这个默认设置。

☞ "自动颜色"命令：通过搜索图像来标识阴影、中间调和高光，从而调整图像的对比度和颜色。默认情况下，"自动颜色"使用 RGB 128 灰色这一目标颜色来中和中间调，并将阴影和高光像素剪切0.5%。可以在"自动颜色校正选项"对话框中更改这些默认值。

自动颜色校正选项控制"色阶"和"曲线"命令中的自动色调和颜色校正。此外，还控制"自动色调"、"自动对比度"和"自动颜色"命令的设置。自动颜色校正选项允许指定阴影和高光修剪百分比，并为阴影、中间调和高光指定颜色值。可以在单独使用"色阶"调整或"曲线"调整时应用这些设置，也可以在"色阶"和"曲线"中应用"自动色调"、"自动对比度"、"自动颜色"和"自动"选项时，将这些设置存储为默认值。

> 提示 对于一些简单的图像，可以选择"自动颜色"命令，系统将通过搜索图像中的明暗程度来表现图像的暗调、中间调和高光，以自动调整图像的对比度和颜色。

3.3.2 使用"色阶"调整色调范围

可以使用"色阶"调整通过调整图像的阴影、中间调和高光的强度级别，从而校正图像的色调范围和色彩平衡。"色阶"直方图用作调整图像基本色调的直观参考。

【任务1】 让灰暗的照片变清晰

（1）打开需要调整的照片，如图3-24所示。观察其色彩及用光情况。
（2）选择"图像"/"调整"/"色阶"菜单命令，打开该图像对应的"色阶"对话框。
（3）用鼠标向左拖动白色输入滑块，如图3-25所示。

图3-24　灰暗建筑物

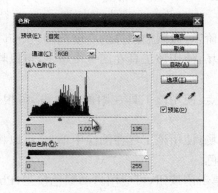

图3-25　向左拖动白色滑块

（4）此时的图像整体还显得较灰，向右拖动黑色输入滑块，如图3-26所示。
（5）最终效果如图3-27所示，单击"确定"按钮，将修复后的图像保存。

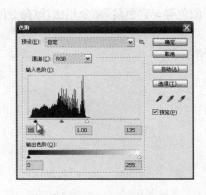

图3-26　向右拖动黑色滑块

图3-27　色阶调整效果图

直方图用图形表示图像的每个亮度级别的像素数量，展示像素在图像中的分布情况。直方图显示阴影中的细节（在直方图的左侧部分显示）、中间调（在中部显示）以及高光（在右侧部分显示）。直方图可以帮助确定图像是否有足够的细节来进行良好的校正。

直方图还提供了图像色调范围或图像基本色调类型的快速浏览图。低色调图像的细节集中在阴影处，高色调图像的细节集中在高光处，而平均色调图像的细节集中在中间调处。全色调范围的图像在所有区域中都有大量的像素。识别色调范围有助于确定相应的色调校正。

"直方图"面板提供许多选项，用来查看有关图像的色调和颜色信息。默认情况下，直方图显示整个

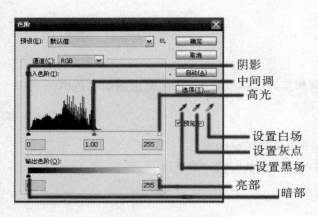

图 3-28 色阶对话框

图像的色调范围。

"色阶"对话框如图 3-28 所示。

☞ 预设：单击"预设"选项右侧的按钮，在打开的下拉列表中选择"存储"命令，可以将当前的调整参数保存为一个预设文件。在使用相同的方式处理其他图像时，可以用该文件自动完成调整。

☞ 通道：可以选择一个通道来进行调整，调整通道会影响图像的颜色。

☞ 输入色阶：用来调整图像的阴影（左侧滑块）、中间调（中间滑块）和高光区域（右侧滑块）。可拖动滑块或者在滑块下面的文本框中输入数值来进行调整。

☞ 输出色阶：可以限制图像的亮度范围，从而降低对比度，使图像呈现褪色效果。

☞ 设置黑场：使用该工具在图像中单击，可以将单击点的像素调整为黑色，原图中比该点暗的像素也变为黑色。

☞ 设置灰点：使用该工具在图像中单击，可根据单击点像素的亮度来调整其他中间色调的平均亮度。

☞ 设置白场：使用该工具在图像中单击，可以将单击点的像素调整为白色，原图中比该点亮度值高的像素也变为白色。

☞ 自动：单击该按钮，可应用自动颜色校正，Photoshop 会以 0.5% 的比例自动调整图像色阶，使图像的亮度分布更加均匀。通常使用它来校正色偏。

☞ 选项：单击该按钮，可以打开"自动颜色校正选项"对话框，在对话框中可以设置黑色像素和白色像素的比例。

3.3.3 "曲线"命令

使用"曲线"命令可以调整图像的亮度、对比度及纠正偏色等，与"色阶"命令相比，该命令的调整更为精确。

【任务2】 使用"曲线"调整曝光过度照片

(1) 打开素材照片，如图 3-29 所示，观察其用光情况。

图 3-29 素材图片

(2) 选择"图像"/"调整"/"曲线"命令，打开图像的"曲线"对话框。

(3) 将光标置于调节线的右上方,单击后增加一个调节点,如图3-30所示。
(4) 按住鼠标左键向下方拖动添加的调节点,如图3-31所示,此时图像的亮度减弱。

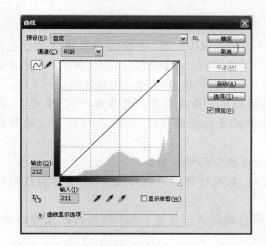

图3-30 增加节点

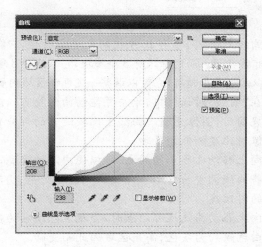

图3-31 调整节点

(5) 参照步骤(3),在调节线的左下方增加一个调节点,如图3-32所示。
(6) 按住鼠标左键向上方拖动添加的调节点,如图3-33所示,此时图像的亮度在增加。

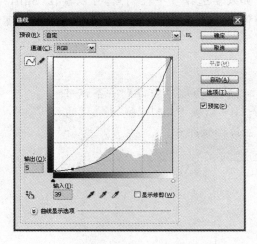

图3-32 增加节点

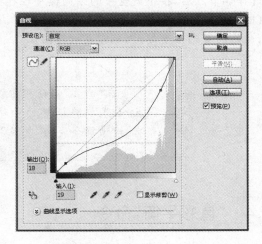

图3-33 调整节点

(7) 单击"确定"按钮,关闭对话框,最终效果如图3-34所示。

图3-34 曲线效果图

 **知识链接**

曲线上最多可以有 16 个控制点,也就是说,它能够把整个色调范围(0~255)分成 15 段来调整,对于色调的控制非常精确。而色阶只有 3 个滑块,它只能分 3 段(阴影、中间调、高光)调整色阶。因此,曲线对于色调的控制可以做到更加精确,它可以调整一定色调区域内的像素,而不影响其他像素,色阶是无法做到这一点的。

在"曲线"对话框中,单击并拖动曲线就可以改变图像的亮度。曲线向左上角弯曲时,图像变亮,向右下角弯曲时,图像变暗。曲线上比较陡直的部分代表图像对比度较高的部分,曲线上比较平缓的部分代表图像对比度较低的区域。

向上移动曲线中间的点,可以使中间调变亮,向下移动则使中间调变暗。

将曲线调整为 S 形可以使高光区域变亮、阴影区域变暗,从而增强图像的对比度;反 S 形曲线则降低图像的对比度。

向上移动曲线底部的点时,会把黑色映射为灰色,阴影区域因此而变亮,向下移动曲线顶部的点时,会把白色映射为灰色,高光区域因此而变暗。

将曲线顶部的点移动到最下面,将底部的点移动到最上面,可以反相图像。

将曲线顶部的点向左移动,可以剪切高光,将曲线底部的点向右移动,可以剪切阴影。

如果将顶部和底部的点同时向中间移动,则可以创建色调分离效果。

选择调节点后,按下键盘中的方向键可轻移控制点。如果要选择多个控制点,可以按住"Shift"单击它们(选中的调节点为实心黑色)。通常情况下,在编辑图像时,只需将曲线进行小幅度的调整即可实现目的,曲线的变形幅度越大,越容易破坏图像。

 提示　在"曲线"对话框中调整曲线时,双击曲线可以得到一个调节点,如果要将调整的曲线恢复原状,可以按住"Alt"键,这时"取消"按钮将会变为"复位"按钮,单击该按钮即可。

3.3.4 "色彩平衡"命令

使用"色彩平衡"命令可以在图像原色的基础上根据需要来添加颜色,或通过增加某种颜色的补色,以减少该颜色的数量,从而改变图像的原色彩。

【任务 3】　将夏天的照片处理为秋天

(1) 打开素材照片"夏天.jpg",如图 3-35 所示。

(2) 选择"图像"/"调整"/"色彩平衡"命令,打开该图像的"色彩平衡"对话框。

(3) 向右拖动青色—红色滑块,减少图像中的青色,如图 3-36 所示。

图 3-35　打开的图像

图 3-36　减少青色

(4) 同理，继续减少绿色，增加黄色，以增加秋天的暖色彩，如图 3-37 所示。
(5) 单击"确定"按钮，将调整后的图像保存，最终效果如图 3-38 所示。

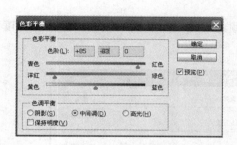

图 3-37 减少绿色增加黄色

图 3-38 色彩平衡效果图

1. "色彩平衡"对话框选项

如图 3-36 所示，在对话框中，相互对应的两个颜色互为补色（如青色与红色）。提高某种颜色的比重时，位于另一侧的补色的颜色就会减少，在"色阶"文本框中输入数值，或拖动滑块可以向图像中增加或减少颜色。例如，如果将最上面的滑块移向青色，可在图像中增加青色，同时减少其补色红色；将滑块移向红色，则减少青色，增加红色。可以选择一个或多个色调来进行调整，包括"阴影"、"中间调"和"高光"，勾选"保持明度"选项，可以保持图像的色调不变，防止亮度值随颜色的更改而改变。

2. 互补色

在色轮上，相距 180 度的颜色是互补色（如红与青、黄与蓝）。互补色结合的色组，是对比效果最强的色组。我们使用"色彩平衡"、"变化"等命令时，当增加一种颜色时，就会自动减少它的补色，反之亦然。

3.3.5 "亮度/对比度"命令

"亮度/对比度"命令是一个简单直接的调整命令，它专门用于图像亮度和对比度的调整。

【任务4】 使用"亮度/对比度"命令调整图像

(1) 打开素材图片，如图 3-39 所示，发现其对比度较低且亮度较高。

图 3-39 素材图片

（2）选择"图像"/"调整"/"亮度/对比度"菜单命令，打开"亮度/对比度"对话框。

（3）向左拖动亮度滑块，以降低照片的亮度，如图 3-40 所示。

（4）此时照片的亮度已有所降低，但是对比度还不够，照片看起来感觉较灰，可通过调整对比度来增强对比。

（5）向右拖动对比度滑块，如图 3-41 所示直到图像中颜色对比发生明显的改变。增强对比度后的效果如图 3-42 所示。

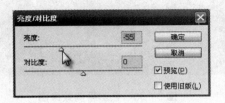 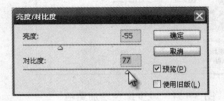

　　图 3-40　调整亮度　　　　　　　　　　图 3-41　调整对比度

图 3-42　效果图

（6）单击"确定"按钮，并将调整后的图像保存。

亮度对比度对话框选项：

☞ 亮度：用来控制图像的明暗度，正值可以加亮图像，负值可将图像调暗，取值范围是 -100～100。

☞ 对比度：用来控制图像的对比度，正值可以增加图像对比度，负值可以降低图像对比度，取值范围是 -100～100。

3.3.6　"自然饱和度"命令

"细节饱和度"调整命令是 Photoshop CS5 新增的功能。使用"自然饱和度"命令可以将图像进行灰色调到饱和色调的调整，用于提升饱和度不够的图片，或调整出非常优雅的灰色调，执行菜单"图像"/"调整"/"细节饱和度"命令，会打开"自然饱和度"对话框。

【任务5】　让人像照片色彩艳丽

（1）按下"Ctrl+O"快捷键，打开一张照片，如图 3-43 所示。这张照片由于天气情况不好，模特的肤色不够红润，色彩有些苍白。

项目 3　色彩与色调调整　107

（2）执行"图像"/"调整"/"自然饱和度"命令,打开如图 3-44 所示的"自然饱和度"对话框。对话框中有两个滑块,向左侧拖动可以降低颜色的饱和度,向右拖动则增加饱和度。当拖动饱和度滑块时,可以增加（或减少）所有颜色的饱和度。如果按照如图 3-45 所示对话框调整参数来增加饱和度的话,结果就会出现如图 3-46 所示时的效果,可以看到,色彩过于鲜艳,人物皮肤的颜色显得非常不自然。而如图 3-47 所示拖动自然饱和度滑块增加饱和度时,Photoshop 不会生成过于饱和的颜色,并且即使是将饱和度调整到最高值,皮肤颜色变得红润以后,仍能保持自然、真实的效果,结果如图 3-48 所示。

图 3-43　素材图片

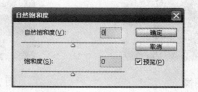
图 3-44　自然饱和度对话框

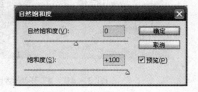
图 3-45　调整饱和度

图 3-46　效果图

图 3-47　调整自然饱和度

图 3-48　最终效果图

知识链接

"自然饱和度"各项含义如下:

☞ 自然饱和度:可以将图像进行灰色调到饱和色调的调整,用于提升饱和度的图片,或调整出非常优雅的灰色调,取值范围是 -100～100,数值越大色彩越浓烈。

☞ 饱和度:通常指的是一种颜色的纯度,颜色越纯,饱和度就越大;颜色纯度越低,相应颜色的饱和度就越小,取值范围是 -100～100,数值越小颜色纯度越小,越接近灰色。

3.3.7 "色相/饱和度"命令

使用"色相/饱和度"命令可以调整整个图片或图片中单个颜色的色相、饱和度和亮度。执行菜单"图像"/"调整"/"色相/饱和度"命令，可以打开"色相/饱和度"对话框。

【任务6】 改变人物衣服颜色

（1）打开素材图片，如图3-49所示。

（2）使用磁性套索工具结合矩形选框工具将人物外套绿颜色部分选中，如图3-50所示。

图3-49 打开素材图像

图3-50 绘制人物外套选区

（3）选择"图像"/"调整"/"色相/饱和度"菜单命令，打开"色相/饱和度"对话框。

（4）向左拖动色相滑块，如图3-51所示，使选区内外套的颜色为红色。同时调整饱和度和明度滑块，效果如图3-52所示。

图3-51 调整参数

图3-52 改变外套颜色后的效果

（5）单击"确定"按钮，关闭"色相/饱和度"对话框，取消选区后将调整后的图像文件保存。

 知识链接

1. 色相/饱和度选项

- 预设：系统保存的调整数据。
- 编辑：用来设置调整的颜色范围，单击右边的倒三角即可弹出下拉列表。
- 色相：通常指的是颜色，即红色、黄色、绿色、青色、蓝色和洋红。
- 饱和度：通常指的是一种颜色的纯度，颜色越纯，饱和度就越大；颜色纯度越低，相应颜色的饱和度就越小。

☞ 明度:通常指的是色调的明暗度。
☞ 着色:选择该复选框后,可以为全图调整色调,并将彩色图像自动转换成单一色调的图片。
☞ 按图像选取点调整图像饱和度:单击此按钮,使用鼠标在图像的相应位置拖动时,会自动调整被选取区域颜色的饱和度。

2. 色相、饱和度、明度和色调

色相是指色彩的相貌。光谱中的红、橙、黄、绿、蓝、紫为基本色相。

明度是指色彩的明暗程度。色彩中明度最高的是白色,明度最低的是黑色。在色彩中,任何一种纯度色都有自己的明度特征,如黄色为明度最高的颜色,处于光谱中心,紫色是明度最低的颜色,处于光谱边缘。

纯度是指色彩的鲜艳程度,也称饱和度。肉眼能够辨认的有色相的色都具有一定程度的鲜艳度。例如绿色,当它混入白色时,它的鲜艳程度就会降低,但明度提高了,成为淡绿色;当它混入黑色时,鲜艳度降低了,明度变暗了,成为暗绿色;当混入与绿色明度相似的中性灰色时,它的明度没有改变,但鲜艳度降低了,成为灰绿色。

以明度和纯度共同表现的色彩的程度称为色调。色调一般分为11种:鲜明、高亮、明亮、清澈、苍白、灰亮、隐约、浅灰、阴暗、深暗、黑暗。其中,鲜明和高亮色调的彩度很高,会给人一种华丽而又强烈的感觉;清澈和隐约的亮度和彩度都比较高,会给人一种柔和的感觉;灰亮、浅灰、阴暗的亮度和彩度都比较低,会给人一种朴素而又冷静的感觉;深暗和黑暗的亮度很低,会给人一种深沉、凝重的感觉。

3.3.8 "通道混合器"命令

使用"通道混合器"命令可以将图像不同通道中的颜色进行混合,从而达到改变图像色彩的目的。

【任务7】 使用"通道混合器"命令调整婚纱照色调

(1) 打开素材照片,如图 3-53 所示。

图 3-53 打开素材图像

(2) 选择"图像"/"调整"/"通道混合器"命令,打开"通道混合器"对话框。
(3) 在对话框中的"输出通道"下拉列表框中选择蓝色通道设置如图 3-54 所示,就可以得到图 3-55 的效果。

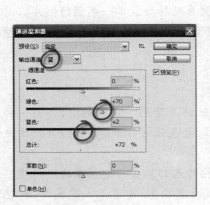

图 3-54 调整参数

图 3-55 蓝色通道调整效果图

（4）打开素材，同上面的操作打开"通道混合器"，我们再来选择红色通道，参数设置如图 3-56，就可以得到图 3-57 的效果。

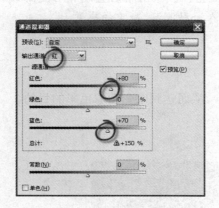

图 3-56 红色通道调整

图 3-57 红色通道调整效果图

（5）打开素材，同上面的操作打开通道混合器，我们再来选择绿色通道，参数设置如图 3-58，就可以得到图 3-59 的效果。

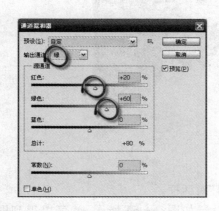

图 3-58 绿色通道调整

图 3-59 绿色通道调整效果图

知识链接

1. 通道混合器

在"通道"面板中,各个颜色通道(红、绿、蓝通道)保存着图像的色彩信息。将颜色通道调亮或者调暗,都会改变图像的颜色。"通道混合器"可以将所选的通道与想要调整的颜色通道混合,从而修改该颜色通道中的光线量,影响其颜色含量,从而改变色彩。

2. 通道混合器选项

☞ 预设:该选项的下拉列表中包含了 Photoshop 提供的预设调整设置文件,可用于创建各种黑白效果。

☞ 输出通道:可以选择要调整的通道。

☞ 源通道:用来设置输出通道中源通道所占的百分比。将源通道的滑块向左拖动时,可减小该通道在输出通道中所占的百分比;向右拖动则增加百分比,负值可以使源通道在被添加到输出通道之前反相。

☞ 总计:显示了源通道的总计值。如果合并的通道值高于100%,会在总计旁边显示一个警告。并且,该值超过100%,有可能会损失阴影和高光细节。

☞ 常数:用来调整输出通道的灰度值。负值可以在通道中增加黑色;正值则在通道中增加白色。-200%会使输出通道成为全黑,+200%则会使输出通道成为全白。

☞ 单色:勾选该项,可以将彩色图像转换为黑白效果。

> **提示** 使用"通道混合器"命令同使用"色彩平衡"命令一样可调整图像色彩,但是"色彩平衡"命令可对图像进行更加细微的调整,而其操作方法也相对复杂。

3.3.9 "渐变映射"命令

"渐变映射"命令可以使用渐变颜色对图像进行叠加,从而改变图像色彩。

【任务8】 将照片处理成简单夜景效果

(1) 打开素材照片,如图 3-60 所示。

图 3-60 素材图片

(2) 执行"图像"/"调整"/"渐变映射"命令,打开"渐变映射"对话框。

(3) 单击渐变样本显示框,在打开的"渐变编辑器"对话框中添加一个颜色块,并从左到右依次将颜色设置为黑色、褐色(♯864a0f)和黄色(fff150),如图3-61所示。

(4) 单击"确定"按钮运回"渐变映射"对话框,再次单击"确定"按钮得到图3-62所示的夜景效果。

图3-61　调整渐变

图3-62　最终效果图

"渐变映射"调整将相等的图像灰度范围映射到指定的渐变填充色。如果指定双色渐变填充,例如,图像中的阴影映射到渐变填充的一个端点颜色,高光映射到另一个端点颜色,则中间调映射到两个端点颜色之间的渐变。渐变映射对话框各选项含义如下:

☞ 灰度映射所用的渐变:单击渐变颜色条右边的倒三角形按钮,在打开的下拉菜单中可以选择系统预设的渐变类型,作为映射的渐变色。单击渐变颜色条会弹出"渐变编辑器"对话框,如图3-61所示。在对话框中可以自己设定喜爱的渐变映射类型。

☞ 仿色:用来平滑渐变填充的外观并减少带宽效果。

☞ 反向:用于切换渐变填充的顺序。

3.3.10　"变化"命令

"变化"命令通过显示替代物的缩览图,调整图像的色彩平衡、对比度和饱和度。

此命令对于不需要精确颜色调整的平均色调图像最为有用。此命令不适用于索引颜色图像或16位/通道的图像。

【任务9】　使用变化命令制作小清新风格

(1) 打开素材照片。如图3-63所示。

(2) 选择"图像"/"调整"/"变化"菜单命令,打开"变化"对话框。

(3) 先在对话框顶部选择要调整的色调(选择"中间色调")。然后单击3次"加深黄色"缩览图,再单击两次"加深青色"缩览图,如图3-64所示。单击"确定"按钮关闭对话框,最终效果如图3-65所示。

图3-63 素材图片

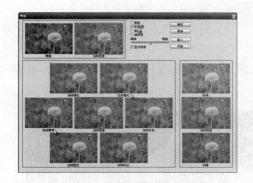

图3-64 参数设置

图3-65 最终效果图

如图3-66所示,"变化"对话框各选项含义如下:

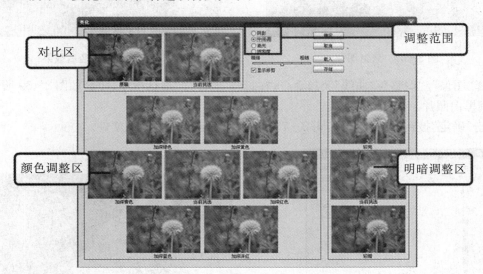

图3-66 变化对话框

☞ 对比区:此区用来查看调整前后的对比效果。
☞ 颜色调整区:单击相应的加深颜色,可以在对比区中查看效果。

☞ 明暗调整区：调整图像的明暗。
☞ 调整范围：用来设置图像被调整的固定区域。
☞ 阴影：选择该单选框，可调整图像中较暗的区域。
☞ 中间色调：选择该单选框，可调整图像中中间色调的区域。
☞ 高光：选择该单选框，可调整图像中较亮的区域。
☞ 饱和度：选择该单选框，可调整图像中颜色饱和度。选择该项后，左下角的缩略图会变成只用于调整饱和度的缩略图，如果同时选择"显示修剪"复选框，当调整效果超出了最大的颜色饱和度时，颜色可能会被剪切并以霓虹灯效果显示图像。
☞ 精细/粗糙：用来控制每次调整图像的幅度，滑块每移动一格可使调整数量双倍增加。
☞ 显示修剪：选择该复选框，在图像中因过度调整而无法显示的区域以霓虹灯效果显示。在调整中间色调时不会显示出该效果。

3.3.11 "去色"命令

"去色"命令将彩色图像转换为灰度图像，但图像的颜色模式保持不变。例如，它为RGB图像中的每个像素指定相等的红色、绿色和蓝色值，每个像素的明度值不改变。

【任务10】 使用去色、曲线命令制作高调黑白照片

（1）打开素材图像，如图3-67所示。
（2）选择"图像"/"调整"/"去色"菜单命令，系统会自动去除选区内的图像的颜色，效果如图3-68所示。

图3-67 素材图片　　　　　　　　　　图3-68 去色后效果

（3）选择"图像"/"调整"/"曲线"菜单命令，在打开的"曲线"对话框中，按照如图3-69所示的调整曲线，得到高调黑白照片。
（4）单击"确定"按钮，最终效果如图3-70所示，保存设置后的图像文件。

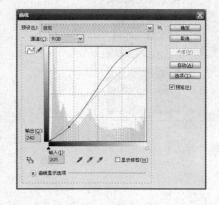

图3-69 调整明暗对比　　　　　　　　图3-70 最终效果图

知识链接

此命令与在"色相/饱和度"调整中将饱和度设置为-100的效果相同。

3.3.12 "黑白"命令

使用"黑白"命令可以将图像调整为较艺术的黑白效果,也可以调整为不同单色的艺术效果。执行菜单"图像"/"调整"/"黑白"命令,打开"黑白"对话框。

【任务11】 使用黑白命令制作特殊色调图片

(1) 打开素材图像,如图3-71所示。

图3-71 素材图片

(2) 执行"图像"/"调整"/"黑白"命令,打开"黑白"对话框。

(3) 将青色下面的滑块向右拖动,然后再将蓝色下面的滑块向右拖动,如图3-72所示,这时得到的图像效果如图3-73所示。

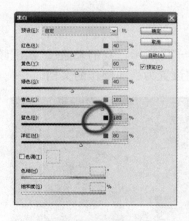

图3-72 参数设置

图3-73 效果图

(4) 选中"色调"复选框,调整下面的色相和饱和度数值,如图3-74所示。
(5) 单击"确定"按钮,最终效果如图3-75所示,保存设置后的图像文件。

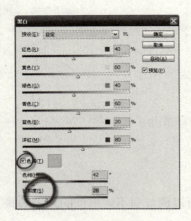
图 3-74　参数设置

图 3-75　最终效果图

 知识链接

"黑白"对话框各选项含义如下：

☞ 颜色调整：包括对红色、黄色、绿色、青色、蓝色和洋红的调整，可以在文本框中输入数值，也可以直接拖动控制滑块来调整颜色。

☞ 色调：选择该复选框后，可以激活色相和饱和度，来制作其他单色效果。

3.4　图像色彩调整

图像中有丰富的色彩，而有些色彩也会使图像产生一些差异，这就需要对图像中的色彩进行调整，下面分别讲解调整图像色彩的几种命令的使用方法。

3.4.1　"匹配颜色"命令

使用"匹配颜色"命令可以使作为源的图像色彩与作为目标的图像进行混合，从而达到改变目标图像色彩的目的。

【任务 12】　使用"匹配颜色"命令制作金色大厦

（1）按下"Ctrl+O"快捷键，打开两个文件，如图 3-76、图 3-77 所示。我们来通过"匹配颜色"命令将建筑的颜色与油菜花的颜色相匹配。首先单击建筑文档，将它设置为当前操作的文档。

图 3-76　素材图片 1

图 3-77　素材图片 2

（2）执行"图像"/"调整"/"匹配颜色"命令，打开"匹配颜色"对话框。

（3）在"源"选项下拉列表中选择油菜花素材，然后调整明亮度、颜色强度和渐隐的值，如图3-78所示。

（4）单击"确定"按钮关闭对话框，即可使建筑图像与油菜花的色彩风格相匹配，让照片的色彩成分主要由橙色、黄色和绿色组成，如图3-79所示。

图3-78 参数设置

图3-79 最终效果图

"匹配颜色"对话框各选项的含义如下：

☞ 目标图像：当前打开的工作图像，其中的"应用调整时忽略选区"复选框指的是在调整图像时如果当前图像中包含选区，选择该选项，可忽略选区，将调整应用于整个图像；取消勾选，则仅影响选中的图像。

☞ 图像选项：调整被匹配图像的选项。

☞ 明亮度：控制当前目标图像的明暗度。当数值为100时目标图像将会与源图像拥有一样的亮度，当数值变小图像会变暗；当数值变大图像会变亮。

☞ 颜色强度：控制当前目标图像的饱和度，数值越大，饱和度越强，该值为1时，生成灰度图像。

☞ 渐隐：控制当前目标图像的调整强度，数值越大调整的强度越弱。

☞ 中和：选择该复选框可消除图像中的色偏。

☞ 图像统计：设置匹配与被匹配的选项设置。

☞ 使用源选区计算颜色：如果在源图像中存在选区，选择该复选框，可使源图像选区中颜色计算调整，不选择该复选框，则会使用整幅图像进行匹配。

☞ 使用目标选区计算调整：如果在目标图像中存在选区，选择该复选框，可以对目标选区进行计算调整。

☞ 源：在下拉菜单中可以选择用来与目标相匹配的源图像。

☞ 图层：用来选择匹配图像的图层。

☞ 载入统计数据：单击此按钮，可以打开载入对话框，找到已存在的调整文件。此时，无需在Photoshop中打开源图像文件，就可以对目标文件进行匹配。

☞ 存储统计数据：单击此按钮，可以将设置完成的当前文件进行保存。

> **提示** 如果在"匹配颜色"对话框中没有设置源图像,则对"渐隐"参数的调整将不产生任何变化。

3.4.2 "替换颜色"命令

使用"替换颜色"命令可以改变图像中某些区域中颜色的色相、饱和度和明暗度,从而达到改变图像色彩的目的。

【任务 13】 制作风光明信片

(1) 按下"Ctrl+O"快捷键,打开一张照片,如图 3-80 所示。

图 3-80 素材图片

(2) 执行"图像"/"调整"/"替换颜色"命令,打开"替换颜色"对话框,将光标放在画面中的绿色树叶上,如图 3-81 所示,单击鼠标,对颜色进行取样。

图 3-81 参数设置

项目3 色彩与色调调整

(3) 拖动色相滑块,即可调整枫叶的颜色,如图3-82所示,最终结果如图3-83所示。

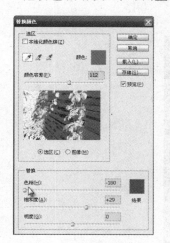

图3-82 参数设置　　　　　　　　　　　图3-83 最终效果图

 知识链接

"替换颜色"命令各选项的含义如下:

"替换颜色"命令可以选中图像中的特定颜色,然后修改其色相、饱和度和明度,该命令包含了颜色选择和颜色调整两种选项,颜色选择方式与"色彩范围"命令基本相同,颜色调整方式则与"色相/饱和度"命令十分相似。

☞ 吸管工具:用吸管工具 在图像上单击,可以选中光标下面的颜色("颜色容差"选项下面的缩览图中,白色代表了选中的颜色);用添加到取样工具 在图像中单击,可以添加新的颜色;用从取样中减去工具 在图像中单击,可以减少颜色。

☞ 本地化颜色簇:如果要在图像中选择多种颜色,可以先选择该选项,再用吸管工具和添加到取样工具在图像中单击,进行颜色取样,这时就可以同时调整两种或者更多的颜色。

☞ 颜色容差:控制颜色的选择精度。该值越高,选中的颜色范围越广(白色代表了选中的颜色)。

☞ 选区/图像:选择"选区"选项,可在预览区中显示蒙版,其中黑色代表了未选择的区域,白色代表了选中的区域,灰色代表了被部分选择的区域;选择"图像"选项,则会显示图像内容,不显示选区。

☞ 替换:拖动各个滑块即可调整选中的颜色的色相、饱和度和明度。

 提示　　要通过"替换颜色"命令很好的调整图像的色彩,必须在其对话框中精确设置被调整颜色所在的区域。

3.4.3 "可选颜色"命令

使用"可选颜色"命令,可对 RGB、CMYK 和灰度等模式的图像中的某种颜色进行调整而不影响其他颜色。

【任务 14】 使用可选颜色命令制作时尚冷艳色调

(1) 按下"Ctrl+O"快捷键,打开一张照片,如图 3-84 所示。

图 3-84 素材图片

(2) 执行"图像"/"调整"/"可选颜色"命令,打开"可选颜色"对话框。
(3) 在"颜色"下拉列表中选择白色,再选择"相对"选项,设置参数如图 3-85 所示。

图 3-85 设置白色参数

(4) 在"颜色"下拉列表中选择中性色,增加青色含量,减少洋红和黄色,如图 3-86 所示,效果如图 3-87 所示。

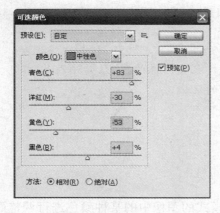

图 3-86 设置中性色

图 3-87 最终效果图

知识链接

在"可选颜色"对话框中,即使只设置一种颜色,也可以改变图像效果。但使用时必须注意,若对颜色的设置不合适的话,会打乱暗部和亮部的结构。

"可选颜色"对话框各选项含义如下:

☞ 颜色/滑块:在"颜色"下拉列表中选择要修改的颜色,拖动下面的各个颜色滑块,即调整所选颜色中青色、洋红色、黄色和黑色的含量。

☞ 方法:用来设置调整方式。选择"相对",可按照总量的百分比修改现有的青色、洋红、黄色或黑色的含量。例如,如果从50%的洋红像素开始添加10%,结果为55%的洋红(50% + 50% × 10% = 55%);选择"绝对",则采用绝对值调整颜色。例如,如果从50%的洋红像素开始添加10%,则结果为60%洋红。

可选颜色校正是高端扫描仪和分色程序使用的一种技术。用于在图像中的每个主要原色成分中更改印刷色的数量。

3.4.4 "照片滤镜"命令

使用"照片滤镜"命令可以模拟传统光学滤镜特效,使图像呈暖色调、冷色调或其他颜色色调显示。

【任务15】 将一幅照片调整为暖色调

(1) 打开素材照片,如图3-88所示。

(2) 执行"图像"/"调整"/"照片滤镜"命令,打开"照片滤镜"对话框。

(3) 选择"颜色"选项,单击调色块,选择橙黄色,调整浓度滑块,直到满意效果为止,如图3-89所示。

图3-88 素材图片

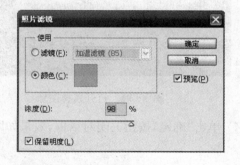
图3-89 照片滤镜对话框

(4) 单击"确定"按钮,效果如图3-90所示,保存调整后的图像文件。

图3-90 最终效果图

知识链接

"照片滤镜"对话框各项含义如下：

☞ 滤镜：选择此单选框后，可以在右面的下拉列表中选择系统预设的冷、暖色调选项。

☞ 颜色：选择此单选框后，可以根据后面"颜色"图标弹出的"选择路径颜色拾色器"对话框选择定义冷、暖色调的颜色。

☞ 浓度：用来调整应用到照片中的颜色数量，数值越大，色彩越接近饱和。

3.4.5 "曝光度"命令

使用"曝光度"命令可以调整HDR图像的色调，它可以是8位和16位图像，可以对曝光不足或曝光过度的图像进行调整。

【任务16】 使用曝光度命令调整曝光不足照片

（1）打开素材图片，如图3-91所示，图片曝光不足。

（2）执行"图像"/"调整"/"曝光度"命令，打开"曝光度"对话框。

（3）调整参数如图3-92所示。

图3-91 打开素材图像

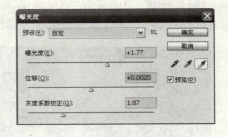

图3-92 参数设置

（4）单击"确定"按钮关闭对话框，效果如图3-93所示，将调整后的图像保存。

图3-93 最终效果图

知识链接

"曝光度"对话框各项含义如下：

☞ 曝光度：调整色调范围的高光端，对极限阴影的影响很轻微。

☞ 位移：使阴影和中间调变暗，对高光段影响很轻微。

☞ 灰度系数校正：使用简单的乘方函数调整图像灰度系数。负值会被视为它们的相应正值（这些值仍然保持为负，但仍然会被调整，就像它们是正值一样）。

☞ 吸管工具：用设置黑场吸管工具在图像中单击，可以使单击点的像素变为黑色；用设置白场吸管工具在图像中单击，可以使单击点的像素变为白色；用设置灰场吸管工具在图像中单击，可以使单击点的像素变为中性灰色（RGB值均为128）。

3.4.6 "阴影/高光"命令

使用"阴影/高光"命令可以修复图像中过亮或过暗的区域，从而使图像尽量显示更多的细节。

【任务17】 恢复一幅图片中暗部和亮部细节

（1）打开素材图片，如图3-94所示，该图片暗处过暗，亮处偏亮。

图3-94 打开素材图像

（2）执行"图像"/"调整"/"阴影/高光"命令，打开"阴影/高光"对话框。

（3）向右拖动"阴影"栏下的数量滑块，这样就适当地降低了图像中的阴影，显示出更多的暗部细节，向右拖动"高光"栏下的数量滑块，这样就适当地增强了图像中的亮部细节，如图3-95所示。

（4）单击"确定"按钮，效果如图3-96所示，将调整后的图像保存。

图3-95 参数调整

图3-96 最终效果图

1. "阴影/高光"对话框各项含义

☞ 阴影：用来设置暗部在图像中所占的数量多少。
☞ 高光：用来设置亮部在图像中所占的数量多少。
☞ 显示其他选项：选择该复选框可以显示"阴影/高光"对话框的详细内容。

2. 隐藏选项含义

选择"显示其他选项"复选框可以显示"阴影/高光"对话框的详细内容，如图3-97所示，其各项含义为：

图3-97 隐藏对话框展开图

☞ "阴影"选项组：可以将阴影区域调亮。拖动数量滑块可以控制调整强度，该值越高，阴影区域越亮；"色调宽度"用来控制色调的修改范围，较小的值会限制只对较暗的区域进行校正，较大的值会影响更多的色调；"半径"可控制每个像素周围的局部相邻像素的大小，相邻像素决定了像素是在阴影中还是在高光中。

☞ "高光"选项组：可以将高光区域调暗，"数量"可以控制调整强度，该值越高，高光区域越暗；"色调宽度"可以控制色调的修改范围，较小的值只对较亮的区域进行校正，较大的值会影响更多的色调；"半径"可以控制每个像素周围的局部相邻像素的大小。

☞ 颜色校正：可以调整已更改区域的色彩。例如，增大"阴影"选项组中的"数量"值使图像中较暗的颜色显示出来以后，再增加"颜色校正"值，就可以使这些颜色更加鲜艳。

☞ 中间调对比度：用来调整中间调的对比度。向左侧拖动滑块会降低对比度，向右侧拖动滑块则增加对比度。

☞ 修剪黑色/修剪白色：可以指定在图像中将多少阴影和高光剪切到新的极端阴影（色阶为0，黑色）和高光（色阶为255，白色）颜色。该值越高，图像的对比度越强。

☞ 存储为默认值：单击该按钮，可以将当前的参数设置存储为预设，再次打开"阴影/高光"对话框时，会显示该参数。如果要恢复为默认的数值，可按住"Shift"键，该按钮就会变为"复位默认值"按钮，单击它便可以进行恢复。

3. "色调均化"命令

上述任务的操作，除了使用"阴影/高光"命令之外，还可以使用"色调均化"命令，"色调均化"命令可以重新分布像素的亮度值，将最亮的值调整为白色，最暗的值调整为黑色，中间的值分布在整个灰度范围中，使它们更均匀地呈现所在范围的亮度级别(0～255)。该命令还可以增加那些颜色相近的像素间的对比度。打开如图3-94所示的图片文件，执行"图像"/"调整"/"色调均化"，最终效果如图3-98所示。

图3-98 色调均化效果

注意，如果在图像中创建了一个选区，如图3-99所示，则执行"色调均化"命令时，会弹出一个对话框如图3-100所示。

图3-99　带选区的图像素材　　　　　　　　图3-100　色调均化对话框

其各选项含义为，选择"仅色调均化所选区域"，表示仅均匀分布选区内的像素；选择"基于所选区域色调均化整个图像"，则可根据选区内的像素均匀分布所有图像像素，包括选区外的像素。

4. 使用"HDR色调"命令调整曝光不正常的图片

"HDR色调"命令可以将全范围HDR对比度和曝光度设置应用于各个图像，此命令为Photoshop CS5种新增的色彩调整命令，可用来修补太亮或太暗的图像，制作出高动态范围的图像效果。

HDR的全称是High Dynamic Range，即高动态范围，比如所谓的高动态范围图像（HDRI）或者高动态范围渲染（HDRR）。动态范围是指信号最高和最低值的相对比值。目前的16位整型格式使用从"0"（黑）到"1"（白）的颜色值，但是不允许所谓的"过范围"值，比如说金属表面比白色还要白的高光处的颜色值。

打开如图3-94所示的图片文件，执行"图像"/"调整"/"HDR色调"，打开如图3-101所示的对话框；单击"预设"下拉菜单，选择"逼真照片"选项，如图3-102所示，其效果如图3-103所示。

图3-101　HDR色调对话框　　　图3-102　调整参数　　　　图3-103　最终效果图

5. 无损的Raw格式照片

普通的数码相机一般都是将照片存储为JPEG格式，这种格式会压缩图像的信息。而单反数码相机则提供Raw（原始数据格式）格式用于拍摄照片。Raw文件与JPEG不同，它包含相机捕获的所有数据，如ISO设置、快门速度、光圈值、白平衡等，是未经处理，也未经压缩的格式，因此，也称为"数字底片"。

 提示　　在运用调整命令对图像进行颜色矫正时，可以使用多个调整命令结合操作的方式，这样能达到更好的图像效果。

3.5 图像特殊色调、色彩调整

Photoshop 除了对偏色的照片进行矫正外，还可以将一张普通图片制作成特殊的颜色效果，下面将对图像色调和色彩产生特殊效果的命令分别进行讲解。

3.5.1 "反相"命令

"反相"调整反转图像中的颜色。可以在创建边缘蒙版的过程中使用"反相"，以便向图像的选定区域应用锐化和其他调整。

【任务18】 制作"负片"效果

（1）打开素材图片，如图 3-104 所示。

（2）执行"图像"/"调整"/"反相"或者按下"Ctrl+I"快捷键，得到如图 3-105 所示的彩色负片效果。

图 3-104　打开素材图像

图 3-105　最终效果图

知识链接

执行"反相"命令后，Photoshop 会将通道中每个像素的亮度值都转换为 256 级颜色值刻度上相反的值，从而反转图像的颜色，创建彩色负片效果。

3.5.2 "阈值"命令

使用"阈值"命令可以将图像转换为高对比度的黑白图像。

【任务19】 使用"阈值"命令制作版画效果

（1）打开素材照片，如图 3-106 所示。

（2）执行"图像"/"调整"/"阈值"命令，打开"阈值"对话框。

（3）拖动对话框底部的滑块，如图 3-107 所示。

（4）单击"确定"按钮，得到如图 3-108 所示的效果。

项目 3　色彩与色调调整

图 3-106　打开素材图像

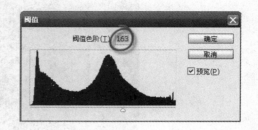

图 3-107　参数设置

图 3-108　最终效果图

"阈值"调整将灰度或彩色图像转换为高对比度的黑白图像。可以指定某个色阶作为阈值。所有比阈值亮的像素转换为白色；而所有比阈值暗的像素转换为黑色。

3.5.3 "色调分离"命令

使用"色调分离"命令可以指定图像的色调级数，并按此级将图像的像素映射为最接近的颜色。

【任务 20】　使用"色调分离"命令制作特殊照片效果

(1) 打开素材照片，如图 3-109 所示。
(2) 执行"图像"/"调整"/"色调分离"命令，打开"色调分离"对话框。
(3) 设置色阶值为 5，如图 3-110 所示，单击"确定"按钮，得到如图 3-111 所示的效果。

图 3-109　打开素材图像

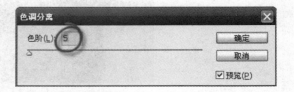

图 3-110　设置色阶值为 5

图 3－111　色调分离最终效果

　　"色调分离"命令可以按照指定的色阶数减少图像的颜色（或灰度图像中的色调），从而简化图像内容。该命令适合创建大的单调区域，或者在彩色图像中产生有趣的效果。如果要得到简化的图像，可以降低色阶值；如果要显示更多的细节，则增加色阶值。如果使用"高斯模糊"或"去斑"滤镜对图像进行轻微的模糊，再进行色调分离，就可以得到更少、更大的色块。

 提示　　"反相"、"阈值"、"色调分离"3 种命令的操作都较为简单，但在平面设计中是经常会使用到的。

3.6　回到项目工作环境

项目制作流程：

（1）打开需要处理的照片，如图 3－112 所示。

图 3－112　打开素材图像

（2）观察素材图片，发现照片对比度不强，图片偏暗，所以执行"图像"/"调整"/"曲线"菜单命令，打开"曲线"对话框，按照图3-113所示进行调整，效果如图3-114所示。

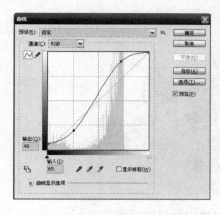

图3-113 曲线对话框设置　　　　　　　　图3-114 曲线调整结果

（3）照片人物偏红，用可选颜色去红。执行"图像"/"调整"/"可选颜色"菜单命令，打开"可选颜色"对话框，按照图3-115所示进行调整，效果如图3-116所示。

图3-115 设置可选颜色　　　　　　　　图3-116 可选颜色效果图

（4）使用"通道混合器"，让照片改变色调。因为原图比较偏红，所以在打开的"通道混合器"对话框中，分别如图3-117、图3-118所示进行设置，效果如图3-119所示。

图3-117 设置通道混合器中的"红"　　　　图3-118 设置通道混合器中的"绿"

图 3-119 通道混合器效果

（5）用"可选颜色"命令对照片高光进行提升，让照片有层次，不会觉得片子平。执行"图像"/"调整"/"可选颜色"菜单命令，打开其对话框，按照图 3-120 所示进行调整，效果如图 3-121 所示。

图 3-120 再次调整可选颜色　　　　　　　　图 3-121 调整结果

（6）使用"照片滤镜"给照片偏色。执行"图像"/"调整"/"照片滤镜"菜单命令，打开其对话框，按照图 3-122 所示进行调整，效果如图 3-123 所示。

图 3-122 使用照片滤镜　　　　　　　　图 3-123 照片滤镜效果

（7）在图层调板中，单击面板下方的"创建新的填充或调整图层"按钮，如图 3-124 所示，创建"渐变映射"调整图层，参数设置如图 3-125，确定后把图层不透明度改为 30%，图层混合模式改为滤色，如图 3-126 所示，最终效果如图 3-127 所示。

项目3 色彩与色调调整

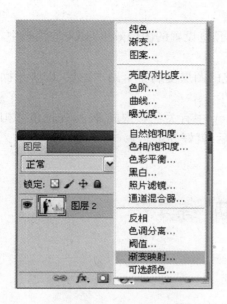

图3-124 添加调整图层

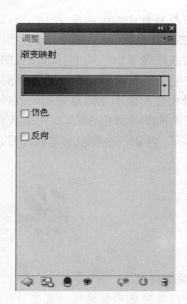

图3-125 设置调整图层

图3-126 更改图层混合模式和不透明度

图3-127 项目最终效果图

3.7 项目总结

训练内容：本项目是使用 Photoshop CS5 调出优雅韩式风格婚纱照片效果，调色就是将特定的色调加以改变，形成不同感觉的另一色调图片。完成本项目，首先要将素材图片的亮度和对比度调整到合适，再处理照片的偏色问题，然后通过一系列的色彩调整命令完成项目制作。

训练目的：通过本项目的制作，可以掌握制作当下较流行的韩系风格婚纱照片效果，能够了解图片色彩和色调调整的流程和方法，充分掌握色阶、曲线、色彩平衡、色相/饱和度、可选颜色、通道混合器、渐变映射、信息面板、拾色器等这样一些最重要的基本调色工具的使用。

技术要点：在使用"曲线"命令调整图像亮度时，注意在拖动曲线的过程中观察图像的明暗变化，这样才能更好地对图像进行调整；照片由于天气或光线的原因产生了不同程度的偏色，这时可以根据偏色的具体情况，选择不同的调整颜色命令对其进行矫正；在渐变映射中渐变颜色的调整，与渐变编辑器中渐变颜色的调整是一样。

常见问题解析:

(1) 在"照片滤镜"对话框中,选中"预览"复选框可以预览设置的图像效果,如果取消选中,则在确认设置后才能在图像显示区域中显示设置的效果。

(2) 在使用色彩调整命令调整图像前,建议为要调整的图层复制一个副本图层,以防止操作步骤超过历史记录而使图像不能恢复到初始效果等意外情况发生。

(3) 正确的学习调色方法,首先是认真解读 Photoshop 中有关色彩构成理论,先把色彩构成的理论基础打牢实了,再拿一些典型示范做练习,有了这个基础后,就好办了。

项目训练

1. 多项选择题

(1) 下列哪种色彩模式可以直接转化为位图模式? _____
　　A. RGB 模式　　　　B. CMYK 模式　　　　C. 双色调模式　　　　D. 灰度模式

(2) 通过哪些调整命令可将图像调整成单色调图像? _____
　　A. 色相/饱和度　　B. 照片滤镜　　　　　C. 变化　　　　　　　D. 渐变映射

(3) RGB 图像的色彩比较强烈,纯度高。但在转为 CMYK 格式后通常会丧失原有的"魅力"。可以通过哪种方式来尽可能地恢复所有颜色,或某一特定颜色范围的"魅力"? _____
　　A. 图像/调整/阈值
　　B. 图像/调整/色相/饱和度
　　C. 图像/调整/去色
　　D. 滤镜/素描/绘图笔

2. 操作题

制作老照片,最终效果如图 3-128 所示。

图 3-128　作业最终效果

项目 4　图　层

图层是 Photoshop 最为核心的功能之一,它承载了几乎所有的编辑操作。如果没有图层,所有的图像都将处在同一个平面上,这对于图像的编辑简直是无法想象的。本项目将详细介绍图层的概念、"图层"面板的使用,图层的创建、复制、删除和选择等基本操作,以及图层的对齐与分布、图层组的管理方式、调整图层、添加图层样式、图层混合的应用等。

◇ 图层的基本操作
◇ 图层样式的操作
◇ 填充图层与调整图层
◇ 图层的混合模式

4.1　项目导入:制作作品展海报

项目需求:又一批学生要毕业了,计算机系决定在毕业生离校以前搞一次毕业生作品展,给将要毕业的学子留下一个美好的回忆,为在校的学弟、学妹做一个学习的榜样。使用 Photoshop CS5 软件进行这次作品展的海报制作,根据计算机系的特点,最终效果图如图 4-1 所示。

图 4-1　毕业作品展海报

引导问题:不管是制作一个海报还是其他的平面作品,图层都是设计者不能缺少的好帮手。图层是 Photoshop 的核心功能之一,有了它才能随心所欲地对图像进行编辑与修饰,没有图层则很难通过

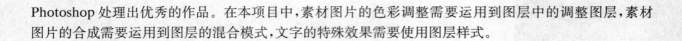

Photoshop 处理出优秀的作品。在本项目中，素材图片的色彩调整需要运用到图层中的调整图层，素材图片的合成需要运用到图层的混合模式，文字的特殊效果需要使用图层样式。

4.2 图层概念和基本操作

图层用来装载各种各样的图像，它是图像的载体，没有图层，图像是不存在的。

【任务1】 制作"金鱼乐园"宣传海报

本实例要求根据提供的金鱼素材图像制作一个金鱼乐园海报，制作流程是首先在背景图像中绘制几个圆圈工具，然后在其中添加金鱼图像即可，其操作步骤如下。

（1）打开背景图像，选择椭圆选框工具，在画面中绘制如图 4-2 所示的选区。

图 4-2 打开素材图片绘制选区

（2）单击"图层"控制面板底部的"创建新图层"按钮，创建名为"图层1"的图层，如图 4-3 所示。

（3）执行"编辑"/"描边"命令，打开"描边"对话框，设置宽度为 5 px、颜色为白色，选中"居中"单选按钮，如图 4-4 所示。单击"确定"后得到选区描边效果，再按下键盘上"Ctrl+D"取消选区。

图 4-3 创建图层 1

图 4-4 设置描边效果

（4）新建"图层2"，选择椭圆选框工具在画面右上方再绘制一个较大的椭圆选取，并填充颜色为浅红色（#ffcef8），接着使用"描边"命令，设置与步骤3相同的参数，效果如图 4-5 所示，取消该选区。

(5) 新建"图层3",绘制一个圆形选区,填充为白色,如图4-6所示,取消该选区。

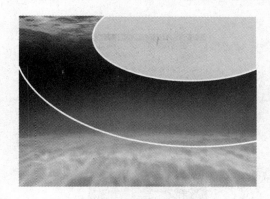
图4-5 绘制椭圆效果

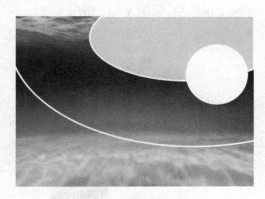
图4-6 绘制白色圆形

(6) 在"图层"控制面板中按住"图层3"拖动到"创建新图层"按钮中,得到"图层3副本",如图4-7所示,按住"Ctrl"键单击"图层3副本",载入图像选区,改变其填充颜色为桃红色(♯f989a9),并适当向下方移动,如图4-8所示。

图4-7 复制图层

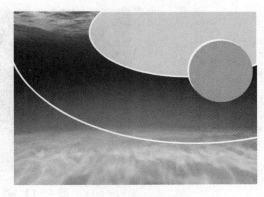
图4-8 移动图层位置

(7) 按"Ctrl+E"快捷键合并"图层3"和"图层3副本",在图层名称中双击鼠标,重命名为"圆圈",然后再复制3次圆圈图层,如图4-9所示。

(8) 分别选择复制的圆圈图层,按"Ctrl+T"快捷键适当缩小圆形,并参照如图4-10所示排列。

图4-9 合并、重命名、复制图层

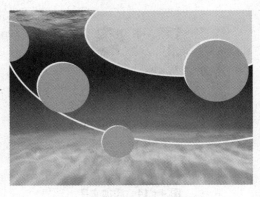
图4-10 绘制背景效果图

(9) 打开"金鱼群"素材图像,如图 4-11 所示,查看该图像的"图层"控制面板,可以看到每一条金鱼都有一个独立的图层,如图 4-12 所示。

图 4-11 打开素材图片

图 4-12 图层

(10) 使用移动工具,分别选择几个金鱼图层,直接将其拖动到当前编辑的图像中,并适当调整图像的大小和位置,如图 4-13 所示。

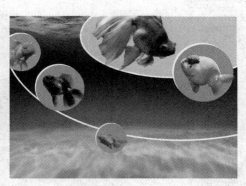

图 4-13 添加金鱼

(11) 选择横排文字工具,在属性栏中设置字体为迷你简大黑,颜色为白色,在画面右下角输入文字并调整大小,如图 4-14 所示。此时,图层控制面板中将自动增加一个文字图层,如图 4-15 所示。

图 4-14 添加文字

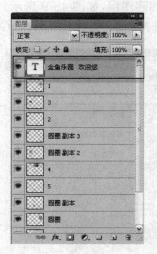

图 4-15 文字图层

4.2.1 图层的概念及原理

每一个图层都是由许多像素组成的,而图层又通过上下叠加的方式来组成整个图像。打个比喻,每一个图层就好似是一个透明的"玻璃",而图层内容就画在这些"玻璃"上,如果"玻璃"上什么都没有,这就是个完全透明的空图层。当"玻璃"上都有图像时,自上而下俯视所有图层,从而形成图像显示效果,对图层的编辑可以通过菜单或调板来完成。"图层"被存放在"图层"调板中,其中包含当前图层、文字图层、背景图层、智能对象图层等等。执行菜单"窗口"/"图层"命令,即可打开"图层"调板,如图4-16所示。

图层与图层之间并不等于完全的白纸与白纸的重合,图层的工作原理类似于在印刷上使用的一张张重叠在一起的醋酸纤纸,透过图层中透明或半透明区域,可以看到下一图层相应区域的内容,如图4-17所示。

图4-16 图层调板

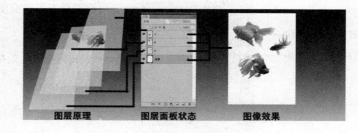

图4-17 图层原理

各个图层中的对象都可以单独处理,而不会影响其他图层中的内容,图层可以移动,也可以调整堆叠顺序,除"背景"图层外,其他图层都可以调整不透明度,使图像内容变得透明,还可以修改混合模式,让上下图层之间产生特殊的混合效果,不透明度和混合模式可以反复调节,而不会损伤图像,还可以通过眼睛图标来切换图层的可视性。图层名称左侧的图像是该图层的缩览图,它显示了图层中包含的图像内容,缩览图中的棋盘格代表了图像的透明区域。如果隐藏所有图层,则整个文档窗口都会变为棋盘格。

4.2.2 认识图层面板

"图层"面板用于创建、编辑和管理图层以及为图层添加样式。面板中列出了所有的图层、图层组和图层效果,如图4-18所示。图4-19所示为"图层"面板菜单。

☞ 锁定按钮 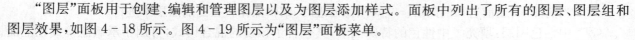:用来锁定当前图层的属性,使其不可编辑,包括图像像素、透明像素和位置。

☞ 设置图层混合模式:用来设置当前图层的混合模式,使之与下面的图像产生混合。

☞ 设置图层不透明度:用来设置当前图层的不透明度,使之呈现透明状态,从而显示出下面图中的图像内容。

☞ 设置填充不透明度:用来设置当前图层的填充不透明度,它与图层不透明度类似,但不会影响图层效果。

☞ 图层显示标志:显示该标志的图层为可见图层,单击它可以隐藏图层。隐藏的图层不能编辑。

☞ 图层链接标志:显示该图标的多个图层为彼此链接的图层,它们可以一同移动或进行变换操作。

☞ 展开/折叠图层组：单击该图标可以展开或折叠图层组。

☞ 展开/折叠图层效果：单击该图标可以展开图层效果，显示出当前图层添加的所有效果的名称。再次单击可折叠图层效果。

☞ 图层锁定标志：显示该图标时，表示图层处于锁定状态。

☞ 链接图层：用来链接当前选择的多个图层。

☞ 添加图层样式：单击该按钮，在打开的下拉菜单中选择一个效果，可以为当前图层添加图层样式。

☞ 添加图层蒙版：单击该按钮，可以为当前图层添加图层蒙版。蒙版用于遮盖图像，但不会将其破坏。

☞ 创建新的填充或调整图层：单击该按钮，在打开的下拉菜单中可以选择创建新的填充图层或调整图层。

☞ 创建新组：单击该按钮可以创建一个图层组。

☞ 创建新图层：单击该按钮可以创建一个图层。

☞ 删除图层：单击该按钮可以删除当前选择的图层或图层组。

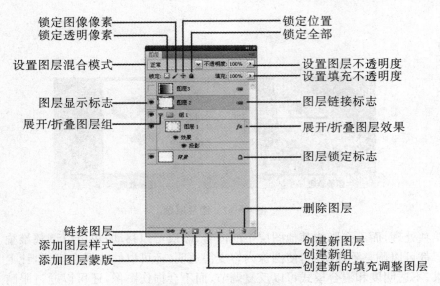

图 4-18　图层面板详解

图 4-19　图层面板菜单

4.2.3　图层的类型

Photoshop 中可以创建多种类型的图层，它们都有各自不同的功能和用途。

☞ 当前图层：当前选择的图层。在对图像处理时，编辑操作将在当前图层中进行。

☞ 中性色图层：填充了中性色的特殊图层，其包含了预设的混合模式，可用于承载滤镜或在上面绘画。

☞ 链接图层：保持链接状态的多个图层。

☞ 剪贴蒙版：蒙版的一种，可使用一个图层中的图像控制它上面多个图层内容的显示范围。

☞ 智能对象：包含有智能对象的图层。

☞ 调整图层：可以调整图像的亮度、色彩平衡等，但不会改变像素值，而且可以重复编辑。

☞ 填充图层：通过填充纯色、渐变或图案而创建的特殊效果图层。

☞ 图层蒙版图层：添加了图层蒙版的图层，蒙版可以控制图层中图像的显示范围。

☞ 矢量蒙版图层：带有矢量形状的蒙版图层。

☞ 图层样式：添加了图层样式的图层，通过图层样式可以快速创建特效，如投影、发光、浮雕效果等。
☞ 图层组：用来组织和管理图层，以便于查找和编辑图层，类似于 Windows 的文件夹。
☞ 变形文字图层：进行了变形处理后的文字图层。
☞ 文字图层：使用文字工具输入文字时创建的图层。
☞ 视频图层：包含有视频文件帧的图层。
☞ 3D 图层：包含有置入的 3D 文件的图层。3D 可以是由 Adobe Acrobat 3D Version 8、3D Studio Max、Alias、Maya 和 Google Earth 等程序创建的文件。
☞ 背景图层：新建文档时创建的图层，它始终位于面板的最下面，名称为"背景"二字，且为斜体。

4.2.4 创建图层

在 Photoshop 中创建图层的方法有很多种，包括在"图层"面板中创建、在编辑图像的过程中创建、使用命令创建等。下面我们就来学习图层的具体创建方法。

1. 在图层面板中创建图层

单击"图层"面板中的创建新图层按钮 ，即可在当时图层上面新建一个图层，新建的图层会自动成为当前图层，如图 4-20、图 4-21 所示。如果要在当前图层的下面新建图层，可以按住"Ctrl"键单击 按钮，如图 4-22 所示。但"背景"图层下面不能创建图层。

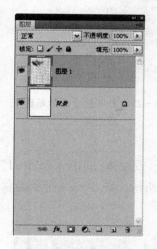
图 4-20 选择图层

图 4-21 在选择图层上方新建图层

图 4-22 在选择图层下方新建图层

2. 用"新建"命令创建图层

如果要在创建图层的同时设置图层的属性，如图层名称、颜色和混合模式等，可以执行"图层"/"新建"/"图层"命令，或按住"Alt"键单击创建新图层按钮，打开新建图层对话框进行设置，如图 4-23、图 4-24 所示。

图 4-23 新建图层对话框

图 4-24 新建图层效果

> 提示
>
> 在"颜色"下拉列表中选择一种颜色后,可以使用颜色标记图层。用颜色标记图层在 Photoshop 中称为颜色编码。为某些图层或图层组设置一个可以区别于其他图层或组的颜色,可以有效地区分不同用途的图层。勾选"使用前一图层创建剪贴蒙版"选项后,可以将新建的图层与下面的图层创建为一个剪贴蒙版。关于剪贴蒙版的内容,请参阅本书的剪贴蒙版章节。

3. 用"通过拷贝的图层"命令创建图层

如果在图像中创建了选区,如图 4-25 所示;执行"图层"/"新建"/"通过拷贝的图层"命令,或按下"Ctrl+J"快捷键,可以将选中的图像复制到一个新的图层中,原图层内容保持不变,如图 4-26 所示。如果没有创建选区,则执行该命令可以快速复制当前图层,如图 4-27 所示。

图 4-25　打开素材图片并创建选区　　图 4-26　通过拷贝选区图像新建新图层　　图 4-27　复制整个图像新建新图层

4. 用"通过剪切的图层"命令创建图层

在图像中创建选区以后,如果执行"图层"/"新建"/"通过剪切的图层"命令,或按下"Shift+Ctrl+J"快捷键,则可将选区内的图像从原图层中剪切到一个新的图层中,如图 4-28 所示。图 4-29 所示为移开图像后的效果。

图 4-28　通过剪切选区图像新建新图层　　图 4-29　通过剪切选区图像新建新图层效果展示

5. 创建"背景"图层

新建文档时,使用白色或背景色作为背景内容,"图层"面板最下面的图层便是"背景"图层,如图 4-30 所示。使用透明作为背景内容时,是没有"背景"图层的。

删除"背景"图层或文档中没有"背景"图层时,可选择一个图层,如图 4-31 所示;执行"图层"/"新建"/"背景图层"命令,将它转换为"背景"图层,如图4-32所示。

图4-30 创建背景图层

图4-31 选择图层

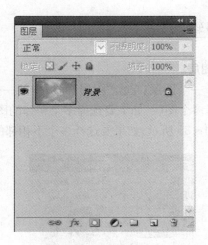

图4-32 新建背景图层

6. 将背景图层转换为普通图层

"背景"图层是一个比较特别的图层,它永远在"图层"面板的最底层,不能调整堆叠顺序,并且不能设置不透明度、混合模式,也不能添加效果。要进行这些操作,需要先将"背景"图层转换为普通图层。

双击"背景"图层,在打开的"新建图层"对话框中为它输入一个名称,也可以使用默认的名称,然后单击"确定"按钮,即可将其转换为普通图层。如图4-33、图4-34所示。

图4-33 新建图层对话框

图4-34 背景图层转化为普通图层

"背景"图层可以用绘画工具、滤镜等编辑,一个图像中可以没有"背景"图层,但最多只能有一个"背景"图层,按住"Alt"键双击"背景"图层,可以不必打开对话框而直接将其转换为普通图层。

7. 编辑图像时创建图层

创建选区以后,按下"Ctrl+C"快捷键复制选中的图像,粘贴(或按下"Ctrl+V"快捷键)时,可以创建一个新的图层;如果打开了多个文件,则使用移动工具将一个图层拖至另外的图像中,可以将其复制到目标图像,同时创建一个新的图层。

> **提示** 在图像间复制图层时,如果两个文件的打印尺寸和图像分辨率不同,则图像在两个文件间的视觉大小会有变化。例如,在相同打印尺寸的情况下,源图像的分辨率小于目标图像的分辨率,则图像复制到目标图像后,会显得比原来小。

4.2.5 编辑图层

1. 选择图层

☞ 选择一个图层:单击"图层"面板中的一个图层即可选择该图层,它会成为当前图层。

☞ 选择多个图层:如果要选择多个相邻的图层,可以单击第一个图层,然后按住"Shift"键单击最后一个图层,如图4-35所示;如果要选择多个不相邻的图层,可按住"Ctrl"键单击这些图层,如图4-36所示。

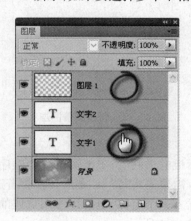

图4-35 选择相邻图层　　　　　　　　图4-36 选择不相邻图层

☞ 选择所有图层:要选择所有图层,选取"选择"/"所有图层"。

☞ 选择相似图层:要选择所有相似类型的图层(如所有文字图层),选择其中一个图层,然后选取"选择"/"相似图层"。

☞ 选择链接图层:选择一个链接图层,然后选取"图层"/"选择链接图层"命令,可以选择与之链接的所有图层。

☞ 取消选择图层:要取消选择某个图层,请按住"Ctrl"键的同时单击该图层。不选择任何图层,请在"图层"面板中的背景图层或底部图层下方单击,或者选取"选择"/"取消选择图层"。

> **提示** 选择一个图层以后,按下"Alt+]"键,可以将当前图层切换为与之相邻的上一个图层;按下"Alt+["键,则可将当前图层切换为与之相邻的下一个图层。

2. 复制图层

在"图层"面板中,将需要复制的图层拖动到创建新图层按钮上,即可复制该图层,如图4-37、图4-38所示。也可以通过菜单命令复制图层,选择一个图层,执行"图层"/"复制图层"命令,打开"复制图层"对话框输入图层名称并设置选项,单击"确定"按钮就可以复制该图层,如图4-39、图4-40所示。

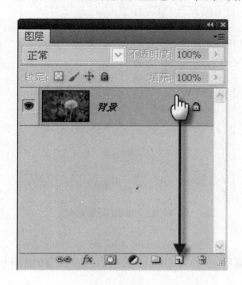

图4-37 复制图层

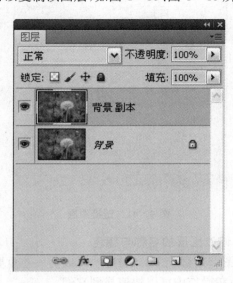

图4-38 复制图层效果

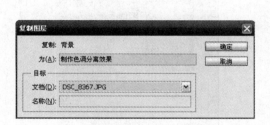

图4-39 复制图层对话框

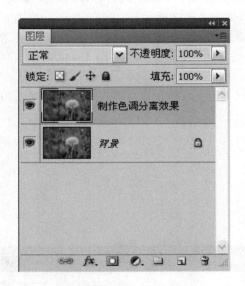

图4-40 效果

☞ 为:可输入图层的名称。

☞ 文档:在下拉列表中选择其他打开的文档,可以将图层复制到该文档中。如果选择"新建",则可以设置文档的名称,将图层内容创建为一个新文件。

3. 链接图层

如果要同时处理多个图层中的内容,例如,同时移动、应用变换或者创建剪贴蒙版,可以将这些图层链接在一起。

在"图层"面板中选择两个或多个图层,单击"链接图层"按钮,或执行"图层"/"链接图层"命令,即可将它们链接,如图4-41所示。如果要取消链接,可以选择一个链接图层,然后单击"链接图层"按钮。

图 4-41 链接图层

图 4-42 修改图层名称

4. 修改图层的名称与颜色

在图层数量较多的文档中，可以为一些重要的图层设置容易识别的名称或可以区别于其他图层的颜色，以便在操作中可以快速找到它们。

如果要修改一个图层的名称，可以在"图层"面板中双击该图层的名称，然后在显示的文本框中输入新名称，如图 4-42 所示。

如果要修改图层的颜色，可以选择该图层，然后执行"图层/图层属性"命令，在打开的"图层属性"对话框中选择颜色，如图 4-43、图 4-44 所示。

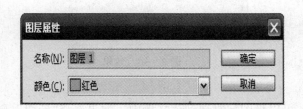

图 4-43 修改图层属性

图 4-44 修改属性效果

5. 显示与隐藏图层

图层缩览图前面的眼睛图标 ● 用来控制图层的可见性。有该图标的图层为可见的图层；无该图标的是隐藏的图层。单击一个图层前面的眼睛图标，可以隐藏该图层，如图 4-45 所示。如果要重新显示图层，可在原眼睛图标处单击。

将光标放在一个图层的眼睛图标上，单击并在眼睛图标列拖动鼠标，可以快速隐藏（或显示）多个相邻的图层，如图 4-46 所示。

执行"图层"/"隐藏图层"命令，可以隐藏当前选择的图层，如果选择了多个图层，则执行该命令可以隐藏所有被选择的图层。

按住"Alt"键单击一个图层的眼睛图标，可以将除该图层外的其他所有图层都隐藏；按住"Alt"键再次单击同一眼睛图标，可恢复其他图层的可见性。

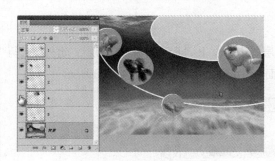
图 4-45 隐藏可见图层

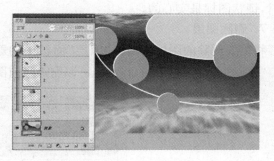
图 4-46 快速隐藏图层

6. 锁定图层

"图层"面板中提供了用于保护图层透明区域、图像像素和位置等属性的锁定功能，如图 4-47 所示。可以根据需要完全锁定或部分锁定图层，以免因编辑操作失误而对图层的内容造成修改。

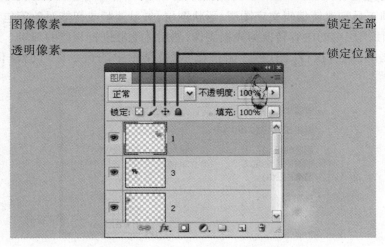
图 4-47 锁定图层按钮

☞ 锁定透明像素：按下该按钮后，可以将编辑范围限定在图层的不透明区域，图层的透明区域会受到保护。例如，如图 4-48 所示为锁定透明像素后，使用画笔工具涂抹图像时的效果，可以看到，头像之外的透明区域不会受到影响。

☞ 锁定图像像素：按下该按钮后，只能对图层进行移动和变换操作，不能在图层上绘画、擦除或应用滤镜。图 4-49 所示为使用画笔工具涂抹图像时弹出的提示信息。

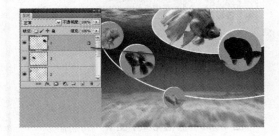
图 4-48 锁定透明像素效果

图 4-49 锁定图案像素效果

☞ 锁定位置：按下该按钮后，图层不能移动。对于设置了精确位置的图像，将它的位置锁定后就不必担心被意外移动了。

☞ 锁定全部：按下该按钮，可以锁定以上全部选项。

☞ 当图层只有部分属性被锁定时，图层名称右侧会出现一个空心的锁状图标；当所有属性都被锁定时，锁状图标是实心的。

7. 删除图层

将需要删除的图层拖动到"图层"面板中的删除图层按钮 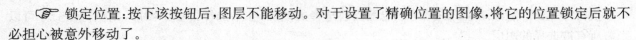 上，即可删除该图层。此外，执行"图层"/"删除"下拉菜单中的命令，也可以删除当前图层或面板中隐藏的图层，如图4-50所示。

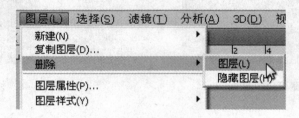

图4-50 删除图层命令

8. 栅格化图层内容

如果要使用绘画工具和滤镜编辑文字图层、形状图层、矢量蒙版或智能对象等包含矢量数据的图层，需要先将其栅格化，使图层中的内容转换为光栅图像，然后才能够进行相应的编辑。

选择需要栅格化的图层，执行"图层"/"栅格化"下拉菜单中的命令即可栅格化图层中的内容，如图4-51所示。

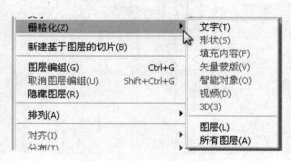

图4-51 栅格化图层命令

☞ 文字：栅格化文字图层，使文字变为光栅图像。栅格化以后，文字内容不能再修改。如图4-52所示为原文字图层，图4-53所示为栅格化后的图层。

图4-52 原文字图层　　　　图4-53 栅格化文字图层

☞ 形状/填充内容/矢量蒙版：执行"形状"命令，可以栅格化形状图层；执行"填充内容"命令，可以栅格化形状图层的填充内容，但保留矢量蒙版；执行"矢量蒙版"命令，可以栅格化形状图层的矢量蒙版，同时将其转换为图层蒙版。如图4-54所示为原形状图层以及执行不同栅格化命令后的图层状态。

原图层

栅格化形状

栅格化填充内容

栅格化矢量蒙版

图4-54　栅格化形状图层的不同效果

☞ 智能对象：栅格化智能对象，使其转换为像素。
☞ 视频：栅格化视频图层，选定的图层将拼合到"动画"面板中选定的当前帧的复合中。
☞ 3D：栅格化3D图层。
☞ 图层/所有图层：执行"图层"命令，可以栅格化当前选择的图层。
☞ 执行"所有图层"命令，可以栅格化包含矢量数据、智能对象和生成的数据的所有图层。

9．清除图像的杂边

当移动或粘贴选区时，选区边框周围的一些像素也会包含在选区内，因此，粘贴选区的边缘会产生边缘或晕圈。执行"图层/修边"下拉菜单中的命令可以去除这些多余的像素，如图4-55所示。

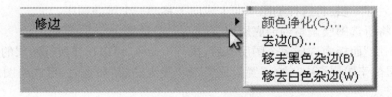

图4-55　清除杂边命令

☞ 颜色净化：去除彩色杂边。
☞ 去边：用包含纯色（不含背景色的颜色）的邻近像素的颜色替换任何边缘像素的颜色。例如，如果在蓝色背景上选择黄色对象，然后移动选区，则一些蓝色背景被选中并随着对象一起移动，"去边"命令可以用黄色像素替换蓝色像素。
☞ 移去黑色杂边：如果将黑色背景上创建的消除锯齿的选区粘贴到其他颜色的背景中，可执行该命令消除黑色杂边。

☞ 移去白色杂边：如果将白色背景上创建的消除锯齿的选区粘贴到其他颜色的背景中，可执行该命令消除白色杂边。

4.2.6 排列与分布图层

"图层"面板中的图层是按照创建的先后顺序堆叠排列的，可以重新调整图层的堆叠顺序，也可以选择多个图层，将它们对齐，或者按照相同的间距分布。

1. 调整图层的堆叠顺序

（1）在"图层"面板中改变顺序。在"图层"面板中，图层是按照创建的先后顺序堆叠排列的。将一个图层拖动到另外一个图层的上面（或下面），即可调整图层的堆叠顺序。改变图层顺序会影响图像的显示效果，如图4-56、图4-57所示。

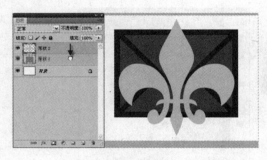 

图4-56　拖动图层改变其堆叠顺序　　　　　图4-57　改变图层顺序后的效果

（2）通过"排列"命令改变顺序。选择一个图层，执行"图层"/"排列"下拉菜单中的命令，也可以调整图层的堆叠顺序，如图4-58所示。

图4-58　排列菜单命令

☞ 置为顶层：将所选图层调整到最顶层。
☞ 前移一层/后移一层：将选择的图层向上或向下移动一个堆叠顺序。
☞ 置为底层：将所选图层调整到最底层。
☞ 反向：在"图层"面板中选择多个图层以后，执行该命令，可以反转所选图层的堆叠顺序。

如果选择的图层位于图层组中，执行"置为顶层"和"置为底层"命令时，可以将图层调整到当前图层组的最顶层或最底层。

2. 对齐图层

如果要将多个图层中的图像内容对齐，可以在"图层"面板中选择它们，然后在"图层"/"对齐"下拉菜单中选择一个对齐命令进行对齐操作。如果所选图层与其他图层链接，则可以对齐与之链接的所有图层。

按下"Ctrl+O"快捷键，打开一个文件，如图4-59所示。按住"Ctrl"键单击"图层1"、"图层2"和"图层3"，将它们选择。

执行"图层"/"对齐"/"顶边"命令,如图4-60所示,可以将选定图层上的顶端像素与所有选定图层上最顶端的像素对齐。

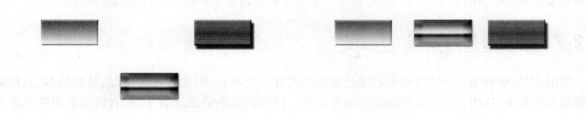

图4-59 打开素材图片　　　　　　　　　　　图4-60 顶边对齐效果

如果执行"垂直居中"命令,可以将每个选定图层上的垂直中心像素与所有选定图层的垂直中心像素对齐;执行"底边"命令,可以将选定图层上的底端像素与选定图层上最底端的像素对齐。

执行"左边"命令,可以将选定图层上左端像素与最左端图层的左端像素对齐,执行"右边"命令,可以将选定图层上的右端像素与所有选定图层上的最右端像素对齐。

执行"水平居中"命令,可以将选定图层上的水平中心像素与所有选定图层的水平中心像素对齐,如图4-61所示。

图4-61 对齐结果

> **提示**
> 如果当前选择的是移动工具,则可以单击工具提示选项栏状中 的按钮来对齐图层。
> 如果在执行对齐命令前先将这些图层链接,然后单击其中的一个图层,再执行"对齐"命令时,就会以该图层为基准进行对齐。

3. 分布图层

如果要让三个或更多的图层采用一定的规律均匀分布,可以选择这些图层,然后执行"图层"/"分布"下拉菜单中的命令进行操作。

打开一个文件,如图4-62所示,选择4个图层。执行"图层"/"分布"/"顶边"命令,可以从每个图层的顶端像素开始,间隔均匀地分布图层,如图4-63所示。

图4-62 打开素材图片　　　　　　　　　　　图4-63 顶边分布效果

执行"图层"/"分布"/"水平居中"命令,可以从每个图层的水平中心开始,间隔均匀地分布图层;执行"垂直居中"命令,可以从每个图层的垂直中心像素开始,间隔均匀地分布图层;执行"底边"命令,可以从每个图层的底端像素开始,间隔均匀地分布图层;执行"左边"命令,可以从每个图层的左端像素开始,间隔均匀地分布图层;执行"右边"命令,可以从每个图层的右端像素开始,间隔均匀地分布图层。

4.2.7 合并与盖印图层

图层、图层组和图层样式等都会占用计算机的内存和暂存盘,因此,以上内容的数量越多,占用的系统资源也就越多,从而导致计算机的运行速度变慢。将相同属性的图层合并,或者将没有用处的图层删除都可以减小文件的大小。此外,对于复杂的图像文件,图层数量变少以后,既便于管理,也可以快速找到需要的图层。

1. 合并图层

如果要合并两个或多个图层,可以在"图层"面板中将它们选择,然后执行"图层"/"合并图层"命令,合并后的图层使用上面图层的名称,如图4-64、图4-65所示。

图4-64 选择多个图层

图4-65 合并图层效果

2. 向下合并图层

如果想要将一个图层与它下面的图层合并,可以选择该图层,然后执行"图层"/"向下合并"命令,或按下"Ctrl+E"快捷键,合并后的图层使用下面图层的名称,如图4-66、图4-67所示。

图4-66 选择要进行向下合并的图层

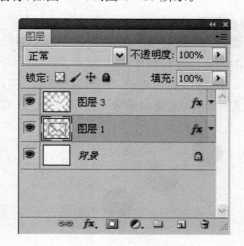

图4-67 向下合并图层效果

3. 合并可见图层

如果想要合并所有可见的图层,可以执行"图层"/"合并可见图层"命令,或按下"Shift+Ctrl+E"快捷键,它们会合并到背景图层中。

4. 拼合图像

如果要将所有图层都拼合到"背景"图层中,可以执行"图层"/"拼合图像"命令。如果有隐藏的图层,则会弹出一个提示,询问是否删除隐藏的图层。

5. 盖印图层

盖印是一种特殊的合并图层的方法,它可以将多个图层中的图像内容合并到一个新的图层中,同时保持其他图层完好无损。如果想要得到某些图层的合并效果,而又要保持原图层完整时,盖印图层是最佳的解决办法。

☞ 向下盖印:选择一个图层,如图 4-68 所示,按下"Ctrl+Alt+E"键,可以将该图层中的图像盖印到下面的图层中,原图层内容保持不变,如图 4-69 所示。

图 4-68 选择图层

图 4-69 盖印图层

☞ 盖印多个图层:选择多个图层,如图 4-70 所示,按下"Ctrl+Alt+E"键,可以将它们盖印到一个新的图层中,原有图层内容保持不变,如图 4-71 所示。

图 4-70 选择多个图层

图 4-71 盖印选择的图层

☞ 盖印可见图层:按下"Shift+Ctrl+Alt+E"键,可以将所有可见图层中的图像盖印到一个新的图层中,原有图层内容保持不变。

☞ 盖印图层组：选择图层组，按下"Ctrl + Alt + E"键，可以将组中的所有图层内容盖印到一个新的图层中，原组及组中的图层内容保持不变。

> **提示**　合并图层可以减少图层的数量，而盖印往往会增加图层的数量。

4.2.8　用图层组管理图层

随着图像编辑的深入，图层的数量就会越来越多，要在众多的图层中找到需要的图层，将会是很麻烦的一件事。

如果使用图层组来组织和管理图层，就可以使"图层"面板中的图层结构更加清晰，也便于查找需要的图层。图层组就类似于文件夹，可以将图层按照类别放在不同的组内，当关闭图层组后，在"图层"面板中就只显示图层组的名称。图层组可以像普通图层一样移动、复制、链接、对齐和分布，也可以合并，以减小文件的大小。

1. 创建图层组

（1）在"图层"面板中创建图层组。单击"图层"面板中的创建新组按钮，可以创建一个空的图层组，如图 4-72 所示。此后单击创建图层按钮创建的图层将位于该组中，如图 4-73 所示。

图 4-72　创建图层组

图 4-73　创建图层 1

（2）通过命令创建图层组。如果要在创建图层组时，设置组的名称、颜色、混合模式、不透明度等属性，可执行"图层"/"新建"/"组"命令，在打开的"新建组"对话框中设置，如图 4-74 所示。

图 4-74　新建组对话框

图层组的默认模式为"穿透"，它表示图层组不产生混合效果。如果选择其他模式，则组中的图层将以该组的混合模式与下面的图层混合。关于混合模式的用途和效果，请参阅"混合模式"部分。

2. 从所选图层创建图层组

如果要将多个图层创建在一个图层组内，可以选择这些图层，然后执行"图层"/"图层编组"命令，或按下"Ctrl＋G"快捷键，如图4-75所示。编组之后，可以单击组前面的三角图标关闭或者重新展开图层组。

3. 创建嵌套结构的图层组

创建图层组以后，在图层组内还可以继续创建新的图层组，如图4-76所示。这种多级结构的图层组称为嵌套图层组。

图4-75 编组效果图

图4-76 创建嵌套图层组

> **提示** 选择图层以后，执行"图层"/"新建"/"从图层建立组"命令，打开"从图层新建组"对话框，设置图层组的名称、颜色和模式等属性，可以将其创建在设置特定属性的图层组内。

4. 将图层移入或移出图层组

将一个图层拖入图层组内，可将其添加到图层组中，如图4-77、图4-78所示；将图层组中的图层拖出组外，可将其从图层组中移出，如图4-79、图4-80所示。

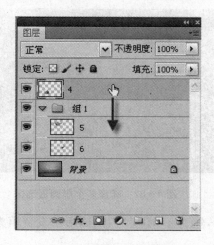
图4-77 添加图层到图层组

图4-78 选择图层组中的图层

Photoshop 平面设计

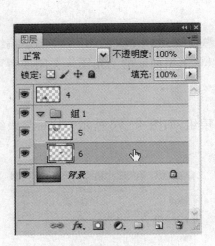

图 4-79 移出图层组

图 4-80 移出图层组效果

5. 取消图层编组

如果要取消图层编组，但保留图层，可以选择该图层组，然后执行"图层"/"取消图层编组"命令，或按下"Shift + Ctrl + G"快捷键。如果要删除图层组及组中的图层，可以将图层组拖动到"图层"面板中的删除图层按钮上。

4.3 图层样式

图层样式也叫图层效果，它是用于制作纹理和质感的重要功能，可以为图层中的图像内容添加诸如投影、发光、浮雕、描边等效果，创建具有真实质感的水晶、玻璃、金属和立体特效。图层样式可以随时修改、隐藏或删除，具有非常强的灵活性。此外，使用系统预设的样式，或者载入外部样式，只需轻点鼠标，便可以将效果应用于图像。

【任务2】 制作水滴效果

（1）打开"制作真实水滴素材.jpg"图片，选择椭圆选框工具在画面中绘制一个椭圆形选区，如图4-81所示。

（2）按住"Shift"键绘制多个椭圆形选区，并在选区中继续按住"Shift"键不放，绘制出不一样的椭圆形选区，如图4-82所示。

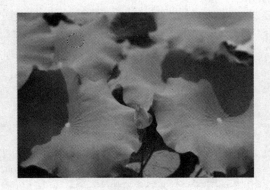

图 4-81 新建选区

图 4-82 新建多个椭圆形选区

（3）新建"图层1"，填充选区为黑色，如图4-83所示，然后在"图层"控制面板中设置填充值为0，如图4-84所示。

（4）单击"图层"控制面板下方的添加图层样式图标 fx，在下拉菜单中选择"投影"，如图4-85所示,打开"图层样式"对话框。

图 4-83　新建图层,将选区填充黑色　　图 4-84　更改图层 1 的填充不透明度　　图 4-85　添加投影样式

(5) 在打开的对话框中,设置投影颜色为深红色(♯7b0c0c),其余参数如图 4-86 所示。

(6) 选中"内阴影"复选框,设置投影颜色为黑色,其余参数设置如图 4-87 所示。

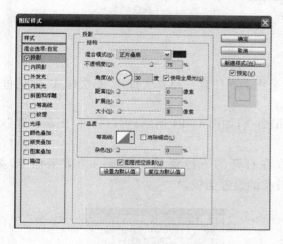 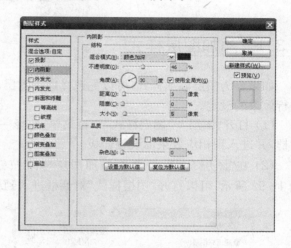

图 4-86　投影参数设置　　　　　　　　　　图 4-87　内阴影样式参数设置

(7) 分别选中"内发光"和"斜面和浮雕"复选框,设置内发光颜色为黑色,其余参数如图 4-88 所示,然后设置浮雕参数,如图 4-89 所示。

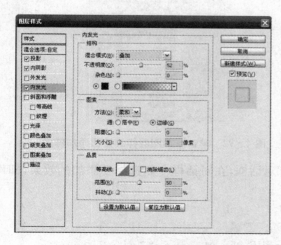 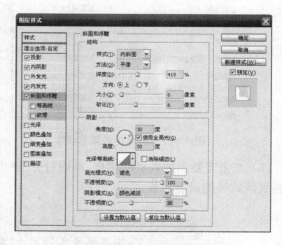

图 4-88　内发光样式参数设置　　　　　　　图 4-89　斜面和浮雕样式参数设置

（8）单击"确定"按钮回到画面中，得到水滴效果，如图4-90所示。

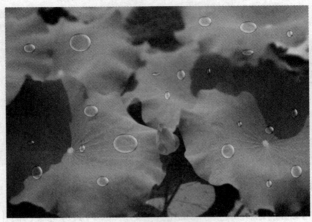

图4-90　最终效果图

4.3.1　添加图层样式

如果要为图层添加样式，可以先选择这一图层，然后采用下面任意一种方法打开"图层样式"对话框，进行效果的设定。

（1）打开"图层"/"图层样式"下拉菜单，选择一个效果命令，如图4-91所示，可以打开"图层样式"对话框，并进入到相应效果的设置面板。

（2）在"图层"面板中单击添加图层样式按钮 fx.，在打开的下拉菜单中选择一个效果命令，如图4-92所示，可以打开"图层样式"对话框进入到相应效果的设置面板。

图4-91　图层样式菜单命令

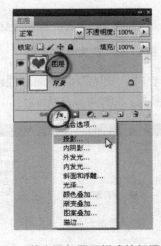

图4-92　单击添加图层样式按钮添加样式

（3）双击需要添加效果的图层，可以打开"图层样式"对话框，在对话框左侧选择要添加的效果，即可切换到该效果的设置面板。

提示　图层样式不能用于"背景"和图层组。但可以按住"Alt"双击"背景"图层，将它转换为普通图层，然后为其添加效果。

4.3.2 "图层样式"对话框

"图层样式"对话框的左侧列出了10种效果,效果名称前面的复选框内有"√"标记的,表示在图层中添加了该效果。单击一个效果前面的"√"标记,则可以停用该效果,但保留效果参数。

在对话框中设置效果参数以后,单击"确定"按钮即可为图层添加效果,该图层会显示出一个图层样式图标 fx. 和一个效果列表,如图4-93所示。单击 ▲ 按钮可折叠或展开效果列表。

图4-93 折叠或展开效果列表

1. 混合选项

在"图层样式"对话框中,"混合选项"用于设定混合模式、不透明度、挖空、高级蒙版,以及其他与蒙版有关的内容。具体使用方法请参阅本书的"蒙版"学习单元。

2. 投影

"投影"效果可以为图层内容添加投影,使其产生立体感。如图4-94所示为原图像,图4-95所示为添加投影后的图像效果,图4-96所示为投影参数。

  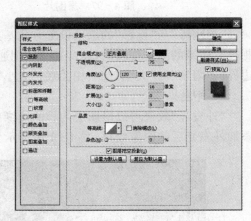

图4-94 原图片　　图4-95 添加投影后的图像效果　　图4-96 投影参数

各选项含义:

☞ 混合模式:用来设置投影与下面图层的混合方式,默认为"正片叠底"模式。

☞ 投影颜色:单击"混合模式"选项右侧的颜色块,可在打开的"拾色器"中设置投影颜色。

☞ 不透明度:拖动滑块或输入数值可以调整投影的不透明度,该值越低,投影越淡。

☞ 角度:用来设置投影应用于图层时的光照角度,可在文本框中输入数值,也可以拖动圆形内的指针来进行调整。指针指向的方向为光源的方向,相反方向为投影方向。

☞ 使用全局光：可保持所有光照的角度一致。取消勾选时可以为不同的图层分别设置光照角度。

☞ 距离：用来设置投影偏移图层内容的距离，该值越高，投影越远。我们也可以将光标放在文档窗口的投影上（光标会变为移动工具），单击并拖动鼠标直接调整投影的距离和角度。

☞ 大小/扩展："大小"用来设置投影的模糊范围，该值越高，模糊范围越广，该值越小，投影越清晰。"扩展"用来设置投影的扩展范围，该值会受到大小选项的影响。例如，将大小设置为 0 像素以后，无论怎样调整扩展值，都生成与原图像大小相同的投影。

☞ 等高线：使用等高线可以控制投影的形状。

☞ 消除锯齿：混合等高线边缘的像素，使投影更加平滑。该选项对于尺寸小且具有复杂等高线的投影最有用。

☞ 杂色：在投影中添加杂色，该值较高时，投影会变为点状。

☞ 用图层挖空投影：用来控制半透明图层中投影的可见性。选择该选项后，如果该图层中的填充不透明度小于 100%，则半透明图层中的阴影不可见。

3．内阴影

"内阴影"效果可以在紧靠图层内容的边缘内添加阴影，使图层内容产生凹陷效果，如图 4-97 所示为原图像，图 4-98 所示为添加内阴影后的图像效果。

图 4-97 原图片

图 4-98 添加内阴影后的图像效果

"内阴影"与"投影"的选项设置方式基本相同。它们的不同之处在于："投影"是通过"扩展"选项来控制投影边缘的渐变程度的，而"内阴影"则通过"阻塞"选项来控制。"阻塞"可以在模糊之前收缩内阴影的边界。"阻塞"与"大小"选项相关联，"大小"值越高，可设置的"阻塞"范围也就越大。

4．外发光

"外发光"效果可以沿图层内容的边缘向外创建发光效果。图 4-99 所示为原图像，图 4-100所示为添加外发光后的图像效果，图 4-101 所示为外发光参数选项。

图 4-99 原图片

图 4-100 添加外发光后的图像效果

各选项含义：
☞ 混合模式/不透明度："混合模式"用来设置发光效果与下面图层的混合方式；"不透明度"用来设置发光效果的不透明度，该值越低，发光效果越弱。
☞ 杂色：可以在发光效果中添加随机的杂色，使光晕呈现颗粒感。
☞ 发光颜色："杂色"选项下面的颜色块和颜色条用来设置发光颜色。如果要创建单色发光，可单击左侧的颜色块，在打开的"拾色器"中设置发光颜色；如果要创建渐变发光，可单击右侧的渐变条，在打开的"渐变编辑器"中设置渐变颜色。

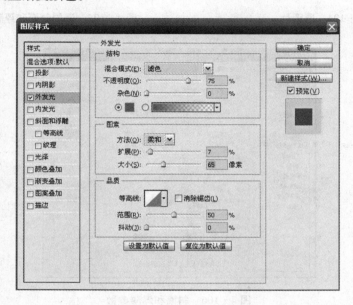

图4-101 外发光参数

☞ 方法：用来设置发光的方法，以控制发光的准确程度。选择"柔和"，可以对发光应用模糊，得到柔和的边缘；选择"精确"，则得到精确的边缘。
☞ 扩展/大小："扩展"用来设置发光范围的大小；"大小"用来设置光晕范围的大小。

5. 内发光

"内发光"效果可以沿图层内容的边缘向内创建发光效果。如图4-102所示为原图像，图4-103所示为添加内发光后的图像效果。"内发光"效果中除了"源"和"阻塞"外，其他大部分选项都与"外发光"效果相同。

图4-102 原图片　　　　　　　　　　图4-103 添加内发光后的图像效果

☞ 源：用来控制发光光源的位置。选择"居中"，表示应用从图层内容的中心发出的光，此时如果增加"大小"值，发光效果会向图像的中央收缩；选择"边缘"，表示应用从图层内容的内部边缘发出的光，此时如果增加"大小"值，发光效果会向图像的中央扩展。

6. 斜面和浮雕

"斜开面和浮雕"效果可以对图层添加高光与阴影的各种组合，使图层内容呈现立体的浮雕效果。如

图4-104所示为原图像,图4-105所示为添加该效果后的图像,图4-106所示为斜面和浮雕参数选项。

图4-104 原图片

图4-105 添加斜面和浮雕后的图像效果

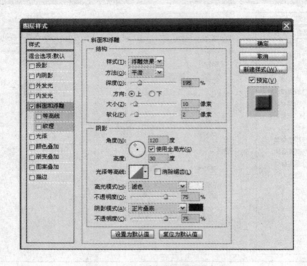

图4-106 斜面和浮雕参数

各选项含义:

☞ 样式:在该选项下拉列表中可以选择斜面和浮雕的样式。选择"外斜面",可在图层内容的外侧边缘创建斜面;选择"内斜面",可在图层内容的内侧边缘创建斜面;选择"浮雕效果",可模拟使图层内容相对于下层图层呈浮雕状的效果;选择"枕状浮雕",可模拟图层内容的边缘压入下层图层中产生的效果;选择"描边浮雕",可将浮雕应用于图层的描边效果的边界。

☞ 方法:用来选择一种创建浮雕的方法。选择"平滑",能够稍微模糊杂边的边缘,它可用于所有类型的杂边,不论其边缘是柔和还是清晰,该技术不保留大尺寸的细节特征;"雕刻清晰"使用距离测量技术,主要用于消除锯齿形状(如文字)的硬边杂边,它保留细节特征的能力优于"平滑"技术;"雕刻柔和"使用经过修改的距离测量技术,虽然不如"雕刻清晰"精确,但对较大范围的杂边更有用,它保留特征的能力优于"平滑"技术。

☞ 深度:用来设置浮雕斜面的应用深度,该值越高,浮雕的立体感越强。

☞ 方向:定位光源角度后,可通过该选项设置高光和阴影的位置。例如,将光源角度设置为90度后,选择"上",高光位于上面;选择"下",高光位于下面。

☞ 大小:用来设置斜面和浮雕中阴影面积的大小。

☞ 软化:用来设置斜面和浮雕的柔和程度,该值越高,效果越柔和。

☞ 角度/高度:"角度"选项用来设置光源的照射角度;"高度"选项用来设置光源的高度。需要调整这两个参数时,可以在相应的文本框中输入数值,也可以拖动圆形图标内的指针来进行操作。如果勾选"使用全局光",则所有浮雕样式的光照角度可以保持一致。

☞ 光泽等高线:可以选择一个等高线样式,为斜面和浮雕表面添加光泽,创建具有光泽感的金属外观浮雕效果。

☞ 消除锯齿:以消除由于设置了光泽等高线而产生的锯齿。

☞ 高光模式:用来设置高光的混合模式、颜色和不透明度。
☞ 阴影模式:用来设置阴影的混合模式、颜色和不透明度。
(1) 设置等高线。单击对话框左侧的"等高线"选项,可以切换到"等高线"设置面板,使用"等高线"可以勾画在浮雕处理中被遮住的起伏、凹陷和凸起。
(2) 设置纹理。单击对话框左侧的"纹理"选项,可以切换到"纹理"设置面板,如图 4-107 所示。

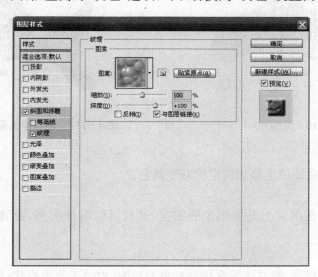

图 4-107　设置纹理面板

各选项含义:
☞ 图案:单击图案右侧的下拉菜单按钮,可以在打开的下拉面板中选择一个图案,将其应用到斜面和浮雕上。
☞ 从当前图案创建新的预设:单击该按钮,可以将当前设置的图案创建为一个新的预设图案,新图案会保存在"图案"下拉面板中。
☞ 缩放:拖动滑块或输入数值可以调整图案的大小。
☞ 深度:用来设置图案的纹理应用程度。
☞ 反相:勾选该项,可以反转图案纹理的凹凸方向。
☞ 与图层链接:勾选该选项可以将图案链接到图层,此时对图层进行变换操作时,图案也会一同变换。在该选项处于勾选状态时,单击"贴紧原点"按钮,可以将图案的原点对齐到文档的原点。如果取消选择该选项,则单击"贴紧原点"按钮时,可以将原点放在图层的左上角。

7. 光泽

"光泽"效果可以应用光滑光泽的内部阴影,通常用来创建金属表面的光泽外观。该效果没有特别的选项,但我们可以通过选择不同的"等高线"来改变光泽的样式。

如图 4-108 所示为原图像,图 4-109 所示为添加光泽后的图像效果。

图 4-108　原图片　　　　　　　　　　　　图 4-109　添加光泽后的图像效果

8. 颜色叠加

"颜色叠加"效果可以在图层上叠加指定的颜色,通过设置颜色的混合模式和不透明度,可以控制叠加效果,图4-110所示为颜色叠加参数选项,图4-111所示为添加该效果后的图像。

图4-110 原图片　　　　　　　　　图4-111 添加颜色叠加后的图像效果

9. 渐变叠加

"渐变叠加"效果可以在图层上叠加指定的渐变颜色。

10. 图案叠加

"图案叠加"效果可以在图层上叠加指定的图案,并且可以缩放图案、设置图案的不透明度和混合模式。

11. 描边

"描边"效果可以使用颜色、渐变或图案描画对象的轮廓,它对于硬边形状,如文字等特别有用。如图4-112所示为原图像,图4-113所示为添加该效果后的图像。

图4-112 原图片　　　　　　　　　图4-113 添加描边后的图像效果

4.3.3　编辑图层样式

图层样式是非常灵活的功能,我们可以随时修改效果的参数,隐藏效果,或者删除效果,这些操作都不会对图层中的图像造成任何破坏。

1. 显示与隐藏效果

在"图层"面板中,效果前面的眼睛图标 ● 用来控制效果的可见性,如果要隐藏一个效果,可单击该效果名称前的眼睛图标 ●;如果要隐藏一个图层中的所有效果,可单击该图层"效果"前的眼睛图标 ●。

如果要隐藏文档中所有图层的效果,可以执行"图层"/"图层样式"/"隐藏所有效果"命令。隐藏效果后,在原眼睛图标处单击,可以重新显示效果。

2. 修改效果

在"图层"面板中,双击一个效果的名称,可以打开"图层样式"对话框并进入该效果的设置面板,此时可以修改效果的参数,也可以在左侧列表中选择新效果。设置完成后,单击"确定"按钮,可以将修改后的效果应用于图像。

3. 复制、粘贴与清除效果

选择添加了图层样式的图层，执行"图层"/"图层样式"/"拷贝图层样式"命令复制效果，选择其他图层，执行"图层"/"图层样式"/"粘贴图层样式"命令，可以将效果粘贴到该图层中。

此外，按住"Alt"键将效果图标 fx 从一个图层拖动到另一个图层，可以将该图层的所有效果都复制到目标图层，如图4-114所示；如果只需要复制一个效果，可按住"Alt"键拖动该效果的名称至目标图层，如果没有按住"Alt"键，则可以将效果转移到目标图层，原图层不再有效果。

如果要删除一种效果，可以将它拖动到"图层"面板底部的删除按钮 🗑 上。

如果要删除一个图层的所有效果，可以将效果图标 fx 拖动到删除按钮，也可以选择图层，然后执行"图层"/"图层样式"/"清除图层样式"命令来进行操作。

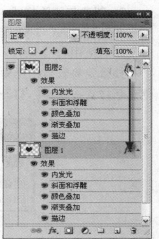

图4-114　将图层的所有效果都复制到目标图层

4.3.4 使用"样式"面板

"样式"面板用来保存、管理和应用图层样式。也可以将 Photoshop 提供的预设样式，或者外部样式库载入到该面板中使用。

1. 样式面板

"样式"面板中提供了 Photoshop 提供的各种预设的图层样式，如图4-115所示为面板菜单。

选择一个图层，如图4-116所示，单击"样式"面板中的一个样式，即可为它添加该样式，如图4-117所示。

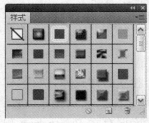

图4-115　样式面板

图4-116　打开素材图片

图4-117　添加样式后的效果

2. 创建与删除样式

在"图层样式"对话框中为图层添加了一种或多种效果以后，可以将该样式保存到"样式"面板中，以方便以后使用。

如果要将效果创建为样式，可以在"图层"面板中选择添加了效果的图层，然后单击"样式"面板中的创建新样式按钮 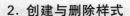，打开如图4-118所示的对话框，设置选项并单击"确定"按钮即可创建样式。

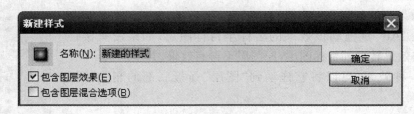

图4-118 新建样式对话框

各选项含义：
☞ 名称：用来设置样式的名称。
☞ 包含图层效果：勾选该项，可以将当前的图层效果设置为样式。
☞ 包含图层混合选项：如果当前图层设置了混合模式，勾选该项，新建的样式将具有这种混合模式。

3. 删除样式

将"样式"面板中的一个样式拖动删除样式按钮 上，即可将其删除。此外，按住"Alt"键单击一个样式，则可直接将其删除。

4. 存储样式库

如果在"样式"面板中创建了大量的自定义样式，可以将这些样式保存为一个独立的样式库，执行"样式"面板菜单中的"存储样式"命令，打开"存储"对话框，如图4-119所示，输入样式库名称和保存位置，单击"确定"按钮，即可将面板中的样式保存为一个样式库。如果将自定义的样式库保存在Photoshop程序文件夹的"Presets/Styles"文件夹中，则重新运行Photoshop后，该样式库的名称会出现在"样式"面板菜单的底部。

图4-119 存储样式对话框

5. 载入样式库

除了"样式"面板中显示的样式外,Photoshop 还提供了其他的样式,它们按照不同的类型放在不同的库中。例如 Web 样式库中包含了用于创建 Web 按钮的样式,"文字效果"样式库中包含了向文本添加效果的样式。要使用这些样式,需要将它们载入到"样式"面板中。

打开"样式"面板菜单,选择一个样式库,弹出如图 4-120 所示的对话框,单击"确定"按钮,可载入样式并替换面板中的样式;单击"追加"按钮,可以将样式添加到面板中;单击"取消"按钮,则取消载入样式的操作。

图 4-120　载入样式库对话框

 提示　　删除"样式"面板中的样式,或者嵌入其他样式库以后,如果想要让面板恢复为 Photoshop 默认的预设样式,可以执行"样式"面板菜单中的"复位样式"命令。

4.4　图层混合模式

混合模式是 Photoshop 的核心功能之一,它决定了像素的混合方式,可用于合成图像、制作选区和特殊效果,但不会对图像造成任何实质性的破坏。

【任务3】　制作创意海报

本任务将制作一个创意性比较强的海报,主要练习图层混合模式。通过练习使读者能进一步掌握这些功能在实际应用中的使用技巧。

(1) 打开素材图片,文件名为"蝴蝶"。

(2) 执行"选择"/"全选"菜单命令,将素材图像全部选中,如图 4-121 所示,执行"编辑"/"拷贝"菜单命令,将图像复制到剪贴板中。

图 4-121　图像复制到剪贴板中

(3) 打开图片,文件名为"玻璃沙漏"。
(4) 单击椭圆选框工具按钮,参数值设为羽化为15像素。按住"Alt"键,从上一个沙漏的中心向外拖出一个圆,如图4-122所示。
(5) 执行"编辑"/"选择性粘贴"/"贴入"菜单命令,将蝴蝶图像粘贴入圆形选区,效果如图4-123所示。

图4-122 创建带羽化效果的选区　　　　图4-123 贴入效果

(6) 单击"编辑"/"自由变换"菜单命令,将蝴蝶图像缩放到合适大小,并移动到合适的位置,如图4-124所示。
(7) 在"图层"调板中将蝴蝶图层的混合模式设为正片叠底,效果如图4-125所示。
(8) 重复步骤(4)～(7)的操作,将蝴蝶图层的混合模式设为柔光,最终结果如图4-126所示。

图4-124 将蝴蝶图像缩放到合　　图4-125 效果　　　　图4-126 最终效果图
　　　　适大小、合适位置

4.4.1 了解混合模式

在"图层"面板中,混合模式用于控制当前图层中的像素与它下面图层中的像素如何混合,如图4-127所示,除"背景"图层外,其他图层都支持混合模式。

图 4-127 更改其混合模式

4.4.2 图层混合模式的设定

在"图层"面板中选择一个图层,单击面板顶部的下拉按钮,在打开的下拉列表中可以选择一种混合模式,如图 4-128 所示。

混合模式分为 6 组,共 27 种,每一组的混合模式都可以产生相似的效果或有着相近的用途。

(1) 组合模式组中的混合模式需要降低图层的不透明度才能产生作用。

(2) 加深模式组中的混合模式可以使图像变暗,在混合过程中,当前图层中的白色将被底层较暗的像素替代。

(3) 减淡模式组与加深模式组产生的效果截然相反,它们可以使图像变亮。在使用这些混合模式时,图像中的黑色会被较亮的像素替换,而任何比黑色亮的像素都可能加亮底层图像。

(4) 对比模式组中的混合模式可以增强图像的反差。在混合时,50%的灰色会完全消失,任何亮度值高于 50%灰色的像素都可能加亮底层的图像,亮度值低于 50%灰色的像素则可能使底层图像变暗。

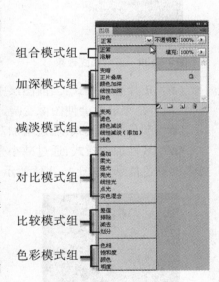

图 4-128 混合模式分类

(5) 比较模式组中的混合模式可以比较当前图像与底层图像,然后将相同的区域显示为黑色,不同的区域显示为灰度层次或彩色。如果当前图层中包含白色,白色的区域会使底层图像反相,而黑色不会对底层图像产生影响。

(6) 使用色彩模式中的混合模式时,Photoshop 会将色彩分为 3 种成分(色相、饱和度和亮度),然后再将其中的一种或两种应用在混合后的图像中。

> **提示**
> 创建图层组时,Photoshop 会给它赋予一种特殊的混合模式,即"穿透"模式,它表示图层组没有自己的混合属性。为图层组设置了其他的混合模式以后,Photoshop 就会将图层组内的所有图层视为一幅单独的图像,用所选模式与下面的图像混合。

4.4.3 图层混合模式演示效果

☞ 正常模式：默认的混合模式，图层的不透明度为100%时，完全遮盖下面的图像，如图4-129所示。降低不透明度可以使其与下面的图层混合。

☞ 溶解模式：设置为该模式并降低图层的不透明度时，可以使半透明区域上的像素离散，产生点状颗粒，如图4-130所示。

☞ 变暗模式：比较两个图层，当前图层中较亮的像素会被底层较暗的像素替换，亮度值比底层像素低的像素保持不变，如图4-131所示。

图4-129 正常模式效果　　　图4-130 溶解模式效果　　　图4-131 变暗模式效果

☞ 正片叠底模式：当前图层中的像素与底层的白色混合时保持不变，与底层的黑色混合时则被其替换，混合结果通常会使图像变暗，如图4-132所示。

☞ 颜色加深模式：通过增加对比度来加强深色区域，底层图像的白色保持不变，如图4-133所示。

☞ 线性加深模式：通过减小亮度使像素变暗，它与正片叠底模式的效果相似，但可以保留下面图像更多的颜色信息，如图4-134所示。

图4-132 正片叠底模式效果　　　图4-133 颜色加深模式效果　　　图4-134 线性加深模式效果

☞ 深色模式：比较两个图层的所有通道值的总和并显示值较小的颜色，不会生成第三种颜色，如图4-135所示。

☞ 变亮模式：与变暗模式的效果相反，当前图层中较亮的像素会替换底层较暗的像素，而较暗的像素则被底层较亮的像素替换，如图4-136所示。

☞ 滤色模式：与正片叠底模式的效果相反，它可以使图像产生漂白的效果，类似于多个摄影幻灯片在彼此之上投影，如图4-137所示。

图4-135 深色模式效果

图4-136 变亮模式效果

图4-137 滤色模式效果

☞ 颜色减淡模式：与颜色加深模式的效果相反，它通过减小对比度来加亮底层的图像，并使颜色变得更加饱和，如图4-138所示。

☞ 线性减淡（添加）模式：与线性加深模式的效果相反。通过增加亮度来减淡颜色，亮化效果比滤色和颜色减淡模式都强烈，如图4-139所示。

☞ 浅色模式：比较两个图层的所有通道值的总和并显示值较大的颜色，不会生成第三种颜色，如图4-140所示。

图4-138 颜色减淡模式效果

图4-139 线性减淡模式效果

图4-140 浅色模式效果

☞ 叠加模式：可增强图像的颜色，并保持底层图像的高光和暗调，如图4-141所示。

☞ 柔光模式：当前图层中的颜色决定了图像变亮或是变暗，如果当前图层中的像素比50%灰色亮，则图像变亮；如果像素比50%灰色暗，则图像变暗，产生的效果与发散的聚光灯照在图像上相似，如图4-142所示。

☞ 强光模式：当前图层中比50%灰色亮的像素会使图像变亮；比50%灰色暗的像素会使图像变暗。产生的效果与耀眼的聚光灯照在图像上相似，如图4-143所示。

图4-141 叠加模式效果

图4-142 柔光模式效果

图4-143 强光模式效果

☞ 亮光模式：如果当前图层中的像素比50%灰色亮，则通过减小对比度的方式使图像变亮；反之，则通过增加对比度的方式使图像变暗，可以使混合后的颜色更加饱和，如图4-144所示。

☞ 线性光模式：如果当前图层中的像素比50%灰色亮，可通过增加亮度使图像变亮；反之，则通过减小亮度使图像变暗。与"强光"模式相比，"线性光"可以使图像产生更高的对比度，如图4-145所示。

☞ 点光模式：如果当前图层中的像素比50%灰色亮，则替换暗的像素；反之，则替换亮的像素，这对于向图像中添加特殊效果时非常有用，如图4-146所示。

图4-144　亮光模式效果　　　图4-145　线性光模式效果　　　图4-146　点光模式效果

☞ 实色混合模式：如果当前图层中的像素比50%灰色亮，会使底层图像变亮；如果当前图层中的像素比50%灰色暗，则会使底层图像变暗，该模式通常会使图像产生色调分离效果，如图4-147所示。

☞ 差值模式：当前图层的白色区域会使底层图像产生反相效果，而黑色则不会对底层图像产生影响，如图4-148所示。

☞ 排除模式：与差值模式的原理基本相似，但该模式可以创建对比度更低的混合效果，如图4-149所示。

图4-147　实色模式效果　　　图4-148　差值模式效果　　　图4-149　排除模式效果

☞ 减去模式：可以从目标通道中相应的像素上减去源通道中的像素值，如图4-150所示。

☞ 划分模式：查看每个通道中的颜色信息，从基色中划分混合色，如图4-151所示。

☞ 色相模式：将当前图层的色相应用到底层图像的亮度和饱和度中，可以改变底层图像的色相，但不会影响其亮度和饱和度，对于黑色、白色和灰色区域，该模式不起作用，如图4-152所示。

图4-150　减去模式效果　　　图4-151　划分模式效果　　　图4-152　色相模式效果

☞ 饱和度模式:将当前图层的饱和度应用到底层图像的亮度和色相中,可以改变底层图像的饱和度,但不会影响其亮度和色相,如图4-153所示。

☞ 颜色模式:将当前图层的色相与饱和度应用到底层图像中,但保持底层图像的亮度不变,如图4-154所示。

☞ 明度模式:将当前图层的亮度应用于底层图像的颜色中,可改变底层图像的亮度,但不会对其色相与饱和度产生影响,如图4-155所示。

图4-153 饱和度模式效果

图4-154 颜色模式效果

图4-155 明度模式效果

提示　"颜色"模式常用于给黑白照片上色。例如,将画笔工具的混合模式设置为"颜色"以后,使用不同的颜色在黑白图像上涂抹,即可为其着色。

4.5 填充图层与调整图层

调整图层是一种特殊的图层,它可以将颜色和色调调整应用于图像,但不会改变原图像的像素,因此,不会对图像产生实质性的破坏。关于各种调整命令的使用方法,可以参阅本书项目三的内容。

在Photoshop中,图像色彩与色调的调整方式有两种,一种是执行"图像"/"调整"下拉菜单中的命令,另外一种方式便是使用调整图层来操作。例如图4-156、图4-157所示为这两种调整方式的效果。"图像"/"调整"下拉菜单中的调整命令会直接修改所选图层中的像素数据。而调整图层可以达到同样的调整效果,但不会修改像素,不仅如此,只要隐藏或删除调整图层,便可以将图像恢复为原来的状态。

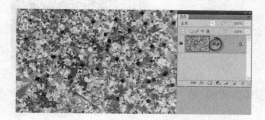
图4-156 菜单调整命令会直接修改所选图层中的像素数据

图4-157 调整图层不会修改所选图层中的像素数据

创建调整图层以后,颜色和色调调整就存储在调整图层中,并影响它下面的所有图层。如果想要对多个图层进行相同的调整,可以在这些图层上面创建一个调整图层,通过调整图层来影响这些图层,而不必分别调整每个图层,将其他图层放在调整图层下面,就会对其产生影响;从调整图层下面移动到上面,则可取消对它的影响。

调整图层可以随时修改参数。而"图像"/"调整"中的命令一旦应用以后,将文档关闭,图像就不能恢复了。

【任务 4】 快速打造温馨复古色调

(1) 打开素材图片。

(2) 单击图层控制面板下方的 按钮,在弹出的菜单中选择"曲线"命令,如图 4-158 所示。

(3) 在弹出的"曲线"对话框中,选择下拉菜单中的"红"选项,将曲线向上拖动,形成一个凸起的弧线,如图 4-159 所示,这将增加图像中的红色。

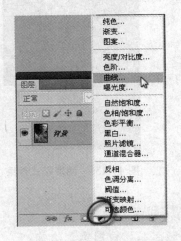

图 4-158　添加曲线调整图层

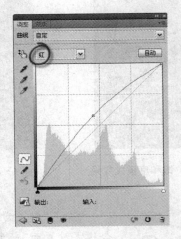

图 4-159　设置曲线对话框中的"红"

(4) 接下来选择下拉菜单中的"蓝"选项,将曲线向下拖动,形成一个凹陷的弧线,如图 4-160 所示,这将减少图像中的蓝色。

(5) 最后选择"绿"选项,将曲线左半部分向下拖动,右半部分向上拖动,形成一个 S 形,如图 4-161 所示,这将使图片中暗部区域的红色更加突出,同时使增加亮部区域中的黄色,最终效果如图 4-162 所示。

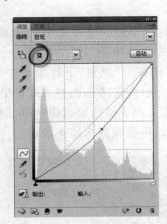

图 4-160　设置曲线对话框中的"蓝"

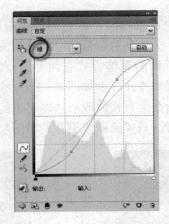

图 4-161　设置曲线对话框中的"绿"

图 4-162　最终效果图

4.5.1　创建调整图层并认识"调整"面板

执行"图层"/"新建调整图层"下拉菜单中的命令,或者使用"调整"面板都可以创建调整图层。"调整"面板中包含了用于调整颜色和色调的工具,并提供了常规图像校正的一系列调整预设,如图 4-163

所示。单击一个调整图层按钮,或单击一个预设,可以显示相应的参数设置选项,如图4-164所示,同时创建调整图层。

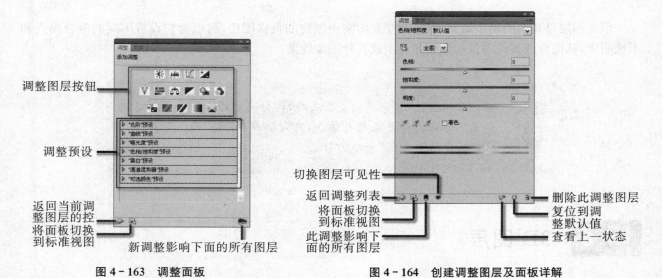

图4-163　调整面板　　　　　图4-164　创建调整图层及面板详解

1."调整"面板

☞ 调整图层按钮/调整预设:单击一个调整图层按钮,面板中会显示相应设置选项,将光标放在按钮上,面板顶部会显示该按钮所对应的调整命令的名称;单击一个预设前面的按钮,可以展开预设列表,选择一个预设即可使用该预设调整图像,同时面板中会显示相应设置选项。

☞ 返回当前调整图层的控制/返回到调整列表:单击 按钮,可以将面板切换到显示当前调整设置选项的状态,单击 按钮,可以将面板返回到显示调整按钮和预设列表的状态。

☞ 将面板切换到标准视图:可以调整面板的宽度。

☞ 新调整图层影响下面的所有图层:默认情况下,新建的调整图层都会影响下面的所有图层。如果按下该按钮,则以后创建任何调整图层时,都会自动将其与下面的图层创建为剪贴蒙版组,使该调整图层只影响它下面的一个图层。

☞ 此调整影响下面的所有图层:按下该按钮,可以将当前的调整图层与它下面的图层创建为一个剪贴蒙版组,使调整图层仅影响它下面的一个图层;再次单击该按钮时,调整图层会影响下面的所有图层。

☞ 切换图层可见性:单击该按钮,可以隐藏或重新显示调整图层。

☞ 查看上一状态:当调整参数以后,可单击该按钮或按下"\"键,在窗口中查看图像的上一个调整状态,以便比较两种效果。

☞ 复位到调整默认值:单击该按钮,可以将调整参数恢复为默认值。

☞ 删除此调整图层:单击该按钮,可以删除当前调整图层。

2. 修改调整参数

创建调整图层以后,在"图层"面板中单击调整图层的缩览图,"调整"面板中就会显示调整选项,此时即可修改调整参数。

3. 删除调整图层

选择调整图层,按下"Delete"键,或者将它拖动到"图层"面板底部的删除图层按钮上即可将其删除。如果要保留调整图层,仅删除它的蒙版,可以在调整图层的蒙版上单击右键,选择快捷菜单中的"删除蒙版"命令。

4.5.2 填充图层

填充图层是指向图层中填充纯色、渐变和图案而创建的特殊图层,可以为它设置不同的混合模式和不透明度,从而修改其他图像的颜色或者生成各种图像效果。

> **提示**
> 默认情况下,创建调整图层时,都会自动添加一个图层蒙版,如果不想让调整图层拥有蒙版,可以取消"调整"面板菜单中"默认情况下添加蒙版"命令的勾选。

4.6 3D 图层

Photoshop 可以打开和处理由 Adobe Acrobat 3D Version 8、3D Studio Max、Alias、Maya 以及 Google Earth 等程序创建的 3D 文件。打开一个 3D 文件时,可以保留它们的纹理、渲染和光照信息,3D 模型放在 3D 图层上,3D 对象的纹理出现在 3D 图层下面的条目中,如图 4-165、图 4-166 所示。

图 4-165 打开素材文件

图 4-166 3D 图层

可以移动 3D 模型,或对其进行动画处理、更改演染模式、编辑或添加光照或将多个 3D 模型合并为一个 3D 场景。此外,还可以基于一个 2D 图层创建 3D 内容,如正方体、球面、网柱、3D 明信片、3D 网格等(详细内容参见项目 10)。

【任务5】 改变汽车模型贴图

(1) 执行"文件"/"打开"命令,打开一个 3D 文件,如图 4-167 所示。在图层面板中双击纹理,如图 4-168 所示,纹理会作为智能对象打开。

(2) 执行"文件"/"打开"命令,打开一个贴图文件,使用移动工具将改图像拖动到 3D 纹理档案中,如图 4-169 所示。

(3) 关闭"智能对象"窗口,会弹出一个对话框,如图 4-170 所示,单击"是"按钮,存储对纹理所做的修改并应用到模型中,如图 4-171 所示。

图4-167 打开素材文件

图4-168 双击纹理

图4-169 移动到3D纹理档案中

图4-170 关闭智能对象时弹出对话框

图4-171 最终效果图

4.6.1 创建3D图层

1. 从2D图像创建3D对象

Photoshop可以将2D图层作为起始点,生成各种基本的3D对象。创建3D对象后,可以在3D空间移动它、更改渲染设置、添加光源或将其与其他3D图层合并。

2. 创建3D明信片

选择要转换为3D对象的图层,执行"3D"/"从图层新建3D明信片"命令,即可创建3D明信片。原始的2D图层会作为3D明信片对象的"漫射"纹理映射出现在"图层"面板中,如图4-172所示。

图4-172 最终效果图

3. 从 3D 文件新建图层

在 2D 文件打开时，选取"3D"/"从 3D 文件新建图层"，并打开 3D 文件。

4.6.2 隐藏图层

在 2D 图层位于 3D 图层上方的多图层文档中，可以暂时将 3D 图层移动到图层堆栈顶部，以便快速进行屏幕渲染。选取"3D"/"自动隐藏图层以改善性能"。选择 3D 位置工具或相机工具。使用任意一种工具按住鼠标按钮时，所有 2D 图层都会临时隐藏。鼠标松开时，所有 2D 图层将再次出现。移动 3D 轴的任何部分也会隐藏所有 2D 图层。

4.6.3 将 3D 图层转换为 2D 图层

转换 3D 图层为 2D 图层可将 3D 内容在当前状态下进行栅格化。只有不想再编辑 3D 模型位置、渲染模式、纹理或光源时，才可将 3D 图层转换为常规图层。栅格化的图像会保留 3D 场景的外观，但格式为平面化的 2D 格式。在"图层"面板中选择 3D 图层，并选取"3D"/"栅格化"。

4.6.4 图层转换为智能对象

将 3D 图层转换为智能对象，可保留包含在 3D 图层中的 3D 信息。转换后，可以将变换或智能滤镜等其他调整应用于智能对象。可以重新打开"智能对象"图层以编辑原始 3D 场景。应用于智能对象的任何变换或调整会随之应用于更新的 3D 内容。在"图层"面板中选择 3D 图层。从"图层"面板选项菜单中，选取"转换为智能对象"。要重新编辑 3D 内容，请双击"图层"面板中的"智能对象"图层。

4.6.5 导出 3D 图层

可以用以下所有支持的 3D 格式导出 3D 图层：Collada DAE、Wavefront/OBJ、U3D 和 Google Earth 4 KMZ。要导出 3D 图层，首先选取"3D"/"导出 3D 图层"，选取导出纹理的格式，需要注意的是 U3D 和 KMZ 支持 JPEG 或 PNG 作为纹理格式，而 DAE 和 OBJ 支持所有 Photoshop 支持的用于纹理的图像格式。如果导出为 U3D 格式，请选择编码选项。ECM1 与 Acrobat 7.0 兼容；ECMA3 与 Acrobat 8.0 及更高版本兼容，并提供一些网格压缩，最后单击"确定"以导出。

提示

可以将自己的自定形状添加到"形状"菜单中。形状是 Collada(.dae)3D 模型文件。要添加形状，请将 Collada 模型文件放置在 Photoshop 程序文件夹中的"Presets\Meshes"文件夹下。

选取导出格式时，需考虑以下因素："纹理"图层以所有 3D 文件格式存储，但是 U3D 只保留"漫射"、"环境"和"不透明度"纹理映射；Wavefront/OBJ 格式不存储相机设置、光源和动画；只有 Collada DAE 会存储渲染设置。

4.7 回到项目工作环境

项目制作流程：

（1）新建画布，并填充黑色，如图4-173所示，创建"序列1"图层组，如图4-174所示。

图4-173 填充黑色

图4-174 新建图层组

（2）打开"汽车"文件，将图片拖入画面，并调整到合适位置，单击图层调板下方的"创建新的调整图层按钮"，在弹出的菜单中选择"渐变映射"，设置如图4-175所示，效果如图4-176所示。

图4-175 参数设置

图4-176 效果

（3）打开"抽象画"文件，将图片拖入画面，并调整到合适位置，并将其图层混合模式改为叠加，如图4-177所示。

图4-177 更改混合模式

（4）打开"伞"文件，使用魔术棒工具单击背景，再用"反向选择"选中伞，将图片拖入画面，并调整到合适大小，复制该伞，并缩放到合适位置，如图4-178所示。

（5）分别将"图层3"和"图层3副本"的图层混合模式改为滤色，效果如图4-179所示。

图4-178　复制并移动缩放伞　　　　　　　　　图4-179　效果图

（6）打开"鼠标"文件，将图片拖入画面，并调整到合适位置，并将其图层混合模式改为叠加，如图4-180所示。

图4-180　更改混合模式

（7）打开"电脑"文件，用选择伞的方法，选中笔记本电脑，拖入画面，并调整到合适位置，单击图层调板下方的创建新的调整图层按钮，在弹出的菜单中选择"色相/饱和度"，设置如图4-181所示，结果如图4-182所示。

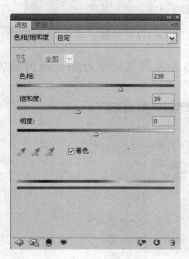

图4-181　参数设置　　　　　　　　　　　图4-182　效果图

项目4 图 层

(8) 单击"序列1"图层组,将透明度设为80,单击▼按钮将图层组由展开状态改为折叠状态,如图4-183所示,单击图层调板下方的创建新的调整图层按钮,在弹出的菜单中选择"图案",设置如图4-184所示,结果如图4-185所示。

图4-183 更改图层组不透明度

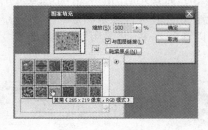
图4-184 参数设置

图4-185 效果图

(9) 更改"图案填充1"的图层混合模式和不透明度,设置如图4-186所示,效果如图4-187所示。

(10) 选择文字工具,在合适的位置输入文字,如图4-188所示,选择文字图层,单击图层调板下方的添加图层样式按钮,在弹出的菜单中选择"投影",设置如图4-189所示,再添加"外发光",设置如图4-190,最终效果如图4-191所示。

图4-186 更改混合模式和不透明度

图4-187 效果图

图4-188 输入文字

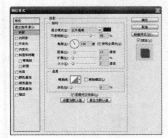
图4-189 给文字添加投影样式

图4-190 给文字添加外发光样式

图4-191 最终效果图

4.8 项目总结

训练内容:本项目是使用 Photoshop CS5 制作一张个性鲜明、很有设计与科技色彩的毕业生作品展海报,主要练习图层的基本操作、混合模式、图层样式及填充调整图层对话框中各项参数的设置,通过项目的制作能够使学生掌握这些功能在实际应用中的使用技巧。

训练目的:通过本项目的制作,学生能够了解图层的基本概念,能熟练完成对图层进行的基本操作,并且可以完成对图层添加并编辑样式的操作,以及能够熟练完成添加填充图层与调整图层的操作,而且可以帮助学生理解图层的混合模式,增强学生在实际工作中更好的应用这些工具及命令的能力。

技术要点：
(1) 在添加调整图层时，需要注意它的影响范围，根据设计者的想法，要适当的调整图层的位置。
(2) 图案填充图层中的图案可以通过对话框中载入命令，载入更多的图案类型，丰富制作效果。
(3) 要深入理解这些功能在图像处理中的融会贯通。

常见问题解析：
(1) 在给整个图层组添加调整图层时，需要先退出图层组，不然建立的调整图层会是在图层组的内部。
(2) 在图片比较多的时候，要新建图层组来管理素材。
(3) 关于调整图层中的蒙版，可以参阅本书的"蒙版"学习章节。

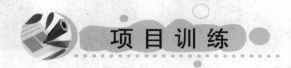

项目训练

1. **多项选择题**

(1) Adobe Photoshop 中，下列关于调节图层的描述哪些是不正确的？_____
   A. 在将 RGB 模式的图像转换为 CMYK 模式之前，如果有多个调整图层，可只将多个调整图层合并，模式转换完成后，调整图层和普通图层不会被合并
   B. 在将 RGB 模式的图像转换为 CMYK 模式的过程中，如果图像有调整图层，会弹出对话框，可设定将调整图层删除或合并
   C. 如果当前文件有多个并列的图像图层，当调节图层位于最上面时，调整图层可以对所有图像图层起作用
   D. 如果当前文件有多个并列的图像图层，当调整图层位于最上面时，可将调整图层和紧邻其下的图像图层编组，使之成为裁切组关系，这样，调整图层只对紧邻其下的图像图层起作用，而对其他图像图层无效

(2) 下列对背景层描述正确的是_____。
   A. 总在最底层   B. 不能隐藏   C. 不能使用快速蒙版   D. 不能改变其"不透明度"

(3) 以下关于调整图层的描述正确的是_____。
   A. 可通过创建"曲线"调整图层或者通过"图像"/"调整"/"曲线"菜单命令对图像进行色彩调整，两种方法都对图像本身没有影响，而且方便修改
   B. 调整图层可以在"图层"调板中更改透明度
   C. 调整图层可以在"图层"调板中更改图层混合模式
   D. 调整图层可以在"图层"调板中添加图层蒙版

2. **操作题**

制作图腾石刻，最终效果如图 4-192 所示。

图 4-192 作业最终效果图

项目 5　绘画与修饰

项目目标

通过本章的学习,使读者掌握绘图工具和图像修饰工具的使用方法。根据绘制的需要,灵活地设置及使用绘图工具和图像修饰工具,进行插画及图形的制作。

项目要点

◇ 颜色设置与使用
◇ 画笔的设置与使用
◇ 运用图章工具复制图像和图案
◇ 运用修饰工具修饰图像
◇ 运用油漆桶工具和渐变工具填充颜色

5.1　项目导入

子项目一:苹果插画

项目需求: 本项目主要通过静物的绘制,使读者熟悉画笔的设置与使用,掌握数字绘画的基本方法。最终效果图如图 5-1 所示。

引导问题: 分为三个步骤制作,首先绘制出苹果的轮廓,进行整体的明暗处理;其次叠加颜色,使画面色彩丰富且协调;最后添加画面的细节,使整个画面效果丰富,并进行整体的调整。

子项目二:手机的绘制

项目需求: 本项目要求绘制手机的效果,进行手机广告宣传,使读者熟悉渐变工具的设置与使用,掌握不同质感物体表现的基本方法。最终效果图如图 5-2 所示。

图 5-1　苹果最终效果图　　　　图 5-2　手机最终效果图

引导问题：分为三个步骤制作，首先绘制出手机中的图标；其次进行手机主体及细节的绘制；最后做整体的调整，添加手机的投影与倒影，使整个画面效果丰富。

5.2　颜色的设置与使用

在进行图像处理或绘制插画时，首先需要设置合适的颜色，才能进行绘制或编辑图像，颜色的设置方法有很多种，如使用前景色、背景色、拾色器、颜色和色板面板、吸管工具等。

5.2.1　在工具箱中设定前景色和背景色

在 Photoshop 绘制图像时，首先要设置前景色和背景色，前景色就是绘制图像时画笔的颜色，背景色就是画布的颜色。单击工具箱中的前景色图标，弹出"拾色器"对话框。在"拾色器"对话框中单击色谱，可以直观地选择想要的颜色，或在对话框的右侧直接输入颜色值，得到精确的颜色。如图5-3所示。

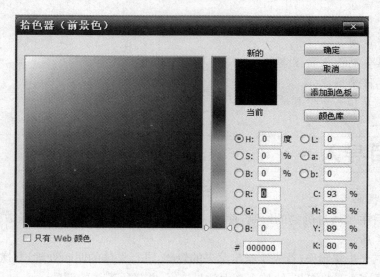

图5-3　拾色器面板

> **提示**　　在 Photoshop 拾色器中，可以使用4种颜色模式选取颜色，分别是 HSB 颜色模式、RGB 颜色模式、CMYK 颜色模式、Lab 颜色模式。Photoshop 拾色器主要是用来设置前景色、背景色和文本颜色，另外也可以为工具、命令、选项设置目标颜色。

在"拾色器"对话框中，相关参数含义如下：

☞ 只有 Web 颜色：只提供 Web 网页显示范围内的颜色值。

☞ 添加到色板：把当前选择的颜色值添加到色板中，常用颜色应该添加到色板中，方便于绘图时反复调用。

☞ 颜色库：单击此按钮，可以切换到"颜色库"对话框，在"颜色库"对话框中，可以设置当前颜色为各种色彩体系中的特定颜色，使用色彩体系中指定的颜色，能够确保色彩最大程度的还原，保证印刷色彩不偏色。

项目 5 绘画与修饰

单击工具箱中的背景色按钮,弹出"拾色器"对话框,背景色的设置方法与前景色的设置方法相同。完成颜色设置后,按"X"键可以让前景色与背景色互换,按"D"键可以使前景色恢复为默认设置的黑色和背景色恢复为默认设置的白色。如图 5-4 所示。

图 5-4 前景色与背景色

5.2.2 颜色和色板面板

在 Photoshop 中使用"颜色"面板可快捷地设置想要的颜色,"颜色"面板集成了各种颜色模式和色彩效果,用户可以在"颜色"面板下方颜色条上直接吸取想要设置的颜色,也可以在文本框中输入精确的颜色值。单击面板右上角的按钮,打开快捷菜单,用户可以选择需要的色彩模式和进行颜色管理。如图 5-5 所示。

"色板"面板集成了各种色彩体系的特定颜色,用户只要在需要的颜色上单击,即可进行颜色的选择。单击面板右上角的按钮,将打开快捷菜单,在快捷菜单中可以选择需要的色彩体系。用户还可以对经常使用的颜色进行存储、删除管理和导入导出颜色样式。如图 5-6 所示。

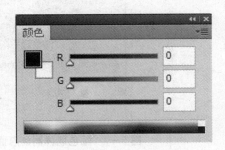

图 5-5 颜色面板

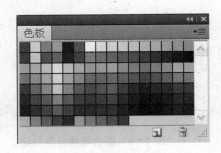

图 5-6 色板面板

5.2.3 吸管工具

使用吸管工具可以吸取图像上的颜色,通过设置其工具属性栏中的"取样大小"参数,来确定取样点周围像素数目的平均值来进行颜色取样。在使用吸管工具吸取图像上的颜色时,"信息"面板和"颜色"面板会随着吸管工具的移动而变化,实时显示当前取样点的颜色值,"颜色"面板则会很直观地显示吸管工具取色后的值。如图 5-7 所示。

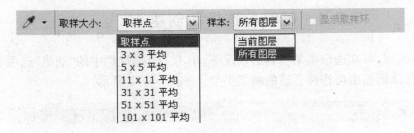

图 5-7 吸管属性栏

选择吸管工具，其属性栏相关参数含义如下：

☞ 取样大小：单击下拉列表按钮可以打开下拉列表，在下拉列表中可以选择吸管取样的像素数目。其中包括取样点、3×3 平均、5×5 平均、11×11 平均、31×31 平均等取样方式。

☞ 样本：单击下拉列表按钮，可以打开下拉列表，在下拉列表中可以选择吸管工具样本模式，分为"当前图层"和"所有图层"两种。选择"当前图层"样式模式时，吸管取样只在当前图层中进行；选择"所有图层"样式模式时，吸管取样在所有显示的图层中进行。

☞ 显示取样环：勾选此项后，在进行颜色取样时，取样点周围会出现取样环，方便用户观察颜色效果。

5.2.4 颜色取样器工具

可以在图像中最多定义 4 个取样点，而且颜色信息将在"信息"面板中保存。可以用鼠标拖动取样点，从而改变取样点的位置，如果想删除取样点，只需将取样点拖出画布即可。如图 5-8、图 5-9 所示。

图 5-8　颜色取样器属性栏　　　　　　图 5-9　颜色取样器信息面板

5.3　画笔的设置

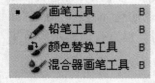

图 5-10　画笔工具

Photoshop 提供了很多的绘画、修饰工具，如图 5-10 所示。在运用这些工具时，都要设置它的一些属性，如不透明度、模式、流量等参数。下面将对这些设置进行详细的介绍。

5.3.1　画笔的选择和创建

若要选择画笔类型，可在选取画笔工具的情况下，单击工具属性栏中的"画笔"选项右侧的下拉按钮，弹出"画笔"面板，在该面板中可选择合适的画笔类型。如图 5-11 所示。

图 5-11　画笔属性栏

画笔工具属性栏中主要选项的含义如下：

☞ 画笔预设选取器：单击"画笔预设"按钮，在弹出的面板中可以根据所需选择画笔的大小、硬度和样式。画笔直径是对画笔大小的设置；画笔的硬度是用于控制画笔在绘画中的柔软程度，数值越大画笔越清晰；画笔的样式是对画笔形状的设置。

另外，单击"画笔预设"面板右上角的按钮，还可以打开功能更多的选项菜单，在打开的菜单中，用户可以设置画笔的预览方式、存储和载入预设画笔、管理画笔等。如图5-12所示。

☞ 画笔：单击其右侧的下拉按钮，可以选择预设的画笔。

☞ 模式：单击其右侧的下拉按钮，可以选择29种混合模式，以丰富绘图效果。

① 正常：编辑或绘制每个像素，使其成为结果色，这是默认模式。在处理位图图像或索引颜色图像时，"正常"模式也称为阈值。

② 溶解：编辑或绘制每个像素，使其成为结果色。但是根据任何像素位置的不透明度，结果色由基色或混合色的像素随机替换。

③ 背后：仅在图层的透明部分编辑或绘画。此模式仅在取消选择了"锁定透明区域"的图层中使用，类似于在透明纸的透明区域背面绘画。

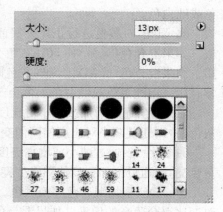

图5-12 画笔设置面板

④ 清除：编辑或绘制每个像素，使其透明。此模式可用于形状工具、油漆桶工具、画笔工具、铅笔工具、"填充"命令和"描边"命令。必须位于取消选择了"锁定透明区域"的图层中才能使用此模式。

⑤ 变暗：查看每个通道中的颜色信息，并选择基色或混合色中较暗的颜色作为结果色。将替换比混合色亮的像素，而比混合色暗的像素保持不变。

⑥ 正片叠底：查看每个通道中的颜色信息，并将基色与混合色进行正片叠底。结果色总是较暗的颜色。任何颜色与黑色正片叠底产生黑色。任何颜色与白色正片叠底保持不变。当用黑色或白色以外的颜色绘画时，绘画工具绘制的连续描边产生逐渐变暗的颜色。这与使用多个标记笔在图像上绘图的效果相似。

⑦ 颜色加深：查看每个通道中的颜色信息，并通过增加二者之间的对比度使基色变暗以反映出混合色。与白色混合后不产生变化。

⑧ 线性加深：查看每个通道中的颜色信息，并通过减小亮度使基色变暗以反映混合色。与白色混合后不产生变化。

⑨ 深色：比较混合色和基色的所有通道值的总和，从基色和混合色中选取最小的通道值来创建结果色，深色不会生成第三种颜色。

⑩ 变亮：查看每个通道中的颜色信息，并选择基色或混合色中较亮的颜色作为结果色。比混合色暗的像素被替换，比混合色亮的像素保持不变。

⑪ 滤色：查看每个通道的颜色信息，并将混合色的互补色与基色进行正片叠底。结果色总是较亮的颜色。用黑色过滤时颜色保持不变，用白色过滤将产生白色。此效果类似于多个摄影幻灯片在彼此之上投影。

⑫ 颜色减淡：查看每个通道中的颜色信息，并通过减小二者之间的对比度使基色变亮以反映出混合色，与黑色混合则不发生变化。

⑬ 线性减淡：查看每个通道中的颜色信息，并通过增加亮度使基色变亮以反映混合色。与黑色混合则不发生变化。

⑭ 浅色：比较混合色和基色的所有通道值的总和，从基色和混合色中选取最大的通道值来创建结果色，"浅色"不会生成第三种颜色。

⑮ 叠加：对颜色进行正片叠底或过滤，具体取决于基色。图案或颜色在现有像素上叠加，同时保留

基色的明暗对比。不替换基色,但基色与混合色相混以反映原色的亮度或暗度。

⑯ 柔光:使颜色变暗或变亮,具体取决于混合色。此效果与发散的聚光灯照在图像上相似。如果混合色(光源)比 50% 灰色亮,则图像变亮,就像被减淡了一样。如果混合色(光源)比 50% 灰色暗,则图像变暗,就像被加深了一样。使用纯黑色或纯白色上色,可以产生明显变暗或变亮的区域,但不能生成纯黑色或纯白色。

⑰ 强光:对颜色进行正片叠底或过滤,具体取决于混合色。此效果与耀眼的聚光灯照在图像上相似。如果混合色(光源)比 50% 灰色亮,则图像变亮,就像过滤后的效果。这对于向图像添加高光非常有用。如果混合色(光源)比 50% 灰色暗,则图像变暗,就像正片叠底后的效果。这对于向图像添加阴影非常有用。用纯黑色或纯白色上色会产生纯黑色或纯白色。

⑱ 亮光:通过增加或减小对比度来加深或减淡颜色,具体取决于混合色。如果混合色(光源)比 50% 灰色亮,则通过减小对比度使图像变亮。如果混合色比 50% 灰色暗,则通过增加对比度使图像变暗。

⑲ 线性光:通过减小或增加亮度来加深或减淡颜色,具体取决于混合色。如果混合色(光源)比 50% 灰色亮,则通过增加亮度使图像变亮。如果混合色比 50% 灰色暗,则通过减小亮度使图像变暗。

⑳ 点光:根据混合色替换颜色。如果混合色(光源)比 50% 灰色亮,则替换比混合色暗的像素,而不改变比混合色亮的像素。如果混合色比 50% 灰色暗,则替换比混合色亮的像素,而比混合色暗的像素保持不变。这对于向图像添加特殊效果非常有用。

㉑ 实色混合:将混合颜色的红色、绿色和蓝色通道值添加到基色的 RGB 值。如果通道的结果总和大于或等于 255,则值为 255;如果小于 255,则值为 0。因此,所有混合像素的红色、绿色和蓝色通道值要么是 0,要么是 255。此模式会将所有像素更改为主要的加色(红色、绿色或蓝色)、白色或黑色。

㉒ 差值:查看每个通道中的颜色信息,并从基色中减去混合色,或从混合色中减去基色,具体取决于哪一个颜色的亮度值更大。与白色混合将反转基色值,与黑色混合则不发生变化。

㉓ 排除:创建一种与差值模式相似但对比度更低的效果。与白色混合将反转基色值,与黑色混合则不发生变化。

㉔ 减去:查看每个通道中的颜色信息,并从基色中减去混合色。在 8 位和 16 位图像中,任何生成的负片值都会剪切为。

㉕ 分割:查看每个通道中的颜色信息,并从基色中分割混合色。

㉖ 色相:用基色的明亮度和饱和度以及混合色的色相创建结果色。

㉗ 饱和度:用基色的明亮度和色相以及混合色的饱和度创建结果色。在无饱和度(灰度)区域上用此模式绘画不会产生任何变化。

㉘ 颜色:用基色的明亮度以及混合色的色相和饱和度创建结果色。这样可以保留图像中的灰阶,并且对于给单色图像上色和给彩色图像着色都会非常有用。

㉙ 明度:用基色的色相和饱和度以及混合色的明亮度创建结果色。此模式创建与颜色模式相反的效果。

☞ 不透明度:用于设置绘制的图像的不透明度。

☞ 流量:用于定义绘图时画笔的浓度以及绘制线条时的流畅程度。

☞ 单击工具属性栏中的"喷枪"按钮时,可使画笔具有连续喷涂的功能。

提示

运用画笔工具绘制图像时,按住"["是缩小画笔尺寸,按住"]"是扩大画笔尺寸。按数字键设置画笔的不透明度,如按数字"5",设置不透明度值为 50%;按住"Shift + 数字键"则是设置画笔的流量值,如按"Shift + 6"、"5",设置流量值为 65%。

按住"Shift"键可以绘制一条直线,若按住"Alt"键,则画笔工具变为吸管工具;若按住"Ctrl"键,则暂时将画笔工具切换为移动工具。

在默认情况下,画笔下拉列表中提供的画笔分为两大类,即硬边画笔和软边画笔,并且它们都是以"描边缩览图"的形式显示。若单击"画笔"面板右侧的三角形按钮,在弹出的面板菜单中选择"仅文本"或"小缩览图"、"大缩览图"、"小列表"或"大列表"选项,可以更改"画笔"面板中画笔的显示方式。如图 5-13 所示。

在"画笔"面板中,单击所需要的画笔,即可选择该画笔。若"画笔"面板中现有的画笔不能满足需求,可以在原有画笔的基础上创建自己的画笔。

5.3.2 画笔的载入和自定义

运用画笔工具绘制图像时,经常需要载入"画笔"面板提供的其他画笔,以便操作。另外还可以自行定义画笔,以满足绘图的需要。

1. 载入画笔

在 Photoshop 中,除了默认属性下的几种画笔外,系统还提供了很多的画笔,可以根据需要将其载入至"画笔"面板中,以便操作使用。

载入画笔的操作方法有几种,分别如下:

(1) 单击"画笔"面板右侧的三角形按钮,在弹出的面板菜单中选择需要载入的画笔类型即可。

(2) 移动光标至图像窗口,在窗口中的任意位置处单击鼠标右键,弹出"画笔"面板,单击其右侧的三角形按钮,在弹出的面板菜单中选择所需载入的画笔类型即可。

图 5-13 画笔设置菜单

(3) 按"F5"键,弹出"画笔"面板,单击其右侧的三角形按钮,在弹出的面板菜单中选择所需载入的画笔类型即可。

执行以上操作,例如载入混合画笔,会弹出询问对话框,"是否用混合画笔中的画笔替换当前画笔",单击"确定"按钮将替换当前画笔;单击"追加"按钮,将增加所选画笔到当前画笔中。如图 5-14 所示。

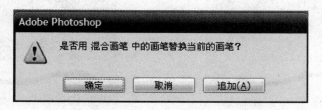

图 5-14 载入画笔提示框

 提示　　在"画笔"面板菜单中,若选择"复位画笔"选项,将恢复系统默认的画笔设置;若选择"替换画笔"选项,可用加载的画笔替换当前面板中的画笔。

2. 自定义画笔

在 Photoshop 中,可以将选区中的任意图像定义为画笔。但是定义的画笔只存储了相关图像信息而未存储其色彩信息,因此自定义的画笔均为灰度图。

5.3.3 设置画笔的各种属性

在"画笔"面板中,可以为画笔设置动态形状、散布、纹理等。下面将对这些操作进行详细的介绍。

1. 设置画笔笔尖形状

根据需要设置画笔的主直径、旋转角度、圆角和硬度等一些基本特性,可在"画笔"面板中选择其左侧的"画笔笔尖形状"选项,此时"画笔"面板显示出笔尖形状相关的参数栏,在此参数栏中可直接选择笔尖的预设形状,选定预设形状后,还可以根据需要对画笔笔尖样式进行更多的修改设置。如图5-15所示。

"画笔笔尖形状"选项组中主要选项的含义如下:

☞ 大小:用于定义画笔的大小,其数值越大,则绘制的笔触越粗。其取值范围为1~2 500像素。

☞ 翻转X:选中该复选框后,画笔形状会沿X轴水平翻转。

☞ 翻转Y:选中该复选框后,画笔形状会沿Y轴垂直翻转。

☞ 角度:用于设置画笔的旋转角度。

☞ 圆度:用于设置画笔的长短轴比例,其数值越小,则画笔越圆。

☞ 硬度:用于设置画笔边缘的柔和程度,其数值越小,则画笔的笔触越柔和。

☞ 间距:用于设置绘制图像时,两个画笔之间的中心距离,其数值越大,绘制的画笔笔触之间的距离越大。

2. 形状动态

在"画笔"画板左侧选择"形状动态"选项,如图5-16所示。此时可在其右侧的选项中设置画笔的粗细、角度、柔边等来增加画笔的动态效果。

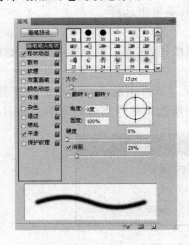
图5-15 画笔预设面板

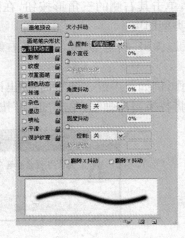
图5-16 画笔形状动态设置

"形状动态"选项组中主要选项的含义如下:

☞ 大小抖动:用于设置动态元素自由变动的大小比例,当数值为100%时,画笔的动态变化最大。

☞ 角度抖动:用于设置画笔在绘制的过程中记录角度的动态变化效果。

☞ 圆度抖动:用于设置画笔在绘制的过程中改变画笔的圆度,从而制作出断断续续的线条以模拟传统纸上绘制的线条。

3. 散布

在"画笔"面板左侧选择"散布"选项,如图5-17所示。此时可在其右侧的选项中设置散布的数量、方向和抖动等参数,从而绘制一些不规则的线条及笔触。

"散布"选项组中的主要选项如下:

☞ 散布:用于设置画笔的散开程度,数值越大,散开的效果越明显。

☞ 数量：用于设置散开的密度，其数值越大，线条的密度越大。

4. 纹理

在"画笔"面板左侧选择"纹理"选项，如图 5-18 所示。此时可在其右侧的选项中设置纹理的各项参数。

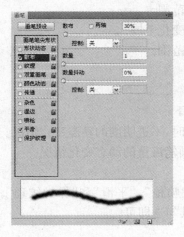

图 5-17　画笔散布设置

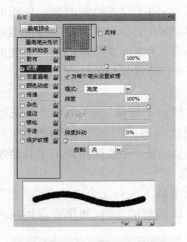

图 5-18　画笔纹理设置

"纹理"选项组中主要选项的含义如下：

☞ 缩放：用于设置纹理的缩放比例。

☞ 为每个笔尖设置纹理：用于设置是否对所有标记都进行渲染。

☞ 模式：用于设置画笔与图案的混合模式。

☞ 深度：用于设置画笔渗透到图案的深度。

☞ 深度抖动：用于设置画笔渗透到图案的深度强弱变化的动态范围。

5. 双重画笔

在"画笔"面板左侧选择"双重画笔"选项，此时"画笔"面板如图 5-19 所示。

"双重画笔"选项组中主要选项的含义如下：

☞ 模式：用于设置两种画笔的混合模式。

☞ 大小：用于设置第二个画笔的直径。

☞ 间距：用于设置第二个画笔中标记点之间的距离，其数值越大，则间距越大。

6. 颜色动态

在"画笔"面板左侧选择"颜色动态"选项，如图 5-20 所示。

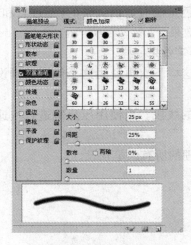

图 5-19　双重画笔设置

图 5-20　画笔的颜色动态设置

"颜色动态"选项组中主要选项的含义如下：

☞ 前景/背景抖动：用于设置绘制的颜色在前景色和背景色之间的动态变化，其数值不同，则颜色变化的效果也各不一样。

☞ 色相抖动：用于设置绘制的颜色色相的动态变化范围。

☞ 饱和度抖动：用于设置绘制的颜色饱和度的动态变化范围。

☞ 亮度抖动：用于设置绘制的颜色亮度的动态变化范围。

☞ 纯度：用于设置颜色的纯度。

7. 传递

如图 5-21 所示，"传递"选项组中主要选项的含义如下：

☞ 不透明度抖动：用于设置运用画笔工具绘制图像时，不透明度的动态变化情况。

☞ 流量抖动：用于设置运用画笔工具绘制图像时，画笔流量的动态变化情况。

8. 其他动态

"画笔"调板中最下面的几个选项是"杂色"、"湿边"、"喷枪"、"平滑"和"保护纹理"。如图 5-22 所示。它们没有可供调整的数值，如果要启用某一选项，将其勾选即可。

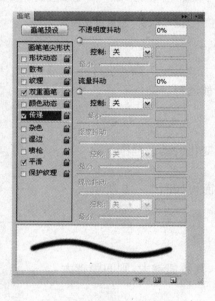

图 5-21 画笔的传递设置

图 5-22 画笔的其他动态设置

☞ 杂色：作用是在笔刷的边缘产生杂边的效果。杂色是没有数值调整的，不过它和笔刷的硬度有关，硬度越小杂边效果越明显。对于硬度大的笔刷没什么效果。

☞ 湿边：将笔刷的边缘颜色加深，看起来就如同水彩笔效果一样。

☞ 喷枪：这里的喷枪方式可以随着笔刷一起保存。这样下次再使用这个储存的预设时候，喷枪方式就会自动打开。

☞ 平滑：让鼠标在快速移动中也能够绘制较为平滑的线段。当使用压感笔进行快速描绘时，该选项最有效，但是它在描边渲染中可能会导致轻微的滞后。

☞ 保护纹理：将相同图案和缩放比例应用于具有纹理的所有画笔预设。

5.4 铅笔工具、颜色替换工具、混合器画笔工具

5.4.1 铅笔工具

铅笔工具主要用于绘制一些棱角比较突出且无边缘发散效果的线条,该工具的运用与画笔工具基本相同。铅笔工具属性栏,如图 5-23 所示。

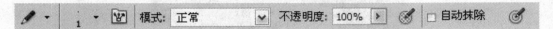

图 5-23 铅笔工具属性栏

该工具属性栏与画笔工具属性栏不同的是,多了一个"自动抹除"复选框。若选中该复选框,则铅笔工具会模拟橡皮擦的功能。当前景色和背景色有相互接触的情况时,系统会自动将前景色和背景色交替运用;当设置其他颜色为前景色、白色为背景色时,可以用其他颜色来进行绘图,同时可以用白色来修改,既可绘制又可擦除。

5.4.2 颜色替换工具

【任务1】 使用颜色替换工具绘制彩球

(1) 打开素材图"彩球.jpg",如图 5-24 所示。

图 5-24 素材

(2) 颜色替换工具的原理是用前景色替换图像中指定的像素,因此使用时需选择好前景色。选择好前景色后,在图像中彩球上涂抹,即可将其替换为前景色,绘图模式选择颜色,取样选择连续,容差为 30%。如图 5-25 所示。

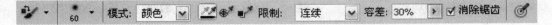

图 5-25 颜色替换画笔属性栏

(3) 选择不同的色彩,在图层上进行涂抹,以替换原来的颜色,替换颜色后的效果如图 5-26 所示。

图 5-26 替换颜色后的效果

颜色替换工具可以方便地用当前颜色替换图像中颜色,相当于选择"颜色"模式的画笔工具。如图 5-27 所示。

图 5-27 颜色替换属性栏

选择颜色替换工具,其属性栏相关参数含义如下:
☞ "取样"选项,选取下列选项之一:
(1) 连续:在拖移时对颜色连续取样。
(2) 一次:只替换第一次点按的颜色所在区域中的目标颜色。
(3) 背景色板:只抹除包含当前背景色的区域。
☞ "限制"选项,请选择下列选项之一:
(1) 不连续:替换出现在指针下任何位置的样本颜色。
(2) 邻近:替换与紧挨在指针下的颜色邻近的颜色。
(3) 查找边缘:替换包含样本颜色的相连区域,同时更好地保留形状边缘的锐化程度。
☞ 容差:输入一个百分比值(范围为 1~100)或者拖移滑块。选取较低的百分比可以替换与所点按像素非常相似的颜色,而增加该百分比可替换范围更广的颜色。
☞ 消除锯齿:要为所校正的区域定义平滑的边缘,请选择"消除锯齿"。

5.4.3 混合器画笔工具

混合器画笔工具是 CS5 新增的工具之一。它是较为专业的绘画工具,通过属性栏的设置可以调节笔触的颜色、潮湿度、混合颜色等,这些模拟了传统水彩或油画的绘制效果,随意地调节颜料色相、浓度、颜色混合等,可以绘制出更为自然和细腻的效果。如图 5-28 所示。

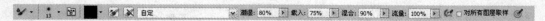

图 5-28 混合器画笔工具属性栏

5.5 图章工具复制图像和图案

图章工具包括仿制图章工具和图案图章工具,它们是 Photoshop 中非常重要的修饰工具。

5.5.1 仿制图章工具

【任务2】 使用仿制图章工具合成图片

(1) 打开素材图"女孩.jpg"和"背景.jpg"。如图 5-29、图 5-30 所示。

图 5-29 女孩素材

图 5-30 背景

(2) 使用图章工具,在女孩的脸部,按住"Alt"键定义仿制源,然后在背景图合适的位置进行复制,画笔大小根据画面情况进行增减,为使两个图能融合自然,选择柔边画笔。其他可以使用默认值。如图 5-31 所示。

仿制图章工具用于对图像的全部或部分内容进行复制,既可以在同一幅图像内部进行复制,也可以在不同图像之间进行复制。如图 5-32 所示。

该工具属性栏中主要选项的含义如下:

☞ 对齐:选中该复选框,在复制图像时,不论执行多少次操作,每次复制时都会以上次取样点的最终移动位置为起始,进行图像复制,以保持图像的连续性。否则在每次复制图像时,都会以第一次按"Alt"键取样时的位置为起点,进行图像复制,因而会造成图像的多重叠加效果。

图 5-31 合成图

☞ 对所有图层取样:选中该复选框,在取样时会作用于所有显示的图层,否则只对当前工作图层生效。

图 5-32 仿制图章画笔工具属性栏

5.5.2 运用图案图章工具复制图案

【任务3】 复制花纹图案

(1) 新建一个文件,使用自定形状工具,在形状库中使用装饰2图形,运用填充像素,前景色设为绿色(R:77,G:145,B:86),绘制图形如图5-33所示。

(2) 使用矩形选框工具,选择画好的装饰2图形,执行"菜单"/"编辑"/"定义图案"命令,把装饰2图形定义为花纹图案。如图5-34所示。

图5-33 装饰2图形

图5-34 定义图案

(3) 选择图案图章工具,在工具属性栏上的图案拾色器中,选择刚才定义好的图案"花纹"。如图5-35所示。

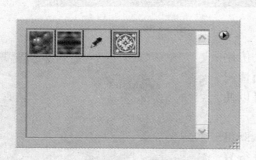

图5-35 图案拾色器

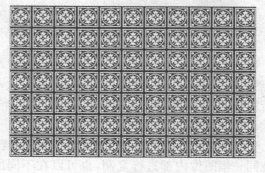

图5-36 图案绘制效果

(4) 在空白的文件中,设置合适的画笔大小,进行自由的涂抹,漂亮的图案即可绘制出来,如图5-36所示。

图案图章工具用于复制图案,在复制的过程中,可以绘制连续的图案。复制的图案可以是 Photoshop 提供的预设图案,也可以是自定义的图案,自定义图案时先用选择工具选择一块图形,然后执行"编辑"/"定义图案"命令,这样被选择的图形就被定义为一个图案基本形,图案图章工具中可以选择该图案基本形,进行图案的复制操作。如图5-37所示。

图5-37 图案图章工具属性栏

该工具属性栏中主要选项的含义如下:

☞ 图案选择窗口:点击图案选择窗口右侧的小三角形,打开图案选择面板,选择所需要的图案,还可载入添加其他自定义的图案。

☞ 对齐:与仿制图章工具相同,不选中该复选框时,进行多次复制操作会得到图像的重叠效果。

☞ 印象派效果:选中该复选框,可以得到经过艺术处理的图案图像效果。

5.5.3 "仿制源"面板

"仿制源"面板如图 5-38 所示,具有用于仿制图章工具或修复画笔工具的选项。可以设置五个不同的样本源并快速选择所需的样本源,而不用在每次更改为不同的样本源时重新取样;可以查看样本源的叠加,以便在特定位置仿制源;还可以缩放或旋转样本源以更好地匹配仿制目标的大小和方向。

☞ 定义仿制源:在"仿制源"面板中,单击"仿制源"按钮,并设置其他取样点。最多可以设置 5 个不同的取样源。"仿制源"面板将记住样本源,直到关闭所编辑的文档。

☞ 指定仿制源位移、使用仿制图章工具或修复画笔工具时,可以用样本源在目标图像中的任何位置进行绘制。叠加选项可将要绘制的区域可视化。不过如果在相对于取样点的特定位置进行绘制,可以指定 X 和 Y 像素位移。

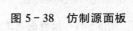
图 5-38 仿制源面板

☞ 缩放:在"仿制源"面板中,选择要使用的源并输入 W 和 H 百分比值,以确定要仿制的图像缩放比例。

☞ 旋转:在"仿制源"面板中,在角度栏中输入角度值,以确定要仿制的图像旋转角度。要改变反转源的方向(适用于类似于镜像功能),请单击"水平翻转"或"垂直翻转"按钮。

☞ 帧位移:在对帧中的内容取样并进行绘制之后移动到另一个帧,源帧将相对于初始取样的帧进行更改。可以锁定首先取样的源帧,或输入帧位移值以便将源更改为其他帧(相对于首先取样的帧)。

☞ 显示叠加:显示仿制源的叠加。

☞ 自动隐藏:在应用绘画描边时隐藏叠加。

☞ 已剪贴:叠加剪贴到画笔大小。

☞ 不透明度:设置叠加的不透明度。

☞ 混合模式:设置叠加的外观,请从"仿制源"面板底部的弹出式菜单中选择"正常"、"变暗"、"变亮"或"差值"混合模式。

☞ 反相:要反相叠加中的颜色。

5.6 修饰工具修饰图像

Photoshop 提供了功能强大的绘图工具,也提供了用于完善绘制和图像处理的修饰工具,主要有:污点修复画笔工具、修复画笔工具、修补工具和红眼工具。

【任务 4】 去除面部污点

(1) 打开素材图"修复画笔练习素材.jpg"。如图 5-39 所示。

(2) 使用污点修复画笔工具,选择略大于斑点的画笔大小,直接在斑点上点击,即可清除斑点。如图 5-40 所示。

(3) 使用修复画笔工具,按住"Alt"键,定义斑点周围的仿制源,在斑点上点击即可清除斑点。如图 5-41 所示。

图 5-39 修复画笔练习素材

图 5-40 使用污点修复画笔工具

（4）使用修补工具，在斑点周围画一个选区，然后在斑点周围拖曳，选择与之接近的皮肤色覆盖斑点，然后释放鼠标，即可清除斑点。如图 5-42 所示。以上几种修饰工具都可以用来修饰斑点，但工作原理不太一样，根据画面的实际情况选择合适的工具，消除斑点后的效果。如图 5-43 所示。

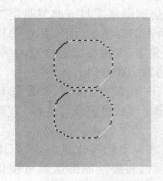

图 5-41　修复画笔工具　　　　图 5-42　使用修补工具　　　　图 5-43　完成后的效果

5.6.1　污点修复画笔工具

在使用污点修复画笔工具时。不需要定义取样点，只需要确定需要修复的图像位置，调整好画笔大小，移动鼠标就会在确定需要修复的位置自动匹配，所以在实际应用时比较实用，而且在操作时也非常简便。

选取工具箱中的污点修复画笔工具，其工具属性栏如图 5-44 所示。

图 5-44　污点修复画笔工具属性栏

该工具属性栏中主要选项的含义如下：

☞ 近似匹配：使用选区边缘周围的像素来查找要用作选定区域修补的图像区域。

☞ 创建纹理：使用选区中的所有像素创建一个用于修复该区域的纹理。

☞ 内容识别：自动识别选区的内容像素选择合适的像素进行修复。

5.6.2　修复画笔工具

修复画笔工具的工作原理是通过匹配样本图像和原图像的形状、光照和纹理，使样本像素和周围像素相融合，从而达到无缝、自然的修复效果。

选取工具箱中的修复画笔工具，其工具属性栏如图 5-45 所示。

图 5-45　修复画笔工具属性栏

该工具属性栏中主要选项的含义如下：

☞ 画笔：用于设置选择的画笔。

☞ 模式：用于设置色彩模式。

☞ 源：用于设置修复画笔工具复制图像的来源。选中"取样"单选按钮，表示在图像窗口中创建取样点；选中"图案"单选按钮，表示使用 Photoshop 提供的图案来取样。

☞ 对所有图层取样：选中该复选框，修复画笔工具将对当前所有可见图层生效；若取消选中该复选框，则只对当前工作图层生效。

修复画笔工具与仿制图章工具的操作方法相似，都是通过从图像取样来修复有缺陷的图像。

5.6.3 修补工具

通过运用修补工具，可以用其他区域或图案中的像素来修复选区内的图像。与修复画笔工具一样，修补工具会将样本像素的纹理、光照和阴影与源像素进行匹配。

选取工具箱中的修补工具，其工具属性栏如图5-46所示。

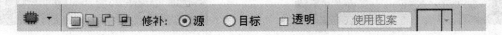

图5-46 修补工具属性栏

该工具属性栏中主要选项的含义如下：
☞ 源：选中该单选按钮，如果将源图像区域拖至目标区，则源区域的图像被目标区域图像覆盖。
☞ 目标：选中该单选按钮，表示将选定的区域作为目标区，用其覆盖其他区域。
☞ 使用图案：单击该按钮，将用选定图案覆盖选定的区域。

5.6.4 红眼工具

夜晚使用闪光灯直对人物眼睛进行拍摄时，可能会出现红眼现象，这是因为在光线较暗的环境中拍摄时，闪光灯使人眼的瞳孔瞬间放大，视网膜上的血管反射到底片上，从而产生红眼现象。此时可以通过Photoshop提供的红眼工具，轻松地将红眼移除。

红眼工具简单到只需要在眼睛上单击鼠标，即可修正红眼。使用该工具可以调整瞳孔大小和暗部数量。如图5-47所示。

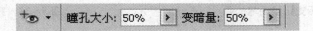

图5-47 红眼工具属性栏

5.7 历史记录工具

历史记录工具提供了两种画笔工具，分别是历史记录画笔工具和历史记录艺术画笔工具，与"历史记录"面板相比，历史记录工具的使用更加方便，而且具有画笔的性质。

【任务5】 历史记录工具画笔绘制艺术效果
(1) 打开素材图"历史记录画笔.jpg"。如图5-48所示。
(2) 使用"色相/饱和度"命令，如图5-49所示。改变整个图片的色相，把背景树叶调成红色枫叶的效果，如图5-50所示。
(3) 使用"滤镜"/"模糊"/"动感模糊"，把整个画面处理成动感的效果。如图5-51所示。

图5-48 历史记录画笔练习素材

图5-49 色相/饱和度面板

图5-50 调整色相

图5-51 使用动感模糊滤镜

（4）此时画面的整体色调已形成，但人物皮肤的颜色太偏紫，打开历史记录面板，点击第一步"打开"前的方格以设置历史记录画笔的源。如图5-52所示。

（5）根据画面情况，设置大小合适的柔边画笔，在人物上进行涂抹，涂抹到的局部即返回到文件打开时的状态，完成效果如图5-53所示。

图5-52 设置历史记录画笔的源

图5-53 完成效果图

5.7.1 运用历史记录画笔工具恢复图像

在绘图过程中，有时会需要制作特殊效果或者局部恢复图片，历史记录画笔工具即提供局部恢复图像的功能，结合"历史记录"面板能指定恢复到哪一步。使用历史记录画笔工具前，需要在"历史记录"面板上，在需要恢复的历史记录前点击来设置历史记录画笔的源，便可随意地将图像的某一部分或全部恢复至所定义的源。

选取工具箱中的历史记录画笔工具，其选项参数的设置方法与画笔工具相似。如图5-54所示。

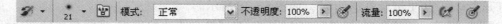

图5-54 历史记录画笔工具属性栏

5.7.2 运用历史记录艺术画笔恢复图像

历史记录艺术画笔工具的使用方法与历史记录画笔工具基本相同，只是在恢复图像的过程中，还可以选择艺术性笔刷对图像进行艺术处理。

选取工具箱中的历史记录艺术画笔工具，其属性栏如图5-55所示。

图5-55 历史记录艺术画笔工具属性栏

该工具属性栏中主要选项的含义如下：
☞ 样式：在该下拉列表中，Photoshop 提供了 10 种不同的艺术笔刷样式。
☞ 区域：用于调整历史记录艺术画笔工具所影响的范围，其数值越大，影响的范围越广。

5.8 橡皮擦工具

在 Photoshop 中，使用擦除工具可以除去图像的颜色或背景色。擦除工具有 3 个：橡皮擦工具、背景橡皮擦工具和魔术橡皮擦工具。

5.8.1 运用橡皮擦工具擦除图像

橡皮擦工具的功能就是擦除颜色，但擦除后的效果可能会因所在的图层不同而有所不同。当擦除的图层是"背景"图层时，擦除的区域将被背景色填充，若当前的图层是普通图层时，擦除的区域将呈透明区域。

选取工具箱中的橡皮擦工具，其工具属性栏如图 5-56 所示。

图 5-56 橡皮擦工具属性栏

该工具属性栏中主要选项的含义如下：
☞ 模式：用于选择橡皮擦的笔触类型，可选择"画笔"、"铅笔"和"块"3 种模式来擦除图像。
☞ 抹到历史记录：选中该复选框，橡皮擦工具就具有了历史记录画笔工具的功能，能够有选择性地恢复图像至某一历史记录状态，其操作方法与历史记录画笔工具相同。

> 提示：使用橡皮擦工具擦除图像时，若按住"Alt"键，可激活"抹到历史记录"功能，相当于选中该复选框。使用该功能可以恢复被误清除的图像。

5.8.2 运用背景橡皮擦工具擦除图像

背景橡皮擦工具是一种可以擦除指定颜色的擦除工具，这个指定的颜色叫标本色，使用背景橡皮擦工具可以进行选择性的擦除图像，并将擦除的内容变成透明。背景橡皮擦工具只擦除标本色区域，其擦除功能非常灵活，在一些情况下可以达到事半功倍的效果。如图 5-57 所示。

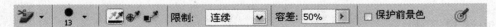

图 5-57 背景橡皮擦工具属性栏

背景橡皮擦工具的属性栏，其中包括"画笔"设置项、"限制"下拉列表、"容差"设置框、"保护前景色"复选框以及"取样"设置等。
☞ 画笔：用于选择形状。

☞ 取样：用于选择选取标本色的方式，有以下3种方式：

（1）"连续"：单击此按钮，擦除时会自动选择所擦除的颜色为标本色，此按钮用于抹去不同颜色的相邻范围。在擦除一种颜色时，背景橡皮擦工具不能超过这种颜色与其他颜色的边界而完全进入另一种颜色，因为这时已不再满足相邻范围这个条件。当背景橡皮擦工具完全进入另一种颜色时，标本色即随之变为当前颜色，也就是说，现在所在颜色的相邻范围为可擦除的范围。

（2）"一次"：单击此按钮，擦除时首先在要擦除的颜色上单击以选定标本色，这时标本色已固定，然后就可以在图像上擦除与标本色相同的颜色范围了。每次单击选定标本色只能做一次连续的擦除，如果想继续擦除，则必须重新单击选定标本色。

（3）"背景色板"：单击此按钮，也就是在擦除之前选定好背景色（即选定好标本色），然后就可以擦除与背景色相同的色彩范围了。

☞ "限制"下拉列表：用于选择背景橡皮擦工具的擦除界限，包括以下3个选项：

（1）"不连续"：在选定的色彩范围内，可以多次重复擦除。

（2）"连续"：在选定的色彩范围内，只可以进行一次擦除，也就是说，必须在选定的标本色内连续擦除。

（3）"查找边缘"：在擦除时，保持边界的锐度。

☞ 容差：可以输入数值或者拖动滑块来调节容差。数值越低，擦除的范围越接近标本色。大的容差会把其他颜色擦成半透明的效果。

☞ "保护前景色"复选框：用于保护前景色，使之不会被擦除。

在 Photoshop 中是不支持背景图层有透明部分的，而背景橡皮擦工具则可直接在背景图层上擦除，擦除后，Photoshop 会自动地把背景图层转换为一般图层。

5.8.3 运用魔术橡皮擦工具擦除图像

魔术橡皮擦工具的工作原理与魔棒工具相似，该工具可以擦除图像中颜色相同或相似的区域，被擦除的区域以透明方式来显示。

魔术橡皮擦工具的使用方法比较简单，只需在图像的任意位置处单击鼠标左键，即可将和该处颜色相似的图像擦除。如图 5-58 所示。

图 5-58 魔术橡皮擦工具属性栏

5.9 油漆桶工具和渐变工具

创建选区并设置好填充颜色或图案后，可以为选区填充颜色或图案，填充颜色的方式比较多，用户可以根据需要选择合适的填充方式，其中包括填充和描边命令、油漆桶工具和渐变工具。

5.9.1 油漆桶工具

油漆桶工具可以根据图像的颜色容差填充颜色或图案，是一种非常方便、快捷的填充方式。油漆桶工具填充的颜色是前景色，填充的图案可在属性栏上的图案选框中选择，也可填充颜色相近的区域，相近程度由属性栏上的容差值决定。

选取工具箱中的油漆桶工具,其工具属性栏如图 5-59 所示。

图 5-59 油漆桶工具属性栏

☞ 填充内容:使用前景色填充或使用图案进行填充。
☞ 图案选择器:当填充内容是图案时可用,可选择填充图案的不同样式。
☞ 模式:用于设置填充区域的颜色混合模式,其中包含多种混合模式。
☞ 不透明度:用于设置颜色或图案的透明度,数值越大,透明度越低。
☞ 容差:设置与单击处颜色相近程度,容差越大,填充的范围越大。
☞ 消除锯齿:选中"消除锯齿"选项时填充区域的边缘会更光滑。
☞ 连续的:勾选此项时,只填充当前鼠标单击点附近颜色相近的区域;取消此项,填充整个图像中相似颜色区域。
☞ 所有图层:勾选此项时,使用油漆桶工具填充颜色时,所有的图层相近颜色部分会被填充颜色或图案。

 提示 使用前景色填充选区,可以用快捷键"Alt + Delete",使用背景色填充选区,可以用快捷键"Ctrl + Delete"。

5.9.2 渐变工具

【任务6】 渐变工具绘制素描石膏几何形体
(1) 新建一个 12 cm×10 cm,分辨率为 300 像素/英寸的文件,首先使用椭圆选框工具,按住"Shift"键,画一个圆形选区。如图 5-60 所示。
(2) 使用渐变工具,在"渐变编辑器"中设置由灰到白的渐变色。如图 5-61 所示。

图 5-60 绘制圆形选区

图 5-61 设置渐变

(3) 使用径向渐变,用所设的渐变在圆形选区中拖曳,注意控制影调的分布,绘制出一个石膏球体。如图 5-62 所示。
(4) 再次打开"渐变编辑器",按照浅灰-白-浅灰-深灰-浅灰顺序设置渐变,如图 5-63 所示。在矩形选区中绘制出一个石膏圆柱体。如图 5-64 所示。

图 5-62 绘制球体

图 5-63 设置渐变

图 5-64 绘制圆柱体

(5) 使用椭圆选区工具绘制圆柱体顶部截面，使用渐变填充，再使用椭圆选区工具绘制底部圆，按"Shift"键增加选区，把要保留的柱体部分选中，然后按"Shift+Ctrl+I"键反选，按"Delete"键删除多余的部分。如图 5-65 所示。

(6) 使用矩形选区工具绘制一个矩形，用渐变填充，按"Ctrl+T"键变换，制作立方体的一个面。如图 5-66 所示。

(7) 用同样的方法制作其他几个面，注意色调的深浅变化，使用套索工具绘制投影，把投影图层模式设为正片叠底，用此方法为圆柱和圆球添加投影。如图 5-67 所示。

图 5-65 制作选区

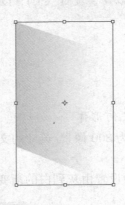
图 5-66 制作立方体

图 5-67 立方体效果图

(8) 使用图案褶皱填充桌面部分，在桌面图层上建立图层蒙版，使用从黑到白的渐变在蒙版进行绘制，使桌面前后有虚实的透视效果，最后统一调整画面，完成作品。如图 5-68 所示。

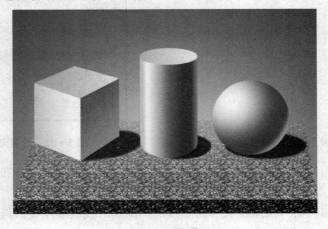
图 5-68 完成效果图

项目5 绘画与修饰

所谓渐变,是指多种颜色之间的一种混合过渡。在 Photoshop 中,可以创建5种不同的渐变类型,选取工具箱中的渐变工具,其工具属性栏如图 5-69 所示。

图 5-69 渐变工具属性栏

该工具属性栏中主要选项的含义如下:

☞ 渐变编辑:选择和编辑渐变的色彩。单击色彩渐变条会弹出"渐变编辑器"对话框,在"渐变编辑器"对话框中可以设置不同的渐变色彩,另外也可单击对话框右侧的按钮,弹出快捷菜单,在菜单的底部有多种渐变预设样式。用户可以单击选择需要添加的样式,弹出确定对话框,单击"确认"按钮,系统将用当前选择的样式替换当前渐变,单击"追加"按钮可以将渐变样式追加到面板上。

☞ 渐变方式:选择不同的方式进行渐变填充,就会得到不同的渐变效果,这在制作一些特殊效果时非常有效,渐变方式有5种,即①线性渐变:从起点到终点作直线形状的渐变;②径向渐变:渐变从起点到终点作发射形状的渐变;③角度渐变:从中心开始作一定角度的渐变;④对称渐变:从中心开始到两边的对称直线形状渐变;⑤菱形渐变:从中心开始作菱形渐变。

☞ 模式:设置渐变填充时的色彩混合方式。

☞ 不透明度:用于设置渐变时的不透明度。

☞ 反向:选中该复选框,可以将渐变色反转方向。

☞ 仿色:选中该复选框,可以添加颜色,使渐变过渡更加平顺。

☞ 透明区域:选中该复选框,可以得到透明效果。

单击工具属性栏中的"点按可编辑渐变"图标,弹出"渐变编辑器"对话框,可以在"预设"选项区中存储、载入渐变色,也可以通过单击渐变色控制条中的色标,在渐变色控制条的下方单击鼠标左键,可增加色标,并通过其下方的"颜色"选择按钮设置好渐变颜色。

5.10 其他图像修饰工具

在 Photoshop 中,可以使用模糊工具、锐化工具、涂抹工具和减淡工具、加深工具和海绵工具对图像的细节进行修饰。

【任务7】 使用图像修饰工具修饰照片

(1)打开素材图"减淡加深工具练习文件.jpg",照片上女孩的脸部由于拍摄曝光明显不足,色调太深,如图 5-70 所示。

(2)使用减淡工具,设置柔边画笔,在女孩脸部涂抹,逐渐提亮脸部,如图 5-71 所示。

(3)运用加深工具,设置柔边画笔,涂抹眼睛眉毛等深色部分,再使用锐化工具,提高人像部分的清晰度,完成图片的修饰,如图 5-72 所示。

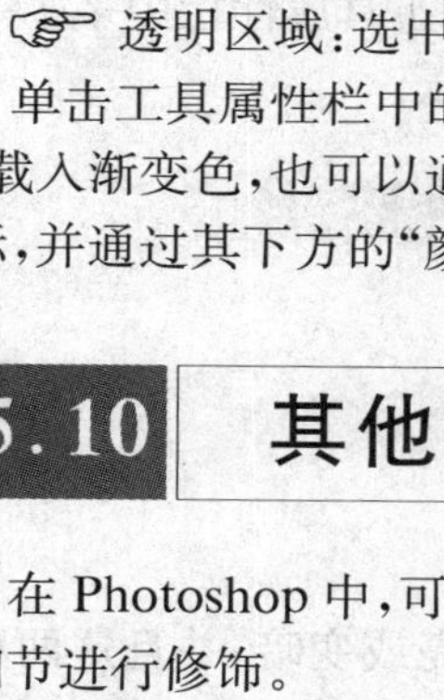

图 5-70 素材

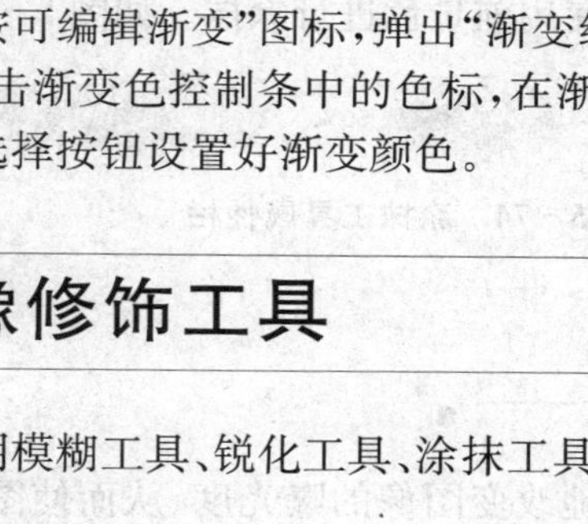

图 5-71 使用减淡工具

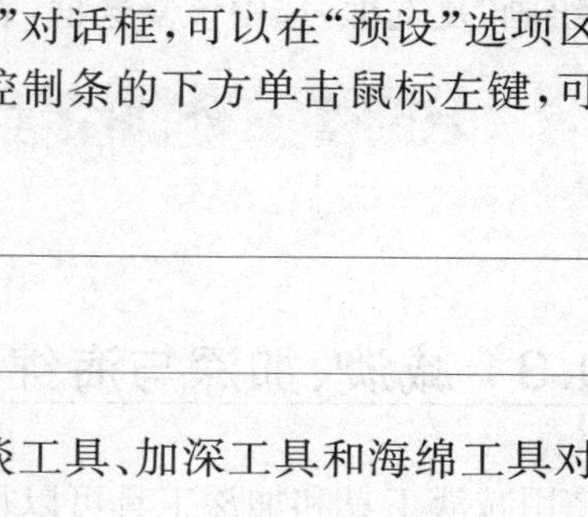

图 5-72 运用加深工具

5.10.1 模糊工具和锐化工具

模糊工具可以将突出的色彩打散，使得生硬的图像边界变得柔和，颜色过渡变得平缓，起到一种模糊图像的效果。锐化工具的功能和模糊工具的功能正好相反，它可使图像的色彩变强烈，使图像柔和的边界变得清晰。如图5-73所示。

图5-73 模糊工具属性栏

这两种工具的使用方法非常简单，首先在工具箱中选中该工具，并在其工具属性栏中选择合适的画笔，然后移动光标至图像窗口，在需要进行处理的图像处单击鼠标左键并拖曳即可。如果图像中存在选区，那么相应的操作仅影响选区中的图像。另外使用工具属性栏还可设置色彩混合模式、强度以及是否用于所有图层。

5.10.2 涂抹工具

涂抹工具可以制作出一种颜色被随意抹过的效果，可用来模拟绘画效果或制作毛发等肌理效果。涂抹工具的工具属性栏与模糊工具和锐化工具的属性栏基本相同，只是涂抹工具的工具属性栏中多了一个"手指绘画"复选框，选中该复选框，表示将使用前景色进行涂抹。如图5-74所示。

图5-74 涂抹工具属性栏

5.10.3 减淡、加深与海绵工具

使用减淡工具和加深工具可以很容易地改变图像的曝光度，从而使图像变亮或变暗，并且这两种工具的工具属性栏中的选项是相同的。使用海绵工具，可以调整图像的饱和度。和大多数工具一样，在使用这三个工具时，应当首先在工具属性栏中选择合适的画笔。此外，使用各自对应的工具属性栏还可以设置各工具的工作方式和特性。

选取工具箱中的减淡工具，其工具属性栏如图5-75所示。

图5-75 减淡工具属性栏

该工具属性栏中主要选项的含义如下：
☞ 阴影：选择该选项表示加深或减淡仅对图像暗部区域的像素起作用。
☞ 中间调：选择该选项表示加深或减淡仅对图像中间色调区域的像素起作用。
☞ 高光：选择该选项表示加深或减淡仅对图像亮度区域的像素起作用。

海绵工具属性栏与减淡工具的属性栏不同的是，没有"范围"选项，而是增加了"模式"选项。如图5-76所示。

图5-76 海绵工具属性栏

该工具属性栏中主要选项的含义如下：

☞ 去色：选择该选项，在图像中反复拖曳光标，可降低图像颜色的饱和度，使图像中的灰色调增加，不过对于灰度图像而言，其效果是增加图像的中灰度色调。

☞ 加色：选择该选项，在图像中反复拖曳光标，可提高图像颜色的饱和度，从而使图像更鲜艳，对于灰度图像而言，其效果是减少图像的中灰度色调。

5.11 回到项目工作环境

子项目一制作流程：

（1）新建一个 13 cm×15 cm，分辨率为 300 像素/英寸的文件，图像色彩模式为 RGB，背景为白色，命名为"苹果"，如图 5-77 所示。

（2）在"图层"面板上，新建图层 1，命名为"线稿"。

（3）使用铅笔工具，结合橡皮擦工具，绘制出大致的明暗关系，绘制线稿如图 5-78 所示。

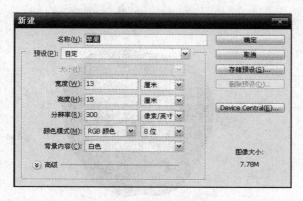

图 5-77 新建文件

图 5-78 绘制线稿

（4）使用画笔工具，新建一个图层，命名为"苹果"，绘制苹果的主要部分，前景色为（R：200，G：200，B：200）；新建一个图层，命名为"梗"，前景色为（R：150，G：150，B：150）。如图 5-79 所示。

（5）在"苹果"图层上方新建一个"明暗"图层，按住"Alt"键点击两个图层中间，创建剪切蒙版，在"明暗"图层上绘制基本的明暗效果。如图 5-80 所示。

图 5-79 填充基本颜色

图 5-80 绘制大体明暗关系

（6）用同样的方法绘制苹果梗，如图 5-81 所示。

(7) 大关系表现好了,在图层上方新建一个调整图层,使用曲线控制整个苹果的影调。如图5-82所示。

图5-81 绘制梗部大体明暗关系

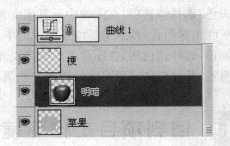

图5-82 建立曲线调整图层关系

(8) 显示所有图层,对苹果的明暗关系进行细微的绘制。如图5-83所示。

(9) 新建"颜色"图层,图层模式为"颜色",用柔边圆压力大小画笔,进行叠色绘制,注意绿色中寻找微妙的色相变化,亮部偏黄绿色,暗部偏青绿色,如果纯度不够,可以再次使用曲线命令,提亮明暗图层的影调。如图5-84所示。

图5-83 苹果的基本明暗影调

图5-84 苹果上色后效果

(10) 使用渐变工具,设置线性渐变,从深绿色(R:0,G:46,B:18)渐变到浅绿色(R:0,G:103,B:56),填充背景图层。如图5-85所示。

(11) 新建"阴影"图层,使用深绿色(R:0,G:35,B:13)绘制阴影,图层模式为正片叠底。如图5-86所示。

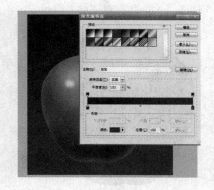

图5-85 渐变底色绘制

图5-86 阴影的绘制

(12) 新建"斑点"图层,使用散布画笔,色彩为淡黄色(R:52,G:162,B:67)绘制质感斑点,在该图层上建立蒙版,把离中心远的点处理虚一些。如图5-87所示。

（13）使用图层样式"斜面与浮雕"命令为斑点制作立体效果。如图 5-88 所示。

图 5-87 斑点的绘制

图 5-88 斑点的立体效果

（14）新建"水珠"图层，色彩为白色（R:255,G:255,B:255）绘制水珠，如图 5-89 所示。在该图层上建立蒙版，在蒙版上，把前景色设置为黑色，使用柔边圆压力大小画笔，绘制水珠的质感。如图 5-90 所示。

图 5-89 水珠的绘制

图 5-90 水珠的透明效果

（15）用同样的方法，在苹果的不同位置绘制几个水珠。如图 5-91 所示。

（16）在所有图层上方，增加曲线调整图层，控制整个画面的影调，完成插画的制作。如图 5-92 所示。

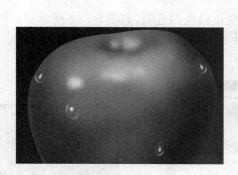

图 5-91 水珠的整体效果

图 5-92 最终效果图

子项目二制作流程：

（1）新建一个文件，命名为"图标"，尺寸为 5 cm×5 cm，分辨率为 300 像素/英寸，图像色彩模式为 RGB，背景为白色，如图 5-93 所示。

（2）在"图层"面板上，新建图层1，命名为"绿色渐变"。

（3）使用圆角矩形工具，选择填充"像素"，半径为 0.5 cm，绘制圆角矩形如图 5-94 所示。

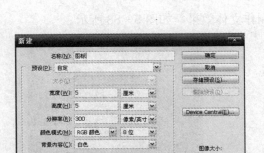

图5-93 新建图标文件　　　　　　　　　图5-94 绘制圆角矩形色块

（4）使用渐变工具，选择线性渐变，设置渐变从深绿色（R：0，G：13，B：45）到中绿色（R：0，G：100，B：60）再到浅绿色（R：15，G：236，B：19）。如图5-95所示。

（5）按住"Ctrl"键，点击图层面板上的缩览图标，载入圆角矩形的选区，在选区中用渐变工具进行填充，填充时按住"Shift"键保持垂直方向。如图5-96所示。

图5-95 设置渐变　　　　　　　　　图5-96 使用渐变填充圆角矩形

（6）在"图层"面板上，新建图层2，命名为"高光渐变"，用钢笔工具绘制高光路径，转为选区。如图5-97所示。

（7）设置高光渐变，渐变类型依然是线性渐变，渐变由白色到透明，如图5-98所示。

（8）使用渐变对高光选区进行填充，然后把该图层不透明度调到75%，减低高光的强度。如图5-99所示。

图5-97 绘制按钮高光　　　图5-98 设置渐变从白色到透明　　　图5-99 绘制按钮高光

(9) 新建图层,命名为"图标",使用钢笔工具绘制短信图标,然后"图层样式"选择投影。如图 5-100 所示。绘制投影的效果,如图 5-101 所示。

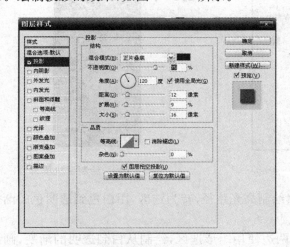

图 5-100　使用投影的图层样式　　　　　图 5-101　完成图标按钮

(10) 用同样的方法,画出其他几个图标。注意色彩要区分。如图 5-102 所示。

图 5-102　用同样的方法完成其他图标按钮

(11) 再新建一个文件,文件名为"手机",尺寸为 10 cm×19 cm,分辨率为 300 像素/英寸,图像色彩模式为 RGB,背景为白色,如图 5-103 所示。

(12) 新建一个图层,命名为"机身",使用圆角矩形工具,绘制一个黑色的矩形。如图 5-104 所示。

图 5-103　新建手机文件　　　　　图 5-104　使用圆角矩形绘制手机主体

(13) 使用矩形选择工具,绘制一个矩形选区,复制图层,命名为"凹凸图层",使用图层样式"斜面与浮雕",制作一个凹凸的样式。如图 5-105 所示。

(14) 使用魔术棒工具,选择中间的矩形,复制图层,命名为"屏幕",使用渐变填充。如图 5-106 所示。

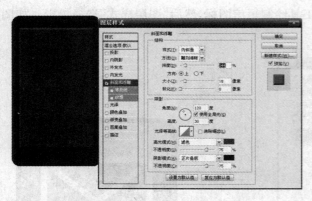

图 5-105　斜面与浮雕制作凹凸　　　　　　图 5-106　绘制手机屏幕

（15）新建图层，命名为"屏幕高光"，用钢笔工具绘制高光路径，转为选区，用白色到透明色的渐变填充。如图 5-107 所示。

（16）使用相同的方法在机身上绘制高光，并对两边使用矩形选区，绘制从白到透明的渐变，画出机身的立体效果。如图 5-108 所示。

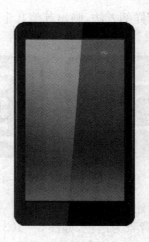

图 5-107　使用渐变绘制手机屏幕高光　　　　图 5-108　手机主体高光的绘制

（17）绘制听筒时，首先画两个圆，相交处用渐变填充。如图 5-109 所示。

（18）按住"Alt"键，复制两排，在图层下方，画出金属色彩的底色，使用斜面与浮雕制作出立体效果。如图 5-110 所示。

图 5-109　听筒网孔单元图形绘制　　　　　　图 5-110　听筒的绘制

（19）使用钢笔工具、文字工具制作其他图标，把 4 个之前做好的水晶图标拖曳过来，调整图层的次序，如图 5-111 所示。

（20）隐藏背景层，按"Ctrl+Shift+Alt+E"盖印整个手机，然后垂直翻转，放置到手机的下方，使用蒙版图层，在蒙版图层使用黑白色渐变，减低倒影的强度，如图 5-112 所示。

（21）显示背景图层，使用径向渐变，白色到淡灰色从中间渐变到边缘，最后使用调整图层整体再调整一下画面的密度，完成插画，如图 5-113 所示。

项目 5 绘画与修饰

图 5-111 手机主体完成图

图 5-112 制作手机的倒影

图 5-113 最终效果图

5.12 项目总结

训练内容：使用画笔工具和渐变工具绘制插画，为商业插画绘制打下基础。

训练目的：通过本项目的学习，让学生认识到插画绘制的基本方法，通过实例的练习培养学生利用画笔和渐变的基本使用方法，掌握描绘不同质感的能力。

技术要点：画笔和渐变的设置与使用。

常见问题：

（1）根据画面的需要，选择或载入合适的画笔，控制其模式、不透明度和流量等参数。

（2）把握画面的整体关系，物体的深入刻画要基于结构。

（3）掌握图层蒙版、调整图层、剪切蒙版的合理运用，蒙版图层在渐变中的合理运用。

（4）根据画面的需要，选择或载入合适的渐变，选择合适的渐变类型及色彩等参数。

（5）准确表现水晶质感，金属质感、玻璃质感等。

1. 填空题

（1）放大和缩小画笔工具的快捷键分别是_____、_____。

（2）渐变工具提供了五种渐变类型，分别是_____、_____、_____、_____和_____。

（3）Photoshop 提供了用于完善绘制和图像处理的修饰工具，主要有_____、_____、_____、_____。

2. 选择题

（1）在 Photoshop 拾色器中，可以使用哪几种颜色模式选取颜色？_____
    A. HSB 颜色模式 B. RGB 颜色模式 C. CMYK 颜色模式 D. Lab 颜色模式

（2）橡皮擦工具主要有哪几种模式选择？_____
    A. 画笔   B. 面   C. 块   D. 铅笔

(3) 画笔颜色抖动设定主要有哪几种选项？ _____
    A. 色相抖动　　　B. 饱和度抖动　　　C. 亮度抖动　　　D. 纯度

3. 操作题

(1) 使用画笔等工具绘制项目一。

(2) 绘制如图 5-114 所示的图形。

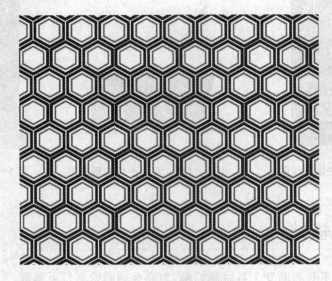

图 5-114　效果图

项目 6　矢量工具

项目目标

通过本项目的学习,使学生了解矢量工具的使用方法,能够利用矢量工具来绘制特殊形状,并利用路径的填充、描边以及路径的转换成选区方法来进行图像绘制。

项目要点

◇ 路径与锚点
◇ 钢笔工具
◇ 路径选择工具
◇ 矩形工具

6.1　项目导入：绘制卡通画

项目需求：为幼儿园绘制一幅卡通画(图6-1),这张卡通画的主要作用是可以让儿童感受卡通艺术的表现魅力,帮助儿童提高观察生活的能力,增添幽默和智慧,丰富儿童的精神世界。

图6-1　卡通画完成图

引导问题：通过了解和掌握路径的创建、路径的编辑和修改形状工具、描边路径与填充路径、路径与选区的相互转换、形状图层等,来完成项目制作。

6.2 认识路径与锚点

6.2.1 路径的概念

路径是 Photoshop 中的重要工具,可用于选取图形、绘制图形和去除背景等,用路径可以精确、弹性地处理图像,适合用于不规则选区的选择,特别是复杂的细节部分,这些是选区工具组难以完成的。

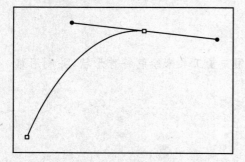

图 6-2 贝塞尔曲线

什么是路径？路径是一种矢量工具,也可以称为贝塞尔曲线。贝塞尔曲线是由 3 点组合定义而成的,其中一个点在曲线上,另外两个点在控制手柄上,拖动这 3 个点可以改变曲度和方向,如图 6-2 所示。贝塞尔曲线可以是直线,也可以是曲线。路径是作为选择的辅助工具而设的。路径可以是封闭的,也可以是开放的,都可以填充颜色。路径还可以由多条独立的子路径组成。图 6-2 中锚点是两个小方块,空心方块和实心方块,实心方块表示当前正在编辑的锚点。

6.2.2 "路径"面板

"路径"面板上显示了图像中现存的路径,可以使用"路径"面板上的各种功能来完成一些路径编辑任务,例如创建、隐藏、复制和删除路径等,还可以描边、填充路径,将路径转换为选区编辑等,如图 6-3 所示。

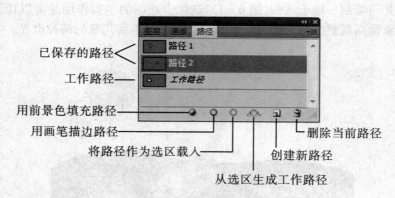

图 6-3 路径面板说明

"路径"面板中包括了编辑路径的基本命令,这些命令是以快捷按钮的方式排列于"图层"面板中,想要了解路径就要先熟悉"路径"面板。

6.2.3 工作路径

工作路径就是没有保存起来的路径。在未创建新路径时,使用钢笔工具绘制路径,路径存在的默认方式就是工作路径,如图 6-4 所示。工作路径是不稳定的,当工作路径未处于激活状态而使用钢笔工具创建路径时,上次的工作路径就会被新的路径所取代。当选区转换为路

图 6-4 工作路径面板

径时,所生成的路径也为工作路径,但要注意的是工作路径不能生成剪贴路径。

6.2.4 存储路径

将当前工作路径进行存储,可以单击"路径"面板右上角的三角形扩展按钮,在弹出的菜单中选择"存储路径",弹出的"存储路径"对话框如图6-5所示,在对话框中输入路径名称后单击"确定"按钮,即可存储当前的工作路径,存储后得到的路径如图6-6所示。

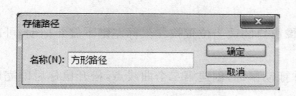

图6-5 存储路径对话框

图6-6 路径面板

6.2.5 路径的创建

创建路径的主要工具是钢笔工具,它的使用方法如下:

在工具箱中选择钢笔工具,能够激活"钢笔工具"属性栏,如图6-7所示。

图6-7 钢笔工具选项栏

☞ 形状图层：该选项能使用路径创建工具在图像中创建一个新的形状图层。

☞ 路径：该选项能使用路径创建工具绘制出工作路径。

☞ 填充像素：该选项只有在选择形状工具组中工具的情况下,才可以使用。使用该选项时,它既不产生形状图层,也不产生路径,而是在当前图层中创建一个由前景色填充的像素区域。

6.3 钢笔工具绘图

6.3.1 钢笔工具的使用

钢笔工具是一个工具组,按住"钢笔工具"按钮,将会显示如图6-8所示的工具列表。

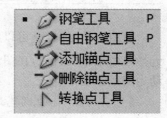

图6-8 钢笔工具组

【任务1】 绘制直线路径

(1) 选择钢笔工具,在图像窗口的适当位置单击第一点,作为路径的起点,如图6-9(a)所示。

(2) 接着到所需路径的另一位置处再次点击,即可在两点之间创建一条直线路径,如图6-9(b)所示。

(3) 重复上一步操作,直到回到路径的起始处,让终点和起始点重合,完成操作,如图6-9(c)所示。

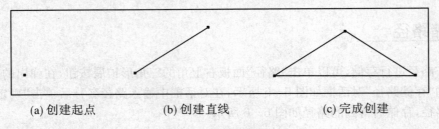

(a) 创建起点　　　　(b) 创建直线　　　　(c) 完成创建

图6-9　绘制直线路径

【任务2】　绘制曲线路径

(1) 选择钢笔工具,创建路径起始点,在图像窗口的适当位置按住鼠标左键不放并拖动,可以拖出一条控制柄,如图6-10(a)所示。

(2) 接着到所需路径的另一位置处再次点击并拖动鼠标,创建第二个曲线点,松开鼠标后即完成两点间曲线路径的创建,如图6-10(b)所示。

(3) 重复上一步操作,可以创建一条由多条曲线段构成的曲线路径,直至终点与起点重合,如图6-10(c)所示。

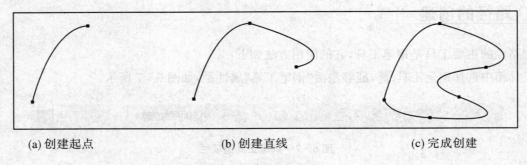

(a) 创建起点　　　　(b) 创建直线　　　　(c) 完成创建

图6-10　绘制曲线路径

(1) 在使用钢笔工具创建路径时,按住"Shift"键,可以在水平、垂直、45°方向创建路径线;按"Delete"键,可以删除最近创建的一条路径线段。

(2) 如果需要创建的路径并不需要闭合,可以按住"Ctrl"键单击图像的空白处,就可创建不闭合路径线段。

6.3.2　自由钢笔工具的使用

自由钢笔工具可以用来绘制比较随意的路径。它的使用方法和前面学过的套索工具比较相似,选择自由钢笔工具后,在图像窗口中单击并拖动鼠标即可沿光标移动的轨迹绘制路径,Photoshop会自动为路径添加锚点。

【任务3】　自由钢笔工具绘制波浪线

(1) 选择自由钢笔工具,创建路径起始点。

(2) 直接按住鼠标左键在图像窗口中按照需要的路线拖动,就可以产生路径,如图6-11所示。

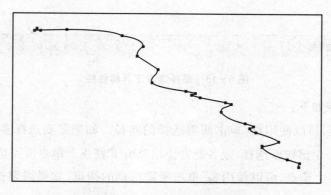

图 6-11 自由钢笔工具的使用

【任务4】 磁性钢笔工具的使用

选择自由钢笔工具 ,在工具选项栏中选中 磁性的 选项,可将自由钢笔工具转换为磁性钢笔工具。磁性钢笔与磁性套索工具的使用方法相似。在使用时,只需在对象边缘单击,然后沿对象边缘拖动即可创建路径,如图 6-12 所示。

图 6-12 磁性钢笔工具的使用

知识链接

在绘制时,可按下"Delete"键删除锚点,双击鼠标左键则可以关闭路径。

6.4 路径编辑

了解路径的创建方法后,要想使用路径绘制出需要的图像效果,必须对路径的编辑方法进行了解,包括添加锚点、删除锚点、转换锚点属性等操作。

6.4.1 选择路径

使用路径选择工具 和直接选择工具 ,可以对路径进行编辑修改。

选中路径选择工具后,可激活工具栏属性,如图 6-13 所示,而直接选择工具则没有工具栏属性选项。

图 6-13　路径选择工具属性栏

选择路径的操作步骤如下：

(1) 选择某一条路径，可以使用 单击所需选择的路径。如果需要选择多条路径，可以在选择 的情况下使用鼠标拖出一个虚线框选择，或者配合使用"Shift"键逐个单击所需选择路径。

(2) 选择路径上的某个锚点，可以使用 单击所需选择的锚点，如果需要选择多个，则可以在选择 的情况下使用鼠标拖出一个虚线框选择，或者配合使用"Shift"键逐个单击所需选择锚点。

6.4.2　路径的移动、复制和删除操作

路径选择工具和直接选择工具是非常重要的路径编辑工具，在选择状态下，可以进行路径的移动、复制和删除等操作。

将路径上的所有锚点全部选中，然后拖动路径到新的位置就可实现路径的移动。

在选中路径的情况下，按下"Alt"键，鼠标指针旁出现"+"，拖动路径就可以实现路径的复制。

删除路径的话，只要选中路径，直接按下"Delete"键，就可以删除路径了。

6.4.3　路径的调整

使用直接选择工具选择已经绘好的路径上的锚点，就可以对路径进行调整了。路径调整包括：

(1) 移动选择的锚点，如图 6-14 所示。

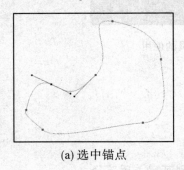
(a) 选中锚点

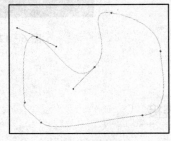
(b) 移动锚点

图 6-14　移动选择的锚点

(2) 移动线段，如图 6-15 所示。

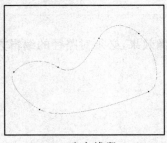
(a) 选中线段

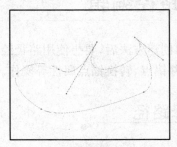
(b) 移动线段

图 6-15　移动选择的线段

(3) 移动方向线，如图6-16所示。

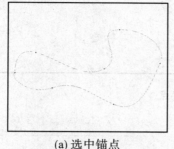
(a) 选中锚点

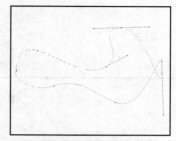
(b) 移动方向线

图6-16 移动方向线

6.4.4 添加锚点工具与删除锚点工具

添加锚点工具：在选中路径后，将光标放置在路径上单击，可以添加锚点，如图6-17所示。

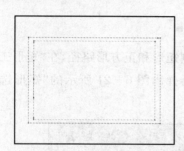
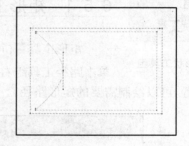

图6-17 添加锚点

删除锚点工具：主要用于对已经创建的路径上的锚点进行删除操作，单击路径上的任意一个锚点，即可将该锚点删除。如图6-18所示。

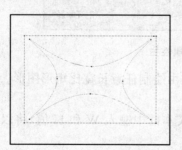
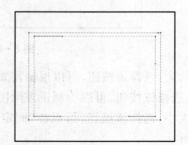

图6-18 删除锚点

6.4.5 转换点工具

使用工具箱中的转换点工具，可以改变路径中锚点的类型，使用转换点工具单击路径上任意锚点，可以直接转换该锚点的类型为直角点；使用转换点工具在路径的任意锚点上单击并拖动鼠标，可以转换该锚点的类型为平滑点。如图6-19所示。

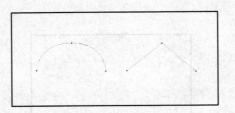 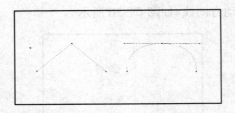

图 6-19 使用转换点

6.5 形状工具

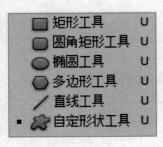

图 6-20 形状工具组

使用形状工具可以绘制出不同的形状,在对应的选项栏中可以对不同的形状工具参数进行设置,通过设置不同的参数可以绘制出不同的效果。按住工具箱中的"形状工具"按钮 不放,就会弹出图 6-20 所示的工具组列表。

6.5.1 矩形工具

矩形工具 可以用来绘制矩形和正方形路径,在"矩形工具"属性栏中,单击路径工具组右侧的按钮,会弹出图 6-21 所示的"矩形选项"对话框,对其进行参数设置,可以绘制需要的矩形路径。

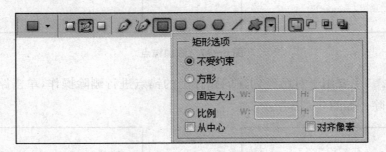

图 6-21 矩形工具属性栏

☞ 不受约束:选择该按钮,可以根据需要拖动鼠标自由绘制任意长宽比矩形图形。

☞ 方形:选择该按钮,可以绘制正方形图形。

☞ 固定大小:选择该按钮,可以在"固定大小"后的文本框中输入 W 和 H 值,将以设置的 W 和 H 值绘制矩形图形。

☞ 比例:选择该按钮,可以在"比例"后的文本框中输入 W 和 H 值,将以设置的 W 和 H 值绘制矩形图形。

☞ 从中心:选择该复选框,创建矩形时,鼠标在画面中的单击点即为矩形的中心,拖动鼠标时矩形将由中心向外扩展。

☞ 对齐像素:选择该复选框,矩形的边缘与像素的边缘重合,图像的边缘不会出现锯齿;取消该复选框,矩形边缘会出现模糊的像素。

6.5.2 圆角矩形工具

圆角矩形工具 用来绘制带有圆角矩形路径,其使用方法及选项设置都与矩形工具相同,只是在选

项目6 矢量工具　221

项中多了一个"半径"选项,其属性栏如图6-22所示,"半径"选项用来设置圆角半径,该数值越大,圆角就越大。

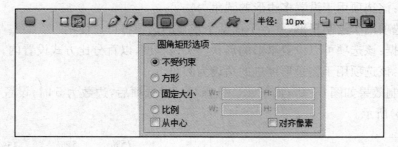

图6-22　圆角矩形工具属性栏

6.5.3　椭圆工具

椭圆工具是用来绘制椭圆形和圆形路径的工具,选择该工具后,单击并拖动鼠标可以绘制椭圆形;按住"Shift"键拖动则可以绘制圆形。

椭圆工具选项及绘制方法与矩形工具基本相同,可以绘制不受约束的椭圆或圆形路径,也可以绘制固定大小和固定比例的圆形路径,选择"椭圆选项"中的"圆(绘制直径或半径)"按钮,可以用绘制直径或半径的方式绘制圆形路径,其工具属性栏如图6-23所示。

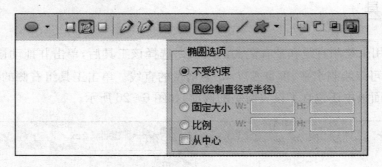

图6-23　椭圆工具属性栏

6.5.4　多边形工具

多边形工具用来绘制多边形和星形路径的工具。选择该工具后,首先在工具选项栏中设置多边形或星形的边数,范围为3~100。单击工具组右侧的按钮,可以设置多边形的选项,其工具属性栏如图6-24所示。

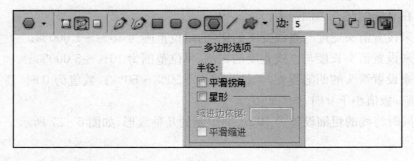

图6-24　多边形工具属性栏

☞ 半径：用于设置多边形外接圆的半径。设置好半径数值后，会按照设置的固定尺寸绘制多边形图形路径。

☞ 平滑拐角：该选项用于设置多边形的圆角。

☞ 星形：该选项用于绘制星形，并且下面两个灰显的选项将可以使用。

☞ 缩进边依据：该选项可以设置星形的形状与尖锐程度，以百分比方式设置内、外径比例。

☞ 平滑缩进：该选项用于将星形缩进的角设为圆角。

多边形工具绘制效果如图6-25(a)所示。选择"星形"选项后，边数为5时，设置各种选项时的绘制效果，如图6-25(b)所示。

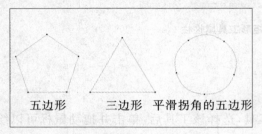

(a) 多边形绘制效果

(b) 星形绘制的效果

图6-25　多边形工具绘制工具

6.5.5　直线工具

直线工具 是用来绘制直线和带有箭头的线段。选择该工具后，单击并拖动鼠标可以绘制直线或线段，按住"Shift"键可以绘制水平、垂直或以45°为增量的直线。单击工具组右侧的按钮，可以设置直线粗细的选项，其下拉面板中还包含了设置箭头的选项，如图6-26所示。

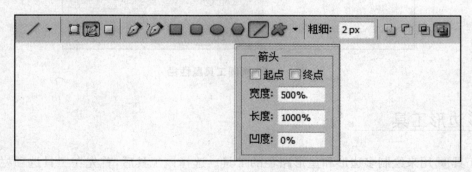

图6-26　直线工具属性栏

☞ 起点：可在直线的起点添加箭头。

☞ 终点：可在直线的终点添加箭头。

☞ 宽度：用来设置箭头宽度与直线宽度的比例，单位范围为10%~1 000%。

☞ 长度：用来设置箭头长度与直线宽度的比例，单位范围为10%~5 000%。

☞ 凹度：用来设置箭头的凹陷程度，单位范围为-50%~50%。数值为0时，箭头尾部平齐；数值大于0时，向内凹陷；数值小于0时，向外凸出。

使用该工具，同时将线的粗细设置为10 px时绘制的几种线形，如图6-27所示。

项目6 矢量工具

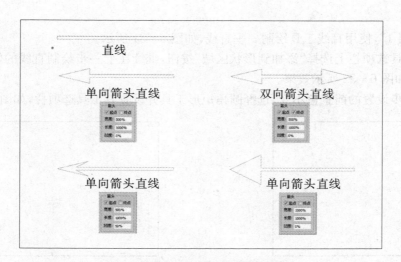

图6-27 直线工具绘制的几种线形

6.5.6 自定形状工具

自定形状工具中包含了很多常用的路径形状,可以通过"形状"下拉列表框进行选择,如图6-28所示,然后使用与其他形状工具相同的方法绘制出所需路径。如果要保持形状的比例,可以按住"Shift"键绘制图形。

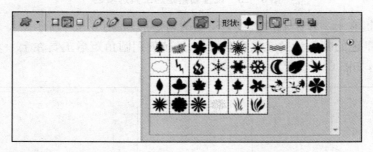

图6-28 自定形状工具选项栏

默认情况下,形状下拉列表面板中只包含了少量的形状,而Photoshop提供的其他形状需要载入才能使用。单击形状下拉面板右上角的三角按钮,打开面板菜单。菜单的底部显示了Photoshop所有预设形状库名称。选择一个形状库后,会弹出提示对话框,单击"确定",载入的形状将替换面板中的原有形状;如果选择加载全部形状,那么形状库中的所有形状都会在面板中显示出来。

【任务5】 制作视觉图像艺术画

(1)按"Ctrl+N"键新建一个文件,在弹出的对话框中分别设置宽度和高度数值为1 000像素、750像素,分辨率为72像素/英寸,颜色模式为8位RGB模式,背景内容为白色,单击"确定"按钮退出对话框即可,如图6-29所示。

(2)设置前景色为橘黄色,选择直线工具并设置其工具选项栏,如图6-30所示。

图6-29 新建文件

图6-30 直线工具栏属性设置

(3) 新建"图层1",使用直线工具绘制一垂直线,如图6-31所示。

(4) 在直线工具选项栏上选择"添加到形状区域"按钮,继续在上一步绘制直线的位置绘制水平和垂直直线,直至得到如图6-32所示效果。

(5) 保持上一步设置的前景色不变,选择圆角矩形工具并设置其工具选项栏,如图6-33所示。

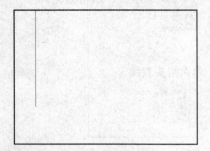 

图6-31 使用直线工具绘制垂直线　　　图6-32 使用直线工具绘制水平线和垂直线

图6-33 设置圆角矩形工具选项栏

(6) 按住"Shift"键在上一步绘制的直线上绘制圆角矩形,如图6-34所示。

(7) 分别设置前景色的颜色为橘红色和深红色,继续使用圆角矩形工具在上一步绘制的圆角矩形内部绘制两个圆角矩形,如图6-35所示。

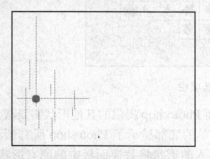 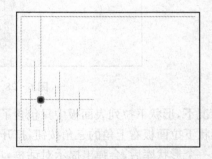

图6-34 使用圆角矩形工具绘制圆角矩形　　　图6-35 使用圆角矩形工具绘制两个圆角矩形

(8) 选择椭圆工具并设置其工具选项,如图6-36所示。

(9) 分别设置前景色的颜色为橘红色和深红色,按照绘制圆角矩形的方法绘制多个正圆,如图6-37所示。

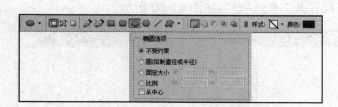 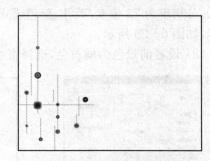

图6-36 设置椭圆工具选项　　　图6-37 使用圆角矩形工具绘制多个正圆

（10）选择自定形状工具并设置其工具选项栏，如图 6-38 所示。使用自定形状工具在图像中单击鼠标右键，在弹出的形状列表中单击右上角的三角按钮。在弹出的对话框中单击"追加"按钮即可。

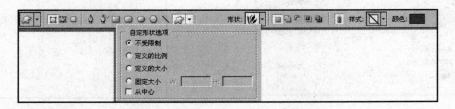

图 6-38 设置自定形状工具选项栏

（11）使用自定形状工具在图像中单击右键，在弹出的形状列表中选择形状。设置前景色的颜色为橘红色，在图像中间处绘制如图 6-39 所示形状。

（12）设置前景色的颜色为橘黄色，再次使用自定形状工具在图像中单击右键，在弹出的形状列表中选择形状，在上一步绘制的形状上进行绘制，得到如图 6-40 所示的最终效果，这样一幅视觉图像艺术画就完成了。

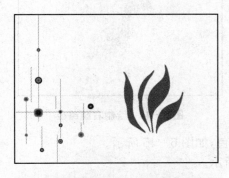

图 6-39 使用自定形状工具绘制图形

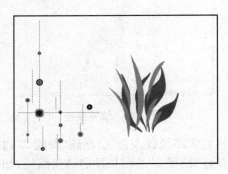

图 6-40 效果图

知识链接

在自定形状工具选项栏中单击形状右侧的样本缩览图，即可弹出形状列表，默认情况下的自定形状较少，用户可以通过单击形状列表右上角的三角按钮，在弹出的菜单下方选择"全部"命令，在弹出的对话框中单击"确定"按钮即可。

6.6 回到项目工作环境

项目制作流程：

（1）执行"文件"/"新建"命令，弹出"新建"对话框，选择默认设置，如图 6-41 所示。

（2）在路径面板中，选择新建按钮，新建"路径 1"，选择钢笔工具，在新建的文件中绘制路径，并使用直接选择工具、添加锚点工具、删除锚点工具以及转换点工具对路径轮廓进行调整，调整后的效果如图 6-42 所示。

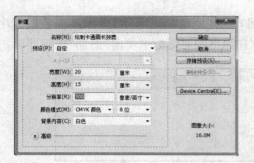
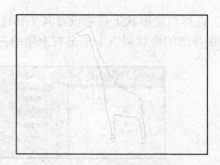

图 6-41 新建文件对话框　　　　图 6-42 绘制长颈鹿身体路径

（3）将路径载入选区，新建"图层 1"选择橘黄色为选区填充颜色，如图 6-43 所示。
（4）接着绘制右腿路径，如图 6-44 所示。

图 6-43 填充路径　　　　图 6-44 绘制右腿路径

（5）将右腿路径载入选区，新建"图层 2"，并填充橘红色，如图 6-45 所示。
（6）新建"路径 3"绘制长颈鹿犄角路径，如图 6-46 所示。

图 6-45 填充右腿　　　　图 6-46 绘制犄角路径

（7）将犄角路径载入选区，新建"图层 3"，为其填充颜色，如图 6-47 所示。
（8）运用相同的方法绘制出长颈鹿的耳朵，如图 6-48 所示。

图 6-47 填充犄角　　　　图 6-48 填充耳朵

(9) 使用钢笔工具在长颈鹿身体上绘制斑点路径,如图 6-49 所示。

(10) 接着填充斑点路径,如图 6-50 所示。

图 6-49 绘制斑点路径

图 6-50 填充斑点

(11) 使用椭圆工具绘制出长颈鹿的眼睛,如图 6-51 所示。

(12) 使用钢笔工具绘制出长颈鹿的尾巴并填充,长颈鹿卡通画就完成了,如图 6-52 所示。

图 6-51 绘制眼睛

图 6-52 绘制尾巴

(13) 接着使用前面学过的矢量工具,为长颈鹿卡通画绘制背景,最终效果如图 6-53 所示。

图 6-53 长颈鹿绘制完成

6.7 项目总结

训练内容：熟练掌握矢量工具组的使用方法，制作儿童卡通画。
训练目的：通过本项目的学习，掌握矢量工具的各种操作。
技术要点：在 Photoshop 中，当选择工具无法处理一些非常细节的内容时，矢量工具可以很好地解决这些问题。
常见问题：形状图层、路径和填充像素之间的区别，路径与选区的相互转换等。

1. 填空题

(1) _____ 是 Photoshop 提供的一种通过矢量画图的方法绘制形状并进行图像区域选择的方法。
(2) 使用 _____ 可以在路径上添加和减少锚点。

2. 选择题

(1) Photoshop 中若将当前使用的钢笔工具切换为选择工具，须按住 _____ 键。
　　A. Ctrl　　　　B. Shift　　　　C. Alt　　　　D. Ctrl + Shift
(2) Photoshop 中存在一个圆形选区的情况下，按"Alt"键单击路径调板上的"从选区建立工作路径"按钮，并在弹出的对话框中输入数值 _____ ，得到的路径节点相对最少。
　　A. 0.5　　　　B. 1　　　　C. 2　　　　D. 3
(3) Photoshop 中按住 _____ 键可保证椭圆工具绘出的是正圆形路径。
　　A. Shift　　　　B. Alt　　　　C. Ctrl　　　　D. Tab

3. 操作题

(1) 学会使用矢量工具的创建、修改等工具，熟练地使用这些矢量工具绘制卡通风景画。
(2) 制作出如图 6-54 所示的效果。

图 6-54　绘制卡通风景画

项目 7　蒙　　版

通过本项目的学习，了解什么是蒙版，掌握多种蒙版的添加方法、编辑及应用。在对蒙版进行编辑时，进行更加复杂、细致的操作和控制，从而制作出更为理想的图像效果。

◇ 快速蒙版
◇ 矢量蒙版
◇ 剪贴蒙版
◇ 图层蒙版

7.1　项目导入：制作时尚插画

项目需求：按照摄影公司要求，制作一个创意视觉图像的作品项目（图7-1），要求有一定创意，且面向低龄儿童。

图7-1　视觉创意图像

引导问题：掌握快速蒙版、矢量蒙版、剪贴蒙版和图层蒙版的使用及具体操作方法。本项目中使用了小孩、鲨鱼、建筑等素材图片，通过使用蒙版工具把这些不同的图片元素搭配在一起，形成一幅非常有创意的视觉图像作品。

7.2 蒙版

7.2.1 蒙版的概念

蒙版是 Photoshop CS5 中的一个重要概念，使用蒙版可以保护图层，使该图层不被编辑。蒙版可以隐藏或显示图层区域内的部分内容。通过对蒙版进行编辑，可以使图层产生各种显示效果，而不会影响该图层上的原有图像。

7.2.2 快速蒙版

快速蒙版是一种临时的蒙版，它不能被重复使用。建立快速蒙版的方法非常简单，打开一个图像文件，在图像中需要编辑的部分使用选择工具创建一个选区，如图7-2所示，在工具箱中单击最下面的"以快速蒙版模式编辑"按钮，会在所选择对象以外的区域蒙上一层半透明的红色，如图7-3所示，同时"通道"面板增加了一个快速蒙版的通道，如图7-4所示。可以使用绘图工具（画笔、橡皮擦工具等）对蒙版进行编辑。

双击工具箱中的"以快速蒙版模式编辑"按钮，可以打开"快速蒙版选项"对话框，如图7-5所示。色彩指示：有两个选项，分别是"被蒙版区域"和"所选区域"。选择"被蒙版区域"，表示被蒙版区域有色彩覆盖；选择"所选区域"，表示所选区域有色彩覆盖。

图7-2 创建选区

图7-3 快速蒙版效果

图7-4 快速蒙版通道

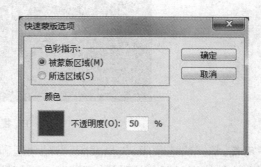

图7-5 快速蒙版选项对话框

☞ 颜色：表示用来覆盖的是什么颜色，系统默认为红色，可以单击颜色下面的色块设置成自定义颜色。

☞ 不透明度：表示覆盖区域色彩的不透明度，同样可以根据自己的需要进行修改。蒙版的颜色和不透明度只影响快速蒙版的外观,对其下面的区域保护没有任何影响。

> **提示** 如需要结束快速蒙版,单击工具箱最下面的"以标准模式编辑"按钮,退出快速蒙版,则蒙版转化为选区。

7.3 矢量蒙版

7.3.1 创建矢量蒙版

矢量蒙版是由钢笔工具或形状工具创建的蒙版,它通过路径和矢量形状来控制图像的显示区域,可以任意缩放。

创建矢量蒙版,选中图层后,单击"蒙版"面板中的"添加矢量蒙版"图标,然后使用钢笔工具或形状工具在图层中绘制形状,如图7-6、图7-7所示。

图7-6 创建矢量蒙版前

图7-7 创建矢量蒙版后

路径创建矢量蒙版,在当前选中的图层中执行"图层"/"矢量蒙版"/"当前路径"命令,可以为图像创建一个空白的矢量蒙版,然后在蒙版中创建路径。

7.3.2 编辑矢量蒙版

【任务1】 创建并编辑矢量蒙版
(1) 在 Photoshop CS5 中打开图像文件,并按"Ctrl+J"键复制背景图层,如图7-8所示。
(2) 在"图层"面板中选择"背景"图层,为其填充白色;将图层1选择为当前图层,如图7-9所示。

图7-8 打开图像并复制背景图层

图7-9 调整图层

(3) 单击"蒙版"面板中的"添加矢量蒙版"按钮,选择工具箱中的钢笔工具绘制形状,创建矢量蒙版,如图 7-10 所示。

(4) 执行"编辑"菜单中的"变换路径"/"变形"命令,调整矢量蒙版效果,调整完成后,按回车键结束,如图 7-11 所示。

图 7-10 创建矢量蒙版　　　　　　　　　　图 7-11 变形蒙版

(5) 在"蒙版"面板中,设置浓度数值为 100%,羽化数值为 65 像素,调整蒙版效果,如图 7-12 所示。

图 7-12 调整蒙版效果

在"图层"面板中,选择要编辑的矢量蒙版图层,单击"蒙版"面板中的"选择矢量蒙版"按钮,或单击"路径"面板中的路径缩略图。选中矢量蒙版,然后使用形状、钢笔或直接选择工具更改矢量蒙版形状、设置矢量蒙版参数。

单击"图层"面板中的矢量蒙版缩览图,选择"编辑"/"变换路径"命令子菜单中的命令,可以对矢量蒙版进行各种变换操作。矢量蒙版的变换方法与图像的变换方法相同。由于矢量蒙版是基于矢量对象的蒙版,它与分辨率无关。因此,在进行变换和变形操作时不会产生锯齿。

7.4 剪贴蒙版

剪贴蒙版是一种非常特殊的蒙版,它使用一个图像的形状限制其上层图像的显示范围。剪贴蒙版可以通过一个图层控制多个图层的显示区域,但它们必须是连续的。剪贴蒙版主要由两部分组成:基层和内容层。

7.4.1 创建剪贴蒙版

在剪贴蒙版中,基底图层位于整个剪贴蒙版的底部,上面的图层为内容图层。基底图层名称下带有下划线,内容图层的缩览图是缩进的,并带有剪贴蒙版图标,如图7-13所示。

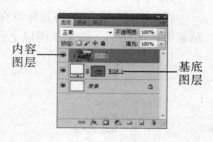

图7-13 剪贴蒙版

在"图层"面板当中,执行"图层"/"创建剪贴蒙版"命令,或在要应用剪贴蒙版的图层上单击鼠标右键,在弹出的菜单中选择"创建剪贴蒙版"命令,或按住"Alt"键,将光标放在"图层"面板中分隔两组图层的线上,然后单击鼠标也可以创建剪贴蒙版,如图7-14所示。

图7-14 创建剪贴蒙版

7.4.2 设置剪贴蒙版的不透明度和混合模式

剪贴蒙版使用基底图层的不透明度和混合模式属性。在调整基底图层的不透明度和混合模式时,可以控制整个剪贴蒙版的不透明度和混合模式,如图7-15所示。

调整内容图层的不透明度和混合模式,仅仅对该图层产生作用,不会影响到剪贴蒙版中其他图层的不透明度和混合模式,如图7-16所示。

图7-15 调整基底图层　　　　　　　　图7-16 调整内容图层

7.4.3 释放剪贴蒙版

释放剪贴蒙版主要有以下三种方法:

（1）选择需要释放剪贴蒙版的内容层，单击鼠标右键，在弹出的菜单中执行"释放剪贴蒙版"命令，完成释放。

（2）执行"图层"/"释放剪贴蒙版"命令，完成释放。

（3）按住"Alt"键，将光标放在剪贴蒙版中两个图层之间的分隔线上，然后单击鼠标左键可以释放剪贴蒙版中的图层。如果该图层上面还有其他内容图层，则这些图层也会同时释放，如图7-17所示。

图7-17 释放剪贴蒙版

7.5 图层蒙版

图层蒙版是图像处理中最为常用的蒙版，主要用来显示或隐藏图层的部分内容，在编辑的同时能够保留图像不因编辑而破坏。

图层蒙版中的白色区域可以遮盖下面图层中的内容，只显示当前图层中的图像；黑色区域可以遮盖当前图层中的图像，只显示出下面图层中的内容；灰色区域会根据其灰度值使当前图层中的图像呈现出不同层次的透明效果。

7.5.1 创建图层蒙版

在创建图层蒙版时，首先需要确定是要隐藏还是显示所有图层，也可以在创建蒙版之前建立选区，通过选区使创建的图层蒙版自动隐藏部分图层内容。

在"图层"面板中选择需要添加蒙版的图层后通过三种方法创建图层蒙版：鼠标左键点击面板底部的"添加图层蒙版"按钮 创建图层蒙版；执行"图层"/"图层蒙版"/"显示全部"命令创建图层蒙版；"隐藏全部"命令即可创建图层蒙版。

【任务2】 制作宝宝电子相框

（1）打开两张素材图像文件，如图7-18所示。

（2）选择素材2宝宝照片，在"图层"面板单击右上角面板菜单按钮，在弹出的菜单中选择"复制图层"命令,在打开的"复制图层"对话框的"文档"下拉列表中选择图像文件"2.jpg",然后单击"确定"按钮,如图7-19所示。

图7-18 打开图像文件

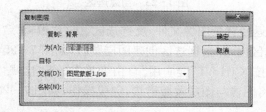

图7-19 复制图层

(3) 选择图像文件1,按"Ctrl+T"键应用"自由变换"命令缩小并调整图像位置,如图7-20所示。

(4) 选中"背景副本"图层,点击图层面板下方的"添加图层蒙版"按钮,为图层添加图层蒙版。选中工具箱中的画笔工具,设置好画笔直径大小,在选项栏中设置不透明度数值为30%,然后使用画笔工具,在图像蒙版中进行绘制,最终完成效果如图7-21所示。

图7-20 调整图像大小　　　　　图7-21 使用画笔工具完成绘制

【任务3】 从选区创建图层蒙版

(1) 打开两张图像文件(背景图片和花盆图片)。如图7-22所示。

图7-22 打开图像文件

(2) 选中背景图像文件,使用魔棒工具,设置容差值为10,然后单击白色背景区域,如图7-23所示。

(3) 选择花盆图像文件,按"Ctrl+A"键选择全部图像,并复制图像,如图7-24所示。

图7-23 创建选区

图7-24 复制图像

(4) 返回背景图像文件,反选选区,执行"编辑"/"选择性粘贴"/"贴入"命令,将复制的花盆图像文件贴入到选区内,并根据选区创建图层蒙版,如图7-25所示。

(5) 按"Ctrl+T"键应用"自由变换"命令缩小贴入图像的大小,然后执行"图层"/"图层蒙版"/"链接"命令将图像与图层蒙版链接,完成操作,如图7-26所示。

图7-25 贴入图像

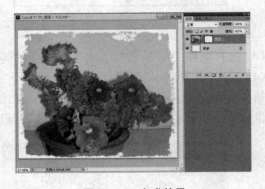
图7-26 完成效果

知识链接

☞ 复制、移动图层蒙版:按住"Alt"键将一个图层的蒙版拖至另一个图层上,可以将蒙版复制到目标图层。如果直接将蒙版拖至另一个图层,则可以将蒙版转移到目标图层上,源图层将取消蒙版。

☞ 链接、取消链接蒙版:创建图层蒙版后,蒙版缩览图和图像缩览图中间有一个链接图标,该图标表示蒙版与图像处于链接状态。在进行变换操作时,蒙版会与图像一起变换。执行"图层"/"图层蒙版"/"取消链接"命令,或单击链接图标,可以取消链接;取消链接后,可以单独变换图像,也可以单独变换蒙版。要重新链接蒙版,通过执行"图层"/"图层蒙版"/"链接"命令,或再次单击链接图标的位置。

7.5.2 编辑图层蒙版

图层蒙版的编辑主要通过执行图层蒙版的快捷菜单命令来实现的,对图层蒙版进行停用、删除、应用、添加图层蒙版到选区等操作。右键点击图层蒙版的缩览图,打开图层蒙版快捷菜单,如图7-27所示。单击某个命令或执行相对应的快捷键,可以实现图层蒙版的编辑。

☞"停用图层蒙版"命令:通过停用图层蒙版,隐藏蒙版效果的显示,还原图像的原始效果。再次执行该命令,又将启用图层蒙版。

☞"删除图层蒙版"命令:可以清除当前图层的图层蒙版,或选择图层蒙版缩览图后将其拖动至"删除图层"按钮上,在打开的信息提示框中单击"应用"按钮,将图层蒙版应用到图层中,或直接点击"删除"按钮删除该蒙版。

☞"应用图层蒙版"命令:将图层蒙版应用到图像中,同时删除该图层蒙版。

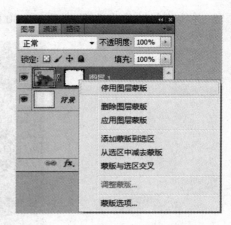

图 7-27 图层蒙版快捷菜单

☞"添加蒙版到选区"命令:将图层蒙版作为选区载入,可按住"Ctrl"键单击图层蒙版的缩览图。

☞"从选区中减去蒙版"命令:从当前选区中减去图层蒙版的选区。当图像中没有选区时,单击该命令实现图层蒙版选区的反向。

☞"蒙版与选区交叉"命令:将当前创建的选区与图层蒙版的选区相交,保留相交部分而删除不相交的选区部分。

☞"调整蒙版"命令:可以打开"调整蒙版"对话框调整蒙版效果,其操作方法与调整选区方法类似,如图 7-28 所示。

☞"蒙版选项"命令:可以打开"图层蒙版显示选项"对话框,设置蒙版显示的颜色以及不透明度的百分比,如图 7-29 所示。

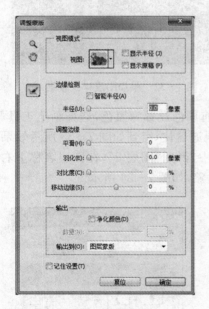

图 7-28 调整蒙版对话框

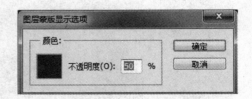

图 7-29 图层蒙版显示选项对话框

7.6 回到项目工作环境

项目制作流程:

(1) 打开图像文件"1.tif",选择钢笔工具,激活工具选项栏上的"路径"按钮,沿门的内边缘绘制路径,并将路径转化为选区,如图7-30所示。

图7-30　打开图像文件制作选区

(2) 按"Ctrl+J"键复制选区内图像得到"图层1",单击"添加图层样式"按钮,在弹出的图层样式菜单中选择"混合选项"命令,选择"斜面和浮雕"选项,设置如图7-31所示,确认后得到的效果如图7-32所示。

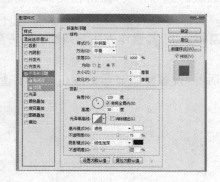

图7-31　图层样式设置

图7-32　添加图层样式效果

(3) 单击"添加图层蒙版"按钮,为"图层1"添加蒙版,将前景色设置为黑色,选择画笔工具并使用适当的画笔直径在蒙版上涂抹,将门框右边部分的图层样式效果遮盖住,得到如图7-33所示效果。

(4) 打开图像文件"2.jpg",使用移动工具将其拖至文件中,得到"图层2",在图层名称上右击,在弹出的菜单中选择"转化为智能对象",将"图层2"转化为智能对象,如图7-34所示。

图7-33　添加蒙版效果

图7-34　转化为智能对象

(5) 使用"Ctrl+T"快捷键调出自由变换控制框,调整图片大小,如图7-35所示,按回车键确认。

(6) 按住"Ctrl"键点击"图层1"的图层缩览图载入选区,选择"图层2",单击"添加图层蒙版"按钮,为

"图层2"添加蒙版,得到如图7-36所示效果。

图7-35 调整图片大小

图7-36 添加蒙版后的状态

(7) 单击"新的填充或调整图层"按钮,在弹出的菜单执行"色相/饱和度"命令,弹出的对话框设置如图7-37所示,确认后按"Ctrl+Alt+G"键创建剪贴蒙版,得到如图7-38所示效果,同时得到图层"色相/饱和度1"。

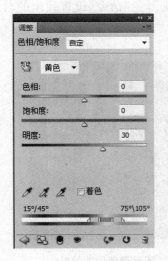

图7-37 "色相/饱和度"调整

图7-38 创建剪贴蒙版后效果

(8) 选择"图层2",执行"滤镜"/"模糊"/"高斯模糊"命令,在弹出的对话框中设置参数为1,确认后得到效果如图7-39所示。

(9) 选择图层最顶层,打开"3.jpg"图像文件,使用移动工具将其拖至文件中并调整其大小、位置,如图7-40所示。

图7-39 设置高斯模糊

图7-40 调整图像文件

（10）选择钢笔工具，激活工具选项栏上的"路径"按钮，在图中沿儿童的外轮廓绘制路径。并将路径转化为选区，然后点击"添加图层蒙版"按钮，为"图层3"添加蒙版，得到如图7-41所示的效果。

图7-41 添加蒙版效果

（11）接着选择"图层3"的图层缩览图，执行"图像"/"调整"/"匹配颜色"命令，设置弹出的对话框如图7-42所示，最后完成的效果如图7-43所示。

图7-42 匹配颜色对话框　　　　　　　　图7-43 匹配颜色后的效果

（12）新建"图层4"，将其拖至"图层3"下方，将前景色设置为黑色，选择画笔工具，设置适当的大小在儿童的脚步绘制阴影，如图7-44所示，然后设置图层混合模式为正片叠底，图层的不透明度为60%，最后得到如图7-45所示效果。

图7-44 绘制阴影　　　　　　　　图7-45 调整阴影

（13）打开图像文件"4.tif"，将其拖入到图像文件中，得到"图层5"，并将其拖至图层最顶层，使用自由变换控制框，调整鱼的大小和位置，如图7-46所示，并使用"匹配颜色"命令，弹出对话框设置如图7-47所示。

图7-46 调整图像大小及位置

图7-47 设置匹配颜色对话框

（14）最多得到如图7-48所示效果。将图像文件"5.tif"调入文件中，并调整其大小及位置，如图7-49所示，并使用"匹配颜色"命令，弹出对话框设置如图7-50所示，最后得到如图7-51所示效果。

图7-48 设置颜色后的效果

图7-49 调整图像大小及位置

图7-50 设置匹配颜色对话框

图7-51 最终效果

7.7 项目总结

训练内容：熟练掌握 Photoshop CS5 中蒙版的使用，会熟练使用快速蒙版和图层蒙版等进行创意广告设计。

训练目的：通过本项目的学习，了解蒙版的概念和主要用途；学会各种蒙版的创建和操作（直接添加图层蒙版、利用选区添加蒙版、使用"粘贴入"命令添加蒙版等）。

技术要点：学会快速蒙版的使用、图层蒙版和矢量蒙版的创建与操作。

常见问题：什么是蒙版？蒙版的主要用途是什么？

1. 填空题

(1) 在 Photoshop CS5 中，蒙版主要有_____、_____、_____和_____4 种。

(2) 剪贴蒙版主要由两部分组成，分别是基层和_____。

2. 选择题

(1) 使图像进入快速蒙版状态，可以按_____键。

  A. Q   B. T   C. A   D. F

(2) 以下哪种方法不能为图层添加图层蒙版？_____

  A. 在图层调板中，单击图层蒙版图标

  B. 选择 Layer/Remove Layer Mask（移去图层蒙版）命令

  C. 选择 Layer/Add Layer Mask（添加图层蒙版）/Reveal All（显示全部）命令

  D. 选择 Layer/Add Layer Mask（添加图层蒙版）/Hide All（隐藏全部）命令

(3) 对于一个已具有图层蒙版的图层而言，如果再次单击添加蒙版按钮，则下列哪一项能够正确描述操作结果？_____

  A. 无任何结果

  B. 将为当前图层增加一个图层剪贴路径蒙版

  C. 为当前图层增加一个与第一个蒙版相同的蒙版，从而使当前图层具有两个蒙版

  D. 删除当前图层蒙版

3. 操作题

用所给的两张素材图片，要求制作过程中使用蒙版工具，最终完成作品，完成效果如图 7-52 所示。

图 7-52 快乐的童年作品

项目 8　通　　道

　项目目标

通过项目学习,使读者了解通道的基本概念,掌握颜色通道、专色通道、Alpha 通道的编辑及应用。掌握使用通道对复杂图像的选取操作,以及使用通道对图像的编辑。

　项目要点

◇ 理解通道以及通道面板
◇ 颜色通道编辑、分离与合并
◇ 专色通道编辑与合并
◇ Alpha 通道创建与编辑

8.1　项目导入:复杂人像的选取

项目需求:本项目是影楼按照客户要求制作一个儿童相册合成图,要求突出孩子纯真、可爱的风格。最终效果图如图 8-1 所示。

引导问题:分为 4 个步骤制作,首先选择人物与背景反差较大的通道,使用计算命令得到一个新的通道;其次使用曲线调整工具,调整该通道的反差;再次使用画笔工具,在通道中把脸部等灰色区域涂成黑色;最后载入该通道的选区,用移动工具移动到准备好的背景上,再根据画面需要,整体调整色调、影调。

图 8-1　儿童相册合成图

8.2　通道简介

通道是 Photoshop 中重要的概念之一,在 Photoshop 中包含 3 种类型的通道,即颜色通道、Alpha 通道和专色通道。颜色通道保存了图像的颜色信息,Alpha 通道用来保存选区,专色通道用来存储专色。通道与选区可以相互转化,通过编辑单个通道可以得到一些特殊的视觉效果。

8.2.1　认识通道

当打开一个图像时,"通道"面板中会自动创建该图像的颜色信息通道。在图像窗口中看到的彩色图像是复合通道的图像,它是由所有颜色通道组合的结果,观察"通道"面板可以看到,此时所有的颜色通道都处于激活状态。

这些不同的通道保存了图像的不同颜色信息。如在 RGB 模式下的图像:"红"通道保存了图像红色像素的分布信息。"蓝"通道保存了图像中蓝色像素的分布信息,正是由于这些原色通道的存在,所有的通道合成在一起时,才会得到具有彩色效果的图像。

8.2.2 了解通道的类型和作用

1. 颜色通道

颜色通道用于保存图像的颜色信息,也称为原色通道。打开一幅图像,Photoshop 会自动创建相应的颜色通道,所创建的颜色通道的数量取决于图像的颜色模式,而非图层的数量。

颜色通道记录所有打印和显示颜色的信息,这些通道的名称与图像的模式相对应,RGB 模式的图像包含红、绿、蓝 3 个通道;CMYK 模式的图像包含青色、品红、黄色和黑色 4 个通道,如图 8-2 所示;Lab 模式的图像包含明度、a、b 3 个通道。所以在绘制、编辑图像或对图像进行色彩调整、应用滤镜时,实际上是在改变颜色通道中的信息。一般在对图像进行校色处理时,直接从通道列表中选择所需的颜色通道进行操作。如图 8-3 所示。

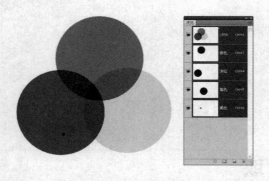
图 8-2　CMYK 色彩模式的通道面板

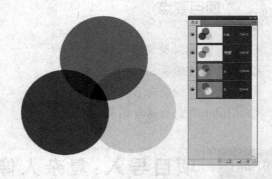
图 8-3　Lab 色彩模式的通道面板

在一幅图像中像素点的颜色就是通过这些颜色模式中的原色信息来进行描述的。所有像素点所包含的某一种原色信息便构成了一个颜色通道。比如,在 CMYK 模式下的 4 个单色通道就相当于四色印刷中的四色胶片,将这四色胶片分别输出,也就是印刷领域中俗称的"出片"。

2. Alpha 通道

Alpha 通道用于创建和存储选区。在图像编辑中经常制作一个选区,将来可能还要再次使用它,这时就需要执行"选择"/"存储选区"命令,将这个选区作为永久的 Alpha 选区通道保存起来。当再次需要使用这个选区时,可以执行"选择"/"载入选区"命令,即可调出通道表示的选择区域,或者按住"Ctrl"键,单击通道上的缩览图即可载入选区,十分方便。

Alpha 通道是一个 8 位的灰度图像,可以使用绘图和修图工具进行各种编辑,也可使用滤镜进行各种处理,从而得到各种复杂的效果。如图 8-4 所示。

3. 专色通道

在一些高档的印刷品制作时,往往需要在四种原色油墨之外加印一些其他颜色(如金色、银色等),这些加印的颜色就是"专色"。印刷时每一种专色油墨都对应着一块印版,为了准确地印刷色彩或印制如烫金、压凹凸等特殊效果时,需要定义相应专色通道,以存放专色油墨的浓度、印刷范围等信息。如图 8-5 所示。

总结通道在图像处理中的作用,大致可归纳为以下几个方面:

(1) 使用通道可以存储、制作精确的选区,以及对选区进行各种处理。

(2) 若把通道看成由原色组成的图像,可使用图像菜单的调整命令对单色通道进行色阶、曲线和色相/饱和度的调整。

(3) 使用滤镜对单色通道(包括 Alpha 通道)进行各种处理,可以改善图像的品质或创建复杂的艺术效果。

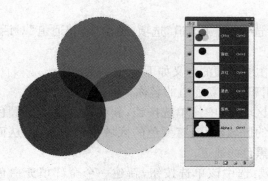
图 8-4　选区与 Alpha 通道相互转换

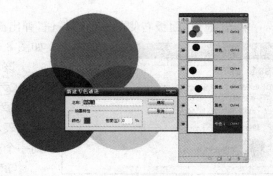
图 8-5　新建专色通道

8.2.3　通道面板

执行"窗口"/"通道"命令,弹出"通道"面板。如图 8-6 所示。

该面板中各组成部分的含义如下:

☞ 通道可视性:用于控制各通道的显示隐藏状态,具体操作方法与"图层"面板中的相同。

☞ 缩览图:用于预览各通道的内容。

☞ 通道快捷键:各通道右侧显示的"Ctrl+～"、"Ctrl+1"、"Ctrl+2"和"Ctrl+3"为快捷键,按相应的快捷键,即可选中所需要的通道。

☞ 当前工作通道:也可以称为当前活动通道,当前工作通道将以蓝色显示,若要将某一通道设为当前工作通道,只需要单击该通道的名称或按相应的快捷键即可。

☞ 将通道作为选区载入:单击该按钮,可将当前工作通道中的内容转换为选区。若将某一通道拖曳至该按钮处,则可直接将通道载入为选区。

☞ 将选区存储为通道:单击该按钮,可以将当前图像中创建的选区转换成为一个蒙版,并保存至新创建的 Alpha 通道。该功能与"选择"/"存储选区"命令的功能相同,只不过前者更加快捷而已。

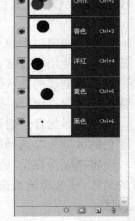
图 8-6　通道面板

☞ 创建新通道:单击该按钮,可以快速创建一个新通道。在 Photoshop 中,最多允许有 24 个通道,其中包括各单色通道和主通道。

通道调板中左侧的显示图标控制主图像窗口中的显示内容,在显示图标上单击就可以切换开关状态。高亮显示的通道是可以进行编辑的激活通道。单击通道名称可以激活这个通道;如果想同时激活多个通道,可以按住"Shift"键单击这些通道的名称。同时点亮图像中所有颜色通道与任何一个 Alpha 选区通道的显示图标,会看到一种类似于快速蒙版的状态,选区保持透明,而选区外的区域则被一种具有透明度的蒙版颜色所覆盖,可以直观地区分出 Alpha 选区通道所表示选择区的范围。

8.3　通道编辑

与"图层"面板一样,"通道"面板用于创建并管理通道。使用它可以创建新通道,保存选区至通道、复制和删除通道,以及分离和合并通道。

8.3.1 新建通道

单击"通道"面板右侧的三角形按钮,弹出面板菜单,选择"新建通道"选项,弹出"新建通道"对话框。如图8-7所示。

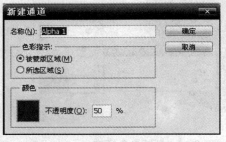

图8-7 新建通道

该对话框中主要选项的含义如下:
- 名称:用于设置新通道的名称。
- 被蒙版区域:选中该单选按钮,新建的通道中有颜色的区域表示为屏蔽的区域,而没有颜色的区域为选区范围,从而得到一个全部填充黑色的通道。
- 所选区域:选中该单选按钮,新建一个全部填充白色的通道。
- 颜色:用于设置显示蒙版的颜色,系统默认为半透明的红色。

蒙版颜色用于区分屏蔽区域与非屏蔽区域,在"通道"面板中,若同时显示复合颜色通道,则可以在图像窗口中看到用颜色指示的通道蒙版。

8.3.2 保存选区至通道

在图像窗口中建立的选区是临时性的,一旦建立新的选区,原来的选区将不复存在。因此对于一些需要重复使用的选区,需要将其保存至通道。

要将创建的选区保存至通道,可单击"通道"面板底部的"将选区存储为通道"按钮,即可快速地将创建的选区保存至"通道"面板中。

将选区保存至通道,实际上是将选区转换为蒙版,然后以8位灰度图的形式保存至通道。蒙版中有颜色的区域为非选择区域,白色区域为选择区域,灰色区域为羽化区域。

将选区保存至"通道"面板后,当需要使用时,只需按住"Ctrl"键的同时,在"通道"面板中单击该通道的名称,或选择该通道后,单击面板底部的"将通道作为选区载入"按钮,即可快速地载入保存的通道为选区。

8.3.3 复制和删除通道

复制和删除通道的操作与复制和删除图层的操作相同。如图8-8所示。

1. 复制通道

复制通道的操作方法有3种,分别如下:

(1) 在"通道"面板中选择需要复制的通道,单击面板右侧的三角形按钮,在弹出的面板菜单中选择"复制通道"选项,弹出"复制通道"对话框,单击"确定"按钮,即可完成复制操作。

(2) 选择需要复制的通道,直接将其拖曳至"通道"面板底部的"创建新通道"按钮,即可快速地复制所选择的通道。

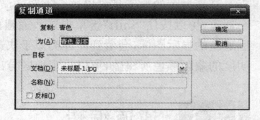

图8-8 复制通道面板

(3) 在"通道"面板中选择需要复制的通道,并在该通道的位置处单击鼠标右键,在弹出的快捷菜单中选择"复制通道"选项,然后在弹出的"复制通道"对话框中设置好相应的选项,单击"确定"按钮,即可完成复制操作。

2. 删除通道

删除通道的操作方法有几种,分别如下:

(1) 在"通道"面板中选择需要删除的通道,单击面板右侧的三角形按钮,在弹出的面板菜单中选择"删除通道"选项即可。

(2) 选择需要删除的通道,直接将其拖曳至"通道"面板底部的"删除当前通道"按钮处即可。

(3) 选择需要删除的通道,按住"Alt"键的同时,单击"通道"面板底部的"删除当前通道"按钮,此时将弹出一个提示框,单击"是"按钮,即可删除所选择的通道。

(4) 在"通道"面板中选择需要删除的通道,并在该通道的位置处单击鼠标右键,在弹出的快捷菜单中选择"删除通道"选项。

提示
如果删除的不是 Alpha 通道,而是颜色通道,则图像将转为多通道颜色模式,图像颜色也将发生变化。如图 8-9 所示。

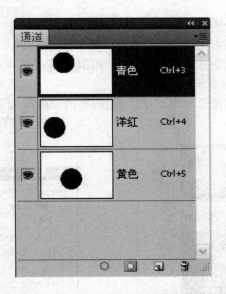

图 8-9 CMYK 通道删除黑色通道

8.3.4 分离和合并通道

当编辑的图像是 CMYK 或 RGB 模式,单击"通道"面板右侧的三角形按钮,在弹出的面板菜单中选择"分离通道"选项,此时系统自动将每个通道独立地分离为单个文件并关闭原文件。打开的图像分离通道后的效果,就像是分为四色印刷的独立菲林片一样。如果图像中有专色或 Alpha 选区通道时,生成的灰度文件会更多,多出的文件会以专色通道或 Alpha 选区通道的名称来命名。

对于分离通道产生的文件,在未改变这些文件尺寸的情况下,可以单击"通道"面板右侧的三角形按钮,在弹出的面板菜单中选择"合并通道"选项,此时将弹出"合并通道"对话框,单击"模式"右侧的下拉式菜单,在弹出的下拉式列表中选择所需要合并的模式,单击"确定"按钮,此时将弹出相应的对话框。在每个通道名称的下拉菜单中选择作为该通道图像的名称,单击"确定"按钮,即可将分离的通道图像合并为最初选择的模式图像。如图 8-10、图 8-11 所示。

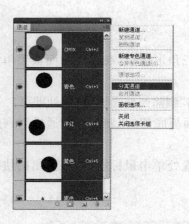
图8-10 分离通道

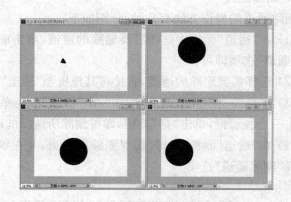
图8-11 分离通道后的文件

8.4 应用图像与计算

【任务1】 使用应用图像命令把照片调成正片负冲的效果

(1) 打开素材图"应用图像练习文件.jpg",如图8-12所示。

(2) 使用应用图像命令,进入图片的蓝色通道,使用混合模式正片叠底,不透明度设为50%,勾选反相,如图8-13所示。调整效果如图8-14所示。

(3) 进入图片的绿色通道,使用混合模式正片叠底,不透明度设为20%,勾选反相,如图8-15所示。调整效果如图8-16所示。

图8-12 素材

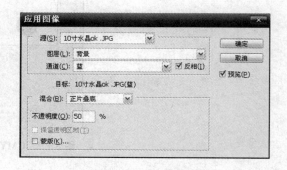
图8-13 应用图像蓝通道

图8-14 应用图像蓝通道效果

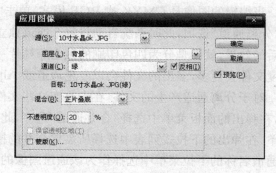
图8-15 应用图像绿通道

(4) 进入图片的绿色通道,使用混合模式线性加深,不透明度设为100%。调整效果,如图8-17所示。

图8-16 应用图像绿通道效果

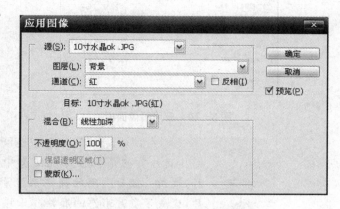

图8-17 应用图像红通道

(5) 此时正片负冲的效果大致调出来,如图8-18所示。使用调整图层,调整图片的色阶、对比度、饱和度,最终效果如图8-19所示。

图8-18 应用图像红通道效果

图8-19 最终效果图

应用图像命令在菜单栏"图像"/"应用图像",通过该命令可以将图像的图层或通道"源"与现用图像"目标"的图层或通道混合。

使用"应用图像"的不同图像文件像素尺寸需要一致,如果两个图像的颜色模式不同,例如一个图像是RGB而另一个图像是CMYK,则可以在图像之间将单个通道复制到其他通道,但不能将复合通道复制到其他图像中的复合通道。

打开源图像和目标图像,并在目标图像中选择所需图层和通道。若要使用源图像中的所有图层,则选择"合并图层"。选择合适的混合模式,应用图像与计算通道的混合模式包括:正常、变暗、正片叠底、颜色加深、线性加深、变亮、滤色、颜色减淡、线性减淡、叠加、柔光、强光、亮光、线性光、点光、相加、减去、差值、排除,其效果与图层混合模式类似。输入不透明度以指定效果的强度。选择"保留透明区域"将效果应用到结果图层的不透明区域。

如果要通过蒙版应用混合,选择"蒙版"。然后选择包含蒙版的图像和图层,可以选择任何颜色通道或Alpha通道以用作蒙版。也可使用基于现有选区或选中图层(透明区域)边界的蒙版。选择"反相"反转通道的蒙版区域和未蒙版区域。如图8-20所示。

使用通道计算功能,直接用不同的通道进行计算,可将两个不同图像中的两个通道混合起来,或者把同一幅图像中的两个通道混合起来,生成新的Alpha通道。如图8-21所示。

图 8-20 应用图像面板

图 8-21 计算面板

提示 正片负冲是指在传统摄影中以正片来拍摄,而在底片显影时,改用一般负片用的药水来显影冲片,因而使得原来正常的正片,变成了负片形态的底片。正片负冲图片最大的特征是画面产生极为鲜艳的色调,对比度高,往往给人形成很强的视觉冲击力。常应用于专业婚纱摄影与个性写真照片。

8.5 回到项目工作环境

项目制作流程:
(1) 打开素材图"蓝衣女孩.jpg",如图 8-22 所示。
(2) 打开通道面板,如图 8-23 所示。

图 8-22 打开素材文件　　　　图 8-23 通道面板

(3) 分别点击红绿蓝通道,查看各个通道中图像的影调反差。如图 8-24、图 8-25、图 8-26 所示。

图 8-24 红色通道　　　　图 8-25 绿色通道　　　　图 8-26 蓝色通道

(4) 3个通道中,红色通道和绿色通道反差较大,选择"图像"/"计算"命令,"源1"选择红通道,"源2"选择绿色通道,混合模式使用线性加深,结果为新建通道。如图8-27所示。

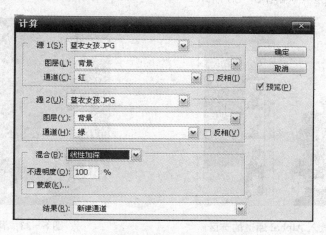

图8-27 计算面板

(5) 自动得到一个反差较大的Alpha1通道。如图8-28所示。

(6) 使用画笔工具,把前景色设置为黑色,选择硬边画笔,把Alpha1通道上要被选择的区域如皮肤部分、衣服的亮部等涂成黑色,如图8-29所示。

图8-28 Alpha1通道

图8-29 用黑色绘制Alpha1通道上被选择的区域

(7) 按快捷键"Ctrl+M",调出曲线面板,打开预览,调整Alpha1通道的影调,加大反差,消除背景的淡灰色,如图8-30所示。

(8) 按快捷键"Ctrl+I",反相Alpha1通道,如图8-31所示。

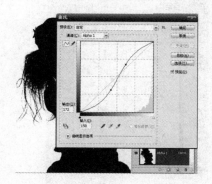
图8-30 曲线调整Alpha1通道

图8-31 反相Alpha1通道

（9）按住"Ctrl"键，点击 Alphal 通道的缩览图，载入 Alphal 的选区，回到 RGB 复合通道。如图 8-32 所示。

（10）打开"背景图.jpg"。如图 8-33 所示。

图 8-32　载入 Alphal 通道的选区

图 8-33　背景图

（11）用移动工具直接把蓝衣女孩拖曳到背景图上，调整图像的位置和图层的次序。如图 8-34 所示。

图 8-34　把蓝衣女孩拖拽到背景图上

（12）使用"图像"/"调整"/"色彩平衡"调整蓝衣女孩的色调，减少头部的暖色，如图 8-35 所示。使用曲线调整其密度，使其与背景图色调更好地融合。如图 8-36 所示。

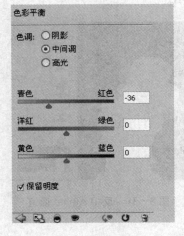

图 8-35　色彩平衡

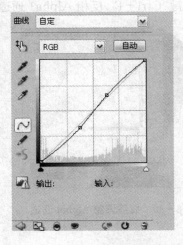

图 8-36　曲线调整蓝衣女孩图层的密度

在使用调整图层时,数值不可太大,数值太大容易破坏图片的细节,尤其是调整人物脸部时更要慎重。如图 8-37 所示。

(13) 完成儿童相册合成图的制作。如图 8-38 所示。

图 8-37　图层面板

图 8-38　最终效果图

8.6　项目总结

训练内容：使用通道制作儿童相册合成图。

训练目的：通过本项目的学习,让学生了解通道的概念,通过实例的训练培养学生利用通道选择复杂物体的能力。

技术要点：通道的使用,通道与选区的转换。

常见问题：

(1) 根据画面的不同色调,选择影调反差较大的通道。

(2) 使用计算命令,利用高反差的通道进行计算,混合的模式可以使用正片叠底、颜色加深、线性加深等变暗模式,根据不同画面采用不同的混合模式,原则是既要加大反差,又要尽量保留边缘的细节。

(3) 使用曲线或色阶等调整图层去掉图片中的灰调,让选区更加干净、精确。

(4) 根据不同的图片,把握大的制作思路下,对以上的步骤酌情增减。

1. 填空题

(1) 通道用于＿＿＿＿和＿＿＿＿。

(2) 选区可以保存为＿＿＿＿通道。

(3) RGB 模式下通道分别是＿＿＿＿、＿＿＿＿、＿＿＿＿和＿＿＿＿。

2. 选择题

(1) 通道分为哪几种类型？_____

    A. 颜色通道   B. Alpha 通道   C. 专色通道

(2) CMYK 模式有哪几个通道？_____

    A. 青色   B. 洋红   C. 黄色   D. 黑色

3. 操作题

利用图 8-39，使用通道制作人像抠图。

图 8-39 素材

项目 9 文　　字

文字在平面设计中起着非常重要的说明作用。通过本项目的学习,了解并掌握图像中文字的基本使用方法,能够进行文字的编辑及各种效果的实现。

◇ 点文字和段文字的输入
◇ 变形文字的创建
◇ 路径文字的创建
◇ 格式化文字
◇ 段落的编辑及各种效果的实现

9.1　项目导入:制作汽车宣传广告

项目需求:制作汽车公司的宣传广告,要求广告内容能充分展现产品的优势以及特点,起到宣传推广的作用。

引导问题:BMW宣传广告制作主要是使用文字工具来制作,如将文字图层转换为图像图层、使用横排文字蒙版工具制作字中画效果、在路径上输入文字等。在学习制作宣传广告项目中,了解和掌握栅格化文字图层、文字蒙版选区的编辑和修改、路径文字输入等。如图9-1所示。

图 9-1　BMW 宣传广告

9.2 点文字和段文字

9.2.1 文字的输入

文字是设计作品的重要组成部分,它可以传达信息、美化版面、强化主题。Photoshop CS5 中提供了多个用于创建文字的工具。

在 Photoshop CS5 中共有 4 种文字工具,即横排文字工具、直排文字工具、横排文字蒙版工具和直排文字蒙版工具,如图 9-2 所示。

选择一种文字工具后,可以在文字工具选项中设置字符的属性,包括字体、大小、文字颜色等,如图 9-3 所示。

图 9-2　文字工具组

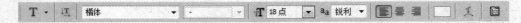

图 9-3　文字工具选项栏

☞ 更改文本方向:可以在文字的横排与直排之间互动转换。
☞ 字体设置:在该选项列表中可以选择输入的文字字体。
☞ 字体样式设置:在该选项列表中可以选择输入文字的字型。该选项只有在英文状态下才有效,它包含常规、斜体、加粗、粗斜体 4 个选项。
☞ 字体大小设置:可以选择字体的大小,或直接输入数值来进行调整。
☞ 消除锯齿设置:可以为文字消除锯齿选择一种方法,Photoshop CS5 会通过部分地填充边缘像素来产生边缘平滑的文字,使文字的边缘混合到背景中而看不出锯齿。
☞ 文本对齐设置:根据输入文字时光标的位置来设置文本的对齐方式,包括左对齐文本、居中对齐文本和右对齐文本。
☞ 文本颜色设置:单击颜色块,在弹出的"拾色器"对话框中可以设置需要的字体颜色。
☞ 文字变形创建:单击该按钮,在弹出的"变形文字"对话框中可以设置文字的变形效果。
☞ 切换字符和段落面板:单击该按钮,可以显示或隐藏"字符"和"段落"面板。

> 提示
> 1. 如果需要在 Photoshop 中安装新字体的话,需要进行下面的操作:首先,打开"我的电脑"/"控制面板"/"外观和主题"/"字体"文件夹(或者 C:\WINDOWS\Fonts),然后将下载的字体解压缩,最后把解压的字体文件全部复制到第一步里打开的文件夹中即可。
> 2. 如果当前正在使用 Photoshop,则需先关闭软件后再打开,新的字体才能生效。

9.2.2 点文字和段落文字

在 Photoshop CS5 中,点文字是一种不会自动换行的文字,一般用于标题、名称、简短的广告语等。使用文字工具中的"横排文字"工具和"直排文字"工具在图像文件中单击,再输入文字,创建的文字即为点文字,如图9-4所示。点文字每行文字都是独立的,可以随意增加或缩短行的长度,但是不能对其进行换行操作。

同点文字相比,段落文字是在文本框中创建的,根据文本框的尺寸进行自动换行,一般用于在画册、杂志和报纸中输入文字。具体输入方法为:使用文字工具在图像文件窗口中按下鼠标,然后拖动出一个文字定界框,再释放鼠标,接着输入文字,创建的文字即为段落文本,如图9-5所示。

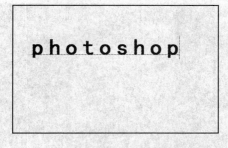
图9-4 点文字输入

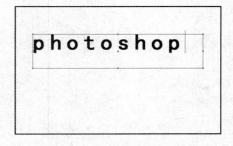
图9-5 段落文字输入

与点文字不同,段落文字可以设置多种对齐方式,还可以通过调整矩形框使文字倾斜排列或是改变字体的大小变化等。将鼠标指针移动到段落文本框的控制点上,可以很方便地调整段落文字的大小或对段落文字进行旋转操作,如图9-6所示。

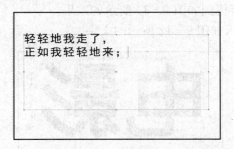

图9-6 调整文本框大小和旋转文本框

9.2.3 横排和直排文字蒙版工具

在Photoshop CS5中,提供了两种专门用于输入文字选区的工具,使用它们可以直接根据文字的形状创建文字选区。

【任务1】 使用横排文字蒙版工具来制作"字中画"的效果
(1) 按"Ctrl+N"新建一个文件,如图9-7所示。
(2) 显示"字符"调板,进行参数设置,如图9-8所示。

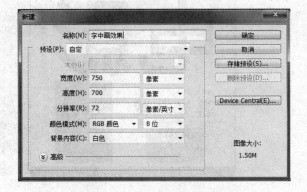
图9-7 新建文件"字中画"

图9-8 "字符"调板

(3) 新建"图层1"，使用横排文字蒙版工具在图像中单击以插入一个光标，并输入"电影"，然后将光标移至离文字较远的地方，使用移动工具拖动并将文字选区移至如图9-9所示位置。

(4) 打开一张素材文件（电影海报），如图9-10所示。

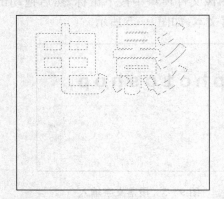

图9-9　得到文字选区

图9-10　素材图像

(5) 按"Ctrl+A"键执行"全选"操作，按"Ctrl+C"键执行复制操作，关闭该素材图像。

(6) 返回"字中画"文件中，按"Ctrl+Shift+Alt+V"键执行贴入操作，从而将图像粘贴至文字选区中。使用移动工具和自由变换工具调整图像的文字，直至得到如图9-11所示的效果。

(7) 使用横排文字工具和直排文字工具在图像中输入如图9-12所示的文字。

图9-11　将图像粘贴入文字选区

图9-12　输入其他文字

(8) 新建"图层3"，使用矩形选框工具在图像的底部绘制一矩形选区，并填充黑色，如图9-13所示。使用移动工具将素材图像2移至"字中画"文件右下角处，如图9-14所示。

图9-13　绘制黑色边框

图9-14　最终完成效果

 知识链接

在创建文字选区时,如果确认输入文字得到选区后,就无法再对其属性进行设置了,所以一定要在此之前将所有的属性设置完毕。

9.3 变形文字

【任务2】 创建"扇形"变形文字

(1)点击工具箱中的横排文字工具按钮,在图像中输入需要变形的文字,如图9-15所示。

(2)在"样式"下拉列表中选择"扇形"样式,然后选择"水平"单选按钮,可以将变形的方向设置为水平方向;选择"垂直"单选按钮可以将变形的方向设置为垂直方向。

(3)在"弯曲"数值框中输入数值,可以调整文字变形的弯曲程度,数值越大,弯曲幅度越大;在"水平"文本框中输入数值,可以设置文本的水平方向的弯曲程度;在"垂直扭曲"文本框中输入数值,可以设置文字在垂直方向的弯曲程度。如图9-16所示。

(4)在对话框中设置好参数后单击"确定"按钮,可以对当前文本图层运用变形样式效果,如图9-17所示。

图 9-15 输入横排文字

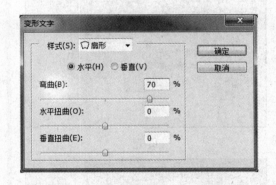

图 9-16 输入弯曲数值

图 9-17 为文字添加扇形变形样式后的效果

在 Photoshop CS5 中,提供了 15 种变形文字样式,可以利用这些样式对文本图层进行各种形式的弯曲与变形操作,如扇形、拱形、旗帜、鱼眼等。

选择需要变形的文字,然后单击"文字工具"属性栏中的"创建文字变形"按钮或执行"图层"/"文字"/"文字变形"命令,弹出"变形文字"对话框,如图 9-18 所示,在其中选择各种文字的变形样式。

文字的多种变形效果如图 9-19 所示。

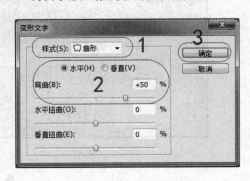

图 9-18 变形文字对话框

扇形

下弧

上弧

拱形

凸起

贝壳

花冠

旗帜

图 9-19　文字的 15 种变形效果

波浪

鱼形

增加

鱼眼

膨胀

挤压

扭转

图 9-19 续

9.4 路径文字

路径文字是一种使用路径作为基线的点文字。路径可以是开放或封闭的。所有的路径都可以在上面添加路径文字，但是需要注意的是，越是复杂的路径其路径上文字越不流畅，还会形成重叠的效果。

想要沿路径创建文字，需要在图像中先创建路径，然后使用文字工具在路径上插入文字显示点，就可以沿路径创建文字了。在路径上输入水平文字时，字母与基线垂直；在路径上输入垂直文字时，文字的方位与基线平行。也可以移动路径或改变路径的形状，这时文字就会依照新的路径方向或形状排列，如图 9-20 所示。

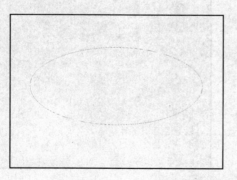

图 9-20 沿路径创建文字

如果想要在闭合的路径内创建路径文字，需要先在图像文件窗口中创建闭合路径，然后使用文字工具在闭合路径中单击，即可在路径区域中显示文字插入点，从而可以在路径闭合区域中创建文字内容，如图 9-21 所示。

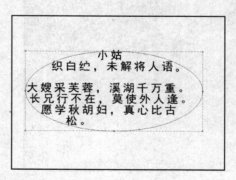

图 9-21 在闭合路径中创建文字

不管是沿路径创建文字，还是在闭合路径中创建文字，都可以使用路径编辑工具来对其路径形状进行调整。在调整时，路径上的文字或闭合路径内文字会随路径的形状改变而改变。可以使用直接选择工具和添加锚点工具来调整路径，改变路径上的文字效果。如图 9-22 所示。

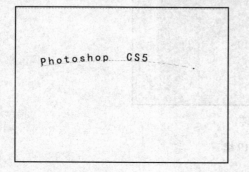
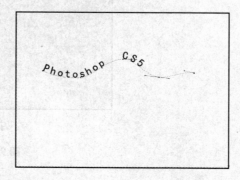

图 9-22 调整文字路径

要调整所创建文字在路径上的位置,可以使用直接选择工具或路径选择工具,沿着路径方向拖移文字,如图9-23所示。在拖移文字的过程中,可以拖移文字到路径的内侧或外侧。

 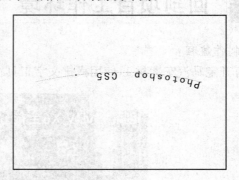

图9-23 移动路径上的文字位置

9.5 格式化文字与段落

在 Photoshop CS5 中,文字状态中不能对文本图层中创建的文字对象使用某些工具和滤镜命令。必须将文字图层转换为普通图层,即栅格化文字,才能对其使用相关命令或工具。

将文本图层转换为普通图层,可以在"图层"面板中选择所需操作的文本图层,然后执行"图层"/"栅格化"/"文字"命令。也可以在"图层"面板中,选择需要转换的文本图层,点击鼠标右键,在弹出的快捷菜单中选择"栅格化文字"命令,完成操作。如图9-24所示。

图9-24 栅格化文字

栅格化段落操作方法与栅格化文字类似,如图9-25所示。

图9-25 栅格化段落

9.6 回到项目工作环境

项目制作流程：

（1）打开宝马汽车素材1，使用横排文字工具在图像中输入文字内容，如图9-26所示。

图9-26 输入文字内容

（2）选择文字图层，进行栅格化文字处理，如图9-27所示。

（3）为该图层添加投影图层样式，并设置样式选项，参数如图9-28所示。

图9-27 栅格化文字

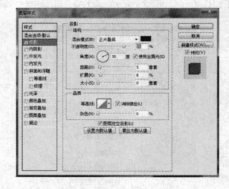

图9-28 设置图层样式"投影"选项

（4）新建图层1，使用横排文字蒙版工具绘制文字选区，如图9-29所示。

图9-29 使用横排文字蒙版工具绘制文字选区

（5）打开宝马汽车素材2，按"Ctrl＋A"键全选，再按"Ctrl＋C"键进行复制并关闭素材图片2。选择宣传广告文件，按"Ctrl＋Shift＋V"键进行贴入，使用自由变换工具对图片进行缩放，如图9-30所示效果。

图9-30　将图像粘贴入文字选区

（6）使用钢笔工具在图像中车顶处画出一条曲线路径，并在曲线路径上输入文字，如图9-31所示。

图9-31　在曲线路径上输入文字

（7）将文字图层栅格化，载入栅格化后的文字图像选区。接着将前景色设置为浅蓝色，背景色设置为深蓝色，用渐变工具制作"前景色到背景色"，操作完将文字图像上移，如图9-32所示效果。

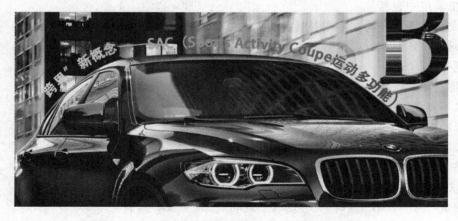

图9-32　栅格化文字并使用渐变工具更改文字颜色

(8) 最终完成效果，如图 9-33 所示。

图 9-33 BMW 宣传广告制作完成

9.7 项目总结

训练内容：制作一幅汽车企业的商业宣传广告。

训练目的：熟练掌握栅格化文字图层、文字蒙版选区的编辑和修改、路径文字输入等。

技术要点：将文字图层转换为图像图层、使用横排文字蒙版工具制作字中画效果、在路径上输入文字等。当输入的文字较大或较小时，可以通过设置文字的大小及行间距等参数，使文字适当地显示在路径上。

常见问题解析：调整所创建文字在路径上的位置，可以使用直接选择工具或路径选择工具，沿着路径方向拖移文字。

项目训练

1. 填空题

（1）文字工具组中包括_____、_____、_____和_____4 种。
（2）栅格化文字图层是将文字图层转换为_____。
（3）当要对文字图层执行滤镜效果时，应当将文字图层_____。

2. 选择题

（1）文字图层中的文字信息_____可以进行修改和编辑。
  A. 文字颜色
  B. 文字内容，如加字或减字
  C. 文字大小
  D. 将文字图层转换为像素图层后可以改变文字的排列方式
（2）段落文字框可以进行下面哪些操作？_____
  A. 缩放 B. 旋转 C. 裁切 D. 倾斜
（3）Photoshop CS5 中文字的属性可以分为字符和_____两部分。

A. 水平   B. 垂直   C. 段落   D. 上下

3. 操作题

(1) 使用文字工具中横排或文字工具、横排或直排文字蒙版工具、变形文字、路径文字、栅格化文字等工具，熟练地使用这些工具绘制宣传广告作品。

(2) 制作出如图 9-34 所示的宣传广告效果。

图 9-34 广告最终效果

项目 10 3D 功能及其应用

项目目标

通过本项目的学习,熟练掌握在 Photoshop 中打开 3D 模型文件;在 Photoshop 中创建基本的 3D 形状;熟练使用"凸纹"工具制作 3D 形状文字;熟练掌握 3D 形状的材质及纹理设置;掌握场景内灯光的设置及位置调整;熟练掌握最终渲染的设置及 3D 形状文件的导出及保存。

项目要点

◇ 创建打开 3D 模型的方法
◇ 制作材质及编辑纹理
◇ 设置光源及调整光源位置
◇ 使用"凸纹"命令创建 3D 形状
◇ 渲染最终效果及导出 3D 文件

10.1 项目导入

项目需求:制作 Photoshop 的宣传海报的文字部分,要求形象饱满,立体感强。如图 10-1 所示。

图 10-1 Photoshop 宣传海报文字部分

引导问题:通过该项目的学习,主要解决以下问题:如何使用 3D 技术创建 3D 文字;如何给 3D 形状添加材质及纹理;如何设置灯光;最终渲染及保持 3D 形状文件。

10.2　3D 基础概述

Photoshop CS5 中的 3D 文件包含"网格"、"材质"和"光源"等组件。优秀案例赏析如图 10-2 所示。

(a)

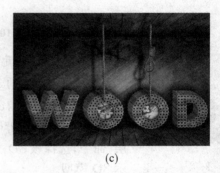

(b)　　　　　　　　　　　　　　　(c)

图 10-2　优秀案例

10.2.1　3D 基础

1. 网格

网络提供 3D 模型的底层结构。网格是由成千上万个单独的多边形框架结构组成的线框。3D 模型通常包含多个网格，但至少要包含一个网格。在 Photoshop 中，可以在多种渲染模式下查看网格，还可以分别对每个网格进行操作。如果无法修改网格中实际的多边形，则可以更改其方向，并且可以通过沿不同坐标进行缩放以变换其形状；还可以通过使用预先提供的形状或转换现有的 2D 图层，创建自己的 3D 网格。

2. 材质

一个网格可具有一种或多种相关的材质，这些材质控制整个网格的外观或局部网格的外观。这些材质依次构建于被称为纹理映射的子组件，它们的积累效果可创建材质的外观。纹理映射本身就是一种 2D 图像文件，它可以产生各种品质，例如颜色、图案、反光度或崎岖度。Photoshop 材质最多可使用 9 种不同的纹理映射来定义其整体外观。

3. 灯光

灯光的类型包括无限光、点测光、点光以及环绕场景的基于图像的光。可以移动和调整现有光照的颜色和强度，也可以将新光照添加到您的 3D 场景中。

10.2.2　打开 3D 文件

Photoshop CS5 可以打开 DAE(Collada)、OBJ、3DS、U3D 以及 KMZ(Google Earth)等格式的 3D

文件。

【任务1】 3D性能设置

执行"编辑"/"首选项"命令,在打开的"首选项"面板中选择"性能"选项,在"性能"选项面板中勾选"启用OPenGL绘图"命令。如图10-3所示。

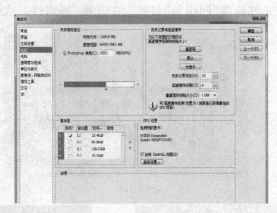

图10-3 性能设置面板

【任务2】 打开3D文件

(1)打开单独的3D文件,执行"文件"/"打开"命令,然后选择要打开的3D文件。打开素材"U盘.obj"文件,如图10-4所示。

(2)打开的文件中将3D文件添加为图层,执行"3D"/"从3D文件新建图层"命令,选择该3D文件,新图层将反映已打开文件的尺寸,并在透明背景上显示3D模型。

图10-4 显示的U盘模型

10.3 使用3D工具

10.3.1 移动、旋转和缩放模型

选定3D图层时,会激活3D对象和相机工具。使用3D对象工具如图10-5所示,可更改3D模型的位置或大小;使用3D相机工具如图10-6所示,可更改场景视图。如果系统支持OpenGL,用户还可以使用3D轴来操作3D模型和相机。

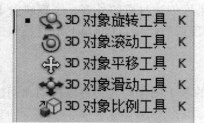   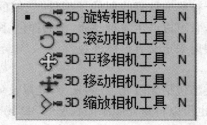

图10-5 3D对象工具   图10-6 3D相机工具

1. 移动和旋转模型

(1)新建800×800像素大小的文件,新建图层命名为"帽子"并选中。

(2) 执行"3D"/"从图层新建形状"/"帽形"菜单命令,创建帽子模型如图 10-7 所示。
(3) 选中"帽子"图层,选择 3D 对象工具,图 10-8 所示为工具选项栏。

图 10-7 帽子形状

图 10-8 3D 对象工具选项栏

☞ 使用 3D 旋转工具 上下拖动可将模型围绕其 X 轴旋转;两侧拖动可将模型围绕其 Y 轴旋转。按住"Alt"键的同时进行拖移可滚动模型。

☞ 使用 3D 滚动工具 两侧拖动可使模型绕 Z 轴旋转。

☞ 使用 3D 平移工具 两侧拖动可沿水平方向移动模型;上下拖动可沿垂直方向移动模型。按住"Alt"键的同时进行拖移可沿 X/Z 方向移动。

☞ 使用 3D 滑动工具 两侧拖动可沿水平方向移动模型;上下拖动可将模型移近或移远。按住"Alt"键的同时进行拖移可沿 X/Y 方向移动。

☞ 单击"选项"栏中的"返回到初始相机位置"图标 可返回到模型的初始视图。旋转移动效果如图 10-9 所示。

图 10-9 形状旋转移动

2. 缩放形状

使用 3D 比例工具,上下拖动可将模型放大或缩小。按住"Alt"键的同时进行拖移可沿 Z 轴方向缩放。在选项栏右侧输入数值会根据数字调整位置、旋转或缩放,缩放效果如图 10-10 所示。

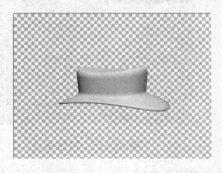
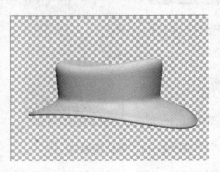

图 10-10 缩放形状

使用3D轴显示3D空间中模型、相机、光源和网格的当前X、Y和Z轴的方向。当选择任意3D工具时,都会显示3D轴,从而提供了另一种操作选定项目的方式。

(1) 使用3D轴移动、旋转和缩放模型。执行"视图"/"显示"/"3D轴"菜单命令,显示3D轴如图10-11所示。

(2) 使用3D轴,将鼠标指针移到轴控件上方,使其高亮显示,然后按如下方式进行拖动。可用的轴控件随当前编辑模式(对象、相机、网格或光源)的变化而变化。

沿着X、Y或Z轴移动模型,如图10-12所示,高亮显示任意轴的轴尖,以任意方向沿轴拖动。

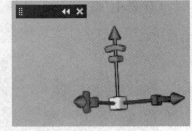

图10-11　3D轴

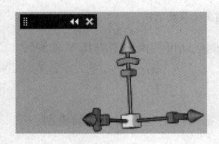 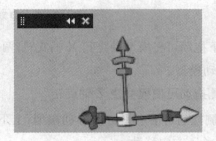 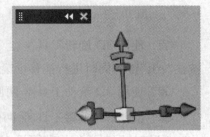

图10-12　沿着X、Y或Z轴移动模型

(3) 旋转模型,如图10-13所示,单击轴尖内弯曲的旋转线段,出现显示旋转平面的黄色圆环,围绕3D轴中心沿顺时针或逆时针方向拖动圆环。要进行幅度更大的旋转,将鼠标向远离3D轴的方向移动。

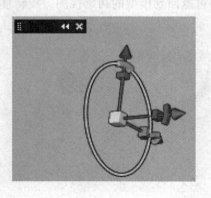 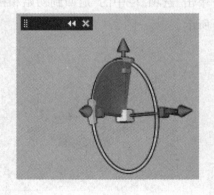

图10-13　旋转模型

(4) 调整模型的大小,向上或向下拖动3D轴中的中心立方体,如图10-14所示。要沿轴压缩或拉长项目,将某个彩色的变形立方体朝中心立方体拖动,如图10-15所示。

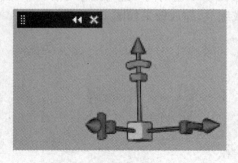 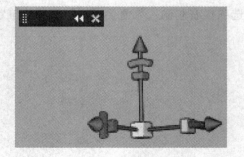

图10-14　等比例缩放　　　　　　　　　　图10-15　沿轴缩放

(5) 要将移动限制在某个对象平面,请将鼠标指针移动到两个轴交叉(靠近中心立方体)的区域。两个轴之间出现一个黄色的"平面"图标,向任意方向拖动。还可以将指针移动到中心立方体的下半部分,从而激活"平面"图标。

10.3.2 移动 3D 相机

使用 3D 相机工具可移动相机视图,同时保持 3D 对象的位置固定不变。3D 相机工具如图 10-6 所示为。图 10-16 所示为 3D 相机工具选项栏。

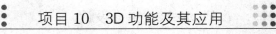

图 10-16　3D 相机工具选项栏

☞ 使用 3D 相机旋转工具 拖动以将相机沿 X 或 Y 方向环绕移动。按住"Alt"键同时进行拖移可滚动相机。

☞ 使用 3D 相机滚动工具 拖动以滚动相机。

☞ 使用 3D 相机平移工具 拖动以将相机沿 X 或 Y 方向平移。按住"Alt"键同时进行拖移可沿 X 或 Z 方向平移。

☞ 使用 3D 相机移动工具 拖动以移动相机(Z 转换和 Y 旋转)。按住"Alt"键同时进行拖移可沿 Z / X 方向步览(Z 平移和 X 旋转)。

☞ 使用 3D 相机缩放工具 拖动可更改 3D 相机的视角,最大视角为 180°。

 知识链接

(1) 透视相机(仅缩放),显示汇聚成消失点的平行线。

(2) 正交相机(仅缩放),保持平行线不相交。在精确的缩放视图中显示模型,而不会出现任何透视扭曲。

(3) 景深(仅缩放),"距离"决定聚焦位置到相机的距离;"模糊"可以使图像的其余部分模糊化。动画景深可以模拟相机的聚焦效果。

(4) 在选项栏中,数值显示 3D 相机在 X、Y 和 Z 轴上的位置。也可以手动编辑这些值,从而调整相机视图。

(5) 按住"Shift"键并进行拖动,可将"旋转"、"平移"或"移动"工具限制为沿单一方向移动。

10.4　创建 3D 对象

10.4.1　从 2D 图像创建 3D 对象

【任务3】　创建 3D 明信片

(1) 打开如图 10-17 所示的素材,执行"3D"/"从图层新建 3D 明信片"命令。

图 10-17　素材"桥"

（2）2D 图层转换为"图层"面板中的 3D 图层。2D 图层内容作为材质应用于明信片两面，使用"3D 旋转工具"调整透视效果。观察转换明信片的效果，如图 10-18 所示。

图 10-18　转换明信片的效果

（3）原始 2D 图层作为 3D 明信片对象的"漫射"纹理映射出现在"图层"面板中。
（4）3D 图层保留了原始 2D 图像的尺寸。
（5）要将 3D 明信片作为表面平面添加到 3D 场景，将新 3D 图层与现有的、包含其他 3D 对象的 3D 图层合并，然后根据需要进行对齐。
（6）保留新的 3D 内容，将 3D 图层以 3D 文件格式导出或以 psd 格式存储。

　　Photoshop 可以将 2D 图层作为起始点，生成各种基本的 3D 对象。创建 3D 对象后，可以在 3D 空间移动它、更改渲染设置、添加光源或将其与其他 3D 图层合并。

　　将 2D 图层转换到 3D 明信片中（具有 3D 属性的平面）。如果起始图层是文本图层，则会保留所有透明度；将 2D 图层围绕 3D 对象，如锥形、立方体或圆柱体。通过 2D 图像中的灰度信息创建 3D 网格。

　　可以将 3D 明信片添加到现有的 3D 场景中，从而创建显示阴影和反射（来自场景中其他对象）的表面。

10.4.2 创建3D形状

【任务4】 创建3D形状

打开如图10-17所示的素材,执行"3D"/"从图层新建形状"/"酒瓶"命令,创建如图10-19所示的酒瓶3D形状。

图10-19　3D酒瓶形状

 知识链接

(1)"从图层新建形状"菜单命令中包括圆环、球面、帽子、锥形、立方体、圆柱体、易拉罐或酒瓶等对象。

(2)原始2D图层作为"漫射"纹理映射显示在"图层"面板中。它可用于新3D对象的一个或多个表面。其他表面可能会指定具有默认颜色设置的默认漫射纹理映射。

(3)根据所选取的对象类型,最终得到的3D模型可以包含一个或多个网格。"球面全景"选项映射3D球面内部的全景图像。

> **提示**
>
> (1)可以将自定形状添加到"形状"菜单中。形状是Collada(.dae)3D模型文件。要添加形状,请将Collada模型文件放置在Photoshop程序文件夹中的"Presets\Meshes"文件夹下。
>
> (2)如果将全景图像作为2D输入,请使用"球面全景"选项。该选项可将完整的360×180度的球面全景转换为3D图层。转换为3D对象后,可以在通常难以触及的全景区域上绘画,如极点或包含直线的区域。

【任务5】 创建3D网格

(1)打开素材"桥.jpg"文件,并选择图层。

(2)选取"3D"/"从灰度新建网格",然后选择网格选项。完成效果如图10-20所示。

平面

双面平面

圆柱体

球体

图10-20　3D网格形状

 知识链接

"从灰度新建网格"命令可将灰度图像转换为深度映射,从而将明度值转换为深度不一的表面。较亮的值生成表面上凸起的区域,较暗的值生成凹下的区域。然后 Photoshop 将深度映射应用于 4 个可能的几何形状中的一个,以创建 3D 模型。

☞ 平面:将深度映射数据应用于平面表面。
☞ 双面平面:创建两个沿中心轴对称的平面,并将深度映射数据应用于两个平面。
☞ 圆柱体:从垂直轴中心向外应用深度映射数据。
☞ 球体:从中心点向外呈放射状地应用深度映射数据。

> 提示
> 如果将 RGB 图像作为创建网格时的输入,则绿色通道会被用于生成深度映射。

【任务6】 创建3D凸纹(图 10-21)

图 10-21 3D 文字效果

(1) 新建 800×800 像素大小的文件。
(2) 选择横排文字工具,设置字体为 Cooper Std、字体大小为 72 点、前景色为黑色,输入如图 10-22 所示的文字。

PhotoShop

图 10-22 输入英文字母

(3) 选择"Photoshop"文字图层,执行"3D"/"凸纹"/"文本图层"命令,创建 3D 形状文字。在如图 10-23 所示的弹出对话框中选择"是"。

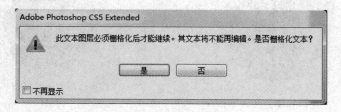

图 10-23 提示对话框

(4) 在打开的如图 10-24 所示的"凸纹"面板中,材质设置为全部为皮革(褐色)。

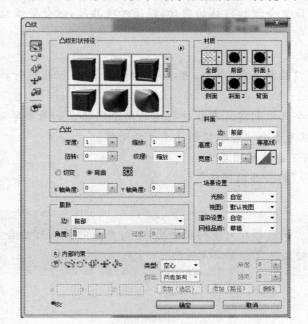

图 10-24　凸纹面板

(5) 选择"凹凸"选项,设置深度为 1.75,缩放为 0.6,Y 轴角度为 -90。点击"确定"。
(6) 双击 3D 图层,在弹出的"图层样式"对话框中设置外发光,完成如图 10-21 所示的 3D 形状文字效果。

凸纹描述的是一种金属加工技术,在该技术中通过对对象表面朝相反方向进行锻造,来对对象表面进行塑形和添加图案。在 Photoshop 中"凸纹"命令可以将 2D 对象转换到 3D 网格中,用户可以在 3D 空间中精确地进行凸出、膨胀和调整位置。可以利用凸纹命令来处理 RGB 图像。如果最初使用的是灰度图像,则凸纹命令可以将其转化为 RGB 图像。凸纹命令不适于处理 CMYK 图像或 Lab 图像。

1. "凸纹"面板设置

☞ 网格工具:这些工具显示在对话框的左上角,其功能类似于 3D 对象工具。移动、旋转或缩放模型和使用 3D 轴移动、旋转或缩放选定项目。

☞ 凸纹预设:应用一组预定义设置。要从自定设置创建自己的预设,请单击弹出菜单,然后选取"新建凸纹预设"。

☞ 凸出:在 3D 空间中展开原来的 2D 形状。"深度"控制凸出的长度;"比例"控制凸出宽度。为弯曲的凸出选择"弯曲",或为笔直的凸出选择"切变",然后设置 X 轴和 Y 轴的角度来控制水平和垂直倾斜,根据需要,输入"扭转"角度。

☞ 膨胀:展开或折叠对象前后的中间部分,其中正角度设置展开,负角度设置折叠,"强度"控制膨胀的程度。

☞ 材质:在全局范围内应用材质(例如砖块或棉织物),或将材质应用于对象的各个面(斜面 1 是指前斜面;斜面 2 是指后斜面)。

☞ 斜角:在对象的前后应用斜边。"等高线"选项类似于用于图层效果的选项。

☞ 场景设置:以球面全景照射对象的光源;从菜单中选取光源的样式。"渲染设置"控制对象表面的外观;较高的"网格品质"设置会增加网格的密度,提高外观品质,但会降低处理速度。

2. 编辑凸纹设置

(1) 选择要编辑的图层。

(2) 执行"3D"/"凸纹"/"编辑凸纹"命令,可以再次打开"凸纹"面板进行编辑。

3. 拆分凸纹网格

默认情况下,"凸纹"命令可以创建具有5种材质的单个网格。如果要单独控制不同的元素(如文本字符串中的每个字母),可以为每个闭合路径创建单独的网格。

(1) 选择要拆分的应用了凸纹的图层。

(2) 执行"3D"/"凸纹"/"拆分凸纹网格"。

> 提示
> 如果存在大量的闭合路径,则产生的网格可能会创建难以编辑的高度复杂的3D场景。

10.5　3D 面板

10.5.1　3D 场景设置

选择 3D 图层后,3D 面板会显示关联的 3D 文件的组件。在面板顶部列出文件中的网格、材质和光源。面板的底部显示在顶部选定的 3D 组件的设置和选项,如图 10-25 所示。

显示 3D 面板的方法如下:

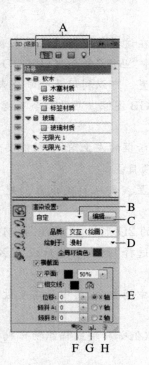

图 10-25　3D 面板

（1）执行"窗口"/"3D"命令,打开如图10-25所示的3D面板。

（2）3D面板包括:① 显示场景、网格、材质或光源选项;② 渲染预设菜单;③ 自定渲染设置;④ 选择要在其上绘画的纹理;⑤ 横截面设置;⑥ 切换叠加;⑦ 添加新光源;⑧ 删除光源选项。

（3）可以使用3D面板顶部的按钮来筛选出现在顶部的组件。单击"场景"按钮 可以显示所有组件,单击"材质"按钮 只能看到材质,单击"灯光"按钮 只能看到灯光。

【任务7】 3D场景

（1）新建800×800像素的文件。

（2）执行"3D"/"从图层新建形状"/"酒瓶"菜单命令,创建酒瓶模型。

（3）选择酒瓶3D形状图层,单击3D面板中的"场景"按钮,然后在面板顶部选择"场景"条目。

（4）选择"标签材质"条目,在如图10-26所示的面板中设置"漫射"加载素材图片"桥.jpg"。

（5）选择"玻璃材质"条目,设置不透明度为60%,折射为1.5。

（6）选择"场景"条目,设置品质为光线跟踪,最终效果如图10-27所示。

图10-26 材质设置面板　　　　图10-27 酒瓶效果

3D场景设置可更改渲染模式、选择要在其上绘制的纹理或创建横截面。

☞ 渲染设置:指定模型的渲染预设。

☞ 品质:选择该设置,可在保持优良性能的同时,呈现最佳的显示品质。

① 交互(绘画):使用OpenGL进行渲染可以利用视频卡上的GPU产生高品质的效果,但缺乏细节的反射和阴影。对于大多数系统来说,此选项最适合于进行编辑。

② 光线跟踪草图:使用计算机主板上的CPU进行渲染,具有草图品质的反射和阴影。如果系统有功能强大的显卡,则"交互"选项可以产生更快的结果。

③ 光线跟踪最终效果:可以完全渲染反射和阴影,最适用于最终输出。

☞ 绘制于:直接在3D模型上绘画时,使用该菜单选择要在其上绘制的纹理映射。

☞ 横截面:通过将3D模型与一个不可见的平面相交,可以查看该模型的横截面,该平面以任意角度切入模型并仅显示其一个侧面上的内容。

> **提示**
> "光线跟踪"渲染过程中会临时在图像上绘制拼贴。要中断渲染过程,请单击鼠标或按空格键。要更改拼贴的次数以牺牲处理速度来获得高品质,可以更改"3D首选项"中的"高品质阈值"来实现。

10.5.2　3D 网格设置

选择"网格"按钮，如图 10-28 所示，3D 模型中的每个网格都出现在 3D 面板顶部的单独条目。选择相应的条目,可访问该条目对应的网格设置和 3D 面板底部的信息。这些信息包括:应用于网格的材质和纹理数量,以及其中所包含的顶点和表面的数量。

1. 网格显示选项

（1）捕捉阴影:控制选定网格是否在其表面上显示其他网格所产生的阴影。要在网格上捕捉地面所产生的阴影,应选择"3D"/"地面阴影捕捉器",要将这些阴影与对象对齐,应选择"3D"/"将对象贴紧地面"。

（2）投影:控制选定网格是否投影到其他网格表面上。

（3）不可见:隐藏网格,但显示其表面的所有阴影。

（4）阴影不透明度:控制选定网格投影的柔和度。在将 3D 对象与下面的图层混合时,该设置非常有用。

2. 显示或隐藏网格

单击 3D 面板顶部的网格名称旁边的眼睛图标。

3. 对各个网格进行操作

使用网格位置如图 10-29 所示工具可移动、旋转或缩放选定的网格,而无需移动整个模型。位置工具的操作方式与"工具"面板中的主要 3D 位置工具的操作方式相同。网格工具的具体使用方法参阅移动、旋转或缩放 3D 模型。

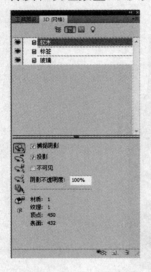

图 10-28　网格面板

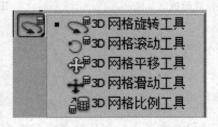

图 10-29　网格工具

> **提示**
> 要查看阴影,请设置光源并且为渲染质量选择"光线跟踪"。

10.5.3　3D 材质设置

3D 面板顶部列出了在 3D 文件中使用的材质。可能使用一种或多种材质来创建模型的整体外观。

如果模型包含多个网格,则每个网格可能会有与之关联的特定材质。或者模型可能是通过一个网格构建的,但在模型的不同区域中使用了不同的材质。PhotoShop 给出了如图 10-30 所示的材质预设。

图 10-30 预设材质

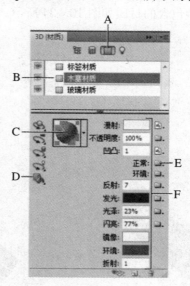

图 10-31 材质面板

1. 材质

材质面板如图 10-31 所示,包括:A. 显示材质选项;B. 所选材质;C. 材质选取器;D. 材质拖放和选择工具;E. 纹理映射菜单图标;F. 纹理映射类型。材质所使用的纹理映射作为"纹理"出现在"图层"面板中,它们按纹理映射类别编组。

☞ 漫射:材质的颜色。漫射映射可以是实色或任意 2D 内容。如果选择移去漫射纹理映射,则"漫射"色板值会设置漫射颜色。还可以通过直接在模型上绘画来创建漫射映射。

☞ 不透明度:增加或减少材质的不透明度(在 0~100% 范围内)。可以使用纹理映射或小滑块来控制不透明度,纹理映射的灰度值控制材质的不透明度。白色值创建完全的不透明度,而黑色值创建完全的透明度。

☞ 凹凸:在材质表面创建凹凸,无需改变底层网格。凹凸映射是一种灰度图像,其中较亮的值创建突出的表面区域,较暗的值创建平坦的表面区域。可以创建或载入凹凸映射文件,或开始在模型上绘画以自动创建凹凸映射文件。"凹凸"字段增加或减少崎岖度,只有存在凹凸映射时,才会激活。在字段中输入数值,或使用小滑块增加或减少凹凸强度。

☞ 反射:增加 3D 场景、环境映射和材质表面上其他对象的反射。

☞ 光照:定义不依赖于光照即可显示的颜色。创建从内部照亮 3D 对象的效果。

☞ 光泽:定义来自光源的光线经表面反射,折回到人眼中的光线数量。可以通过在字段中输入值或使用小滑块来调整光泽度。如果创建单独的光泽度映射,则映射中的颜色强度控制材质中的光泽度,黑色区域创建完全的光泽度,白色区域移去所有光泽度,而中间值减少高光大小。

☞ 闪亮:定义"光泽"设置所产生的反射光的散射。低反光度(高散射)产生更明显的光照,而焦点不足。高反光度(低散射)产生较不明显、更亮、更耀眼的高光。

☞ 镜面:为镜面属性显示的颜色(如高光光泽度和反光度)。

☞ 环境:设置在反射表面上可见的环境光的颜色。该颜色与用于整个场景的全局环境色相互作用。

☞ 折射:在场景"品质"设置为"光线跟踪"且"折射"选项已在"3D"/"渲染设置"对话框中选中时设置折射率。两种折射率不同的介质(如空气和水)相交时,光线方向发生改变,即产生折射。新材质的默认值是 1.0(空气的近似值),水折射率是 1.33,玻璃折射率为 1.5~1.7。

【任务8】 制作 U 盘效果（图 10-32）

（1）在 PhotoShop CS5 中，打开"U 盘.obj"3D 模型文件，如图 10-33 所示。

（2）U 盘模型包含的材质如图 10-34 所示。

图 10-32　完成的 U 盘效果　　　图 10-33　打开的 U 盘模型　　　图 10-34　材质条目

（3）在 3D 面板中选择"材质"按钮，分别制作 U 盘模型中的各个部分的材质效果。

（4）制作"外壳"材质，选择"外壳"材质条目，在如图 10-35 所示的材质设置面板中，单击材质拾色器选择"无纹理"预设，设置漫射颜色为 RGB(162,28,28)，设置不透明为 30%，设置光泽为 50%，设置闪亮为 60%。"帽"材质设置和"外壳"材质一致。如图 10-36 所示。

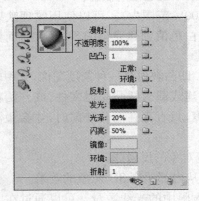

图 10-35　材质设置面板　　　　图 10-36　完成的外壳效果

（5）制作"接口"材质，选择"接口"材质条目，在材质设置面板中，单击材质拾色器选择"无纹理"预设，设置漫射颜色为 RGB(220,220,220)，设置不透明为 100%，设置光泽为 80%，设置闪亮为 70%。"引脚"、"引脚_0"和"电阻"的材质设置参照"接口"材质的设置方法。如图 10-37 所示。

（6）制作"接口内塑料"材质，选择"接口内塑料"材质条目，在材质设置面板中，单击材质拾色器选择"无纹理"预设，设置漫射颜色为 RGB(0,0,0)，设置不透明为 100%，设置光泽为 20%，设置闪亮为 30%。"芯片"和"电容"的材质设置参照"接口内塑料"材质的设置方法。如图 10-38 所示。

（7）制作"电路板"材质，选择"电路板"材质条目，在材质设置面板中，单击材质拾色器选择"无纹理"预设，设置漫射颜色为 RGB(10,84,53)，设置不透明为 100%，设置光泽为 70%，设置闪亮为 50%。如图 10-39 所示。

项目10　3D功能及其应用

图 10-37　完成的引脚及电阻效果

图 10-38　完成的芯片及电容效果

图 10-39　完成的电路板效果

（8）在"3D"面板中点击"场景"按钮，在"选择设置"面板中设置品质为光线跟踪最终效果，渲染出如图 10-32 所示的效果。

【任务9】　制作镂空效果（图 10-40）

图 10-40　镂空球效果

（1）新建 800×600 像素的文件。
（2）选择渐变工具，设置参数如图 10-41 所示，选择"径向渐变"填充方式，填充背景图层。
（3）新建图层，命名为"色彩"。选择矩形选框工具，设置样式为固定大小，宽为 800 px，高为 50 px。使用矩形选框工具填充如图 10-42 所示的彩色色条，颜色可根据喜好设置。

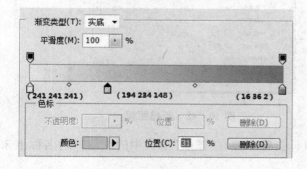

图 10-41　渐变色参数

图 10-42　色条图

（4）选择"色彩"图层，执行"3D"/"从图层新建形状"/"球体"命令，得到如图 10-43 所示的球体。
（5）双击"漫射"色彩图层，如图 10-44 所示，在新文件中打开"色彩图层"。

图10-43 彩色球

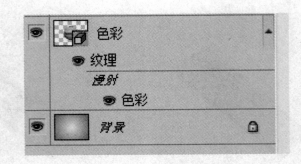

图10-44 3D漫射图层

（6）制作如图10-45所示的"黑白"图层，并把"黑白"图层保存成psd文档，关闭文件。

图10-45 黑白图

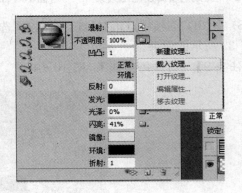

图10-46 载入纹理

（7）在主场景，选择新建球体的材料。选择不透明度，并载入刚才的psd文件。如图10-46所示。

（8）完成镂空球的制作。黑色对应的部分变完全透明，白色对应的部分不透明。

2．创建纹理映射

单击纹理映射类型旁边的文件夹图标 ，打开如图10-47所示菜单。

（1）"新建纹理"。在如图10-48所示的"新建"面板中，输入新映射的名称、尺寸、分辨率和颜色模式，然后单击"确定"。

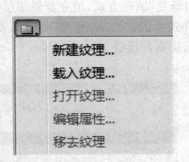

图10-47 纹理菜单

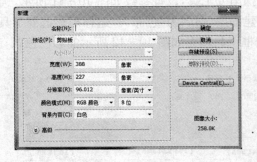

图10-48 新建面板

① 为匹配现有纹理映射的长宽比，可通过将鼠标指针悬停在"图层"面板中的纹理映射名称上来查看其尺寸。

② 新纹理映射的名称会显示在"材质"面板中纹理映射类型的旁边。该名称还会添加到"图层"面板中3D图层下的纹理列表中。默认名称为材质名称附加纹理映射类型。

（2）载入纹理映射。可以载入用于九个可用纹理映射类型中任何一个的现有2D纹理文件。

（3）打开纹理映射进行编辑。单击图像图标，然后选取"打开纹理"。纹理映射作为"智能对象"在其自身文档窗口中打开。编辑纹理后,激活 3D 模型文档窗口可查看模型的更新情况。

(4) 删除纹理映射。单击纹理类型旁边的图像图标,选取"移去纹理"。如果已删除的纹理是外部文件,则可以使用纹理映射菜单中的"载入纹理"命令将其重新载入。对于 3D 文件内部参考的纹理,请选取"还原"或"后退一步"来恢复已删除的纹理。

(5) 编辑纹理属性。纹理映射根据其 UV 映射参数来应用于模型的特定表面区域。可调整 UV 比例和位移以改进纹理映射到模型的方式。

单击纹理类型旁边的图像图标,选取"编辑属性"打开如图 10-49 所示的"纹理属性"面板。选择目标图层并设置 UV 比例和位移值,可以直接输入值或使用小滑块。

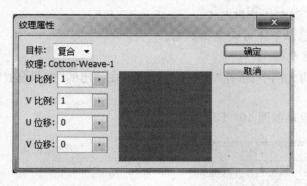

图 10-49　纹理属性面板

☞ 目标:确定设置应用于特定图层还是复合图像。
☞ U 和 V 比例:调整映射纹理的大小。要创建重复图案,请降低该值。
☞ U 和 V 位移:调整映射纹理的位置。

10.5.4　3D 光源设置

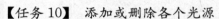

【任务 10】　添加或删除各个光源
(1) 打开制作完成的"U 盘.psd"文档。
(2) 单击"3D"面板上部的"光源"按钮,打开光源面板如图 10-50 所示。
(3) 单击面板右下角的新建按钮,弹出如图 10-51 所示的菜单。选择新建光源的类型。
(4) 选择要删除的光源条目,单击面板右下角的"删除"按钮。

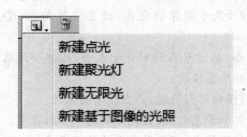

图 10-50　光源面板　　　　　图 10-51　新建光源菜单

 知识链接

3D光源从不同角度照亮模型,从而添加逼真的深度和阴影。基于图像的光源将发光的图像映射在3D场景之中。光源类型包括以下3种:

☞ 点光:像灯泡一样,向各个方向照射。
☞ 聚光灯:照射出可调整的锥形光线。
☞ 无限光:像太阳光,从一个方向平面照射。

【任务11】 调整光源属性

(1) 在上个任务打开的文档中,选择"无限光1"条目,在弹出的"光源设置"面板中设置光源参数。如图10-52所示。

(2) 得到的光源照射效果如图10-53所示。

图10-52 光源设置面板

图10-53 更改光源参数效果

 知识链接

在3D面板的光源部分,从列表中选择光源。在该面板的下半部分,设置光源参数选项:

☞ 预设:应用存储的光源组和设置组(请参阅存储、替换或添加光源组)。
☞ 光照类型:从添加或删除各个光源中描述的选项中进行选择。
☞ 强度:调整亮度。
☞ 颜色:定义光源的颜色。单击该框以访问拾色器。
☞ 图像:对于基于图像的光源,请指定位图或3D文件(要获得上佳的效果,请尝试使用32位HDR图像)。
☞ 创建阴影:从前景表面到背景表面、从单一网格到其自身或从一个网格到另一个网格的投影。禁用此选项可稍微改善性能。
☞ 软化度:模糊阴影边缘,产生逐渐的衰减。
☞ 聚光:(仅限聚光灯)设置光源明亮中心的宽度。
☞ 衰减:(仅限聚光灯)设置光源的外部宽度。

使用衰减:"内径"和"外径"选项决定衰减锥形,以及光源强度随对象距离的增加而减弱的速度。对象接近"内径"限制时,光源强度最大。对象接近"外径"限制时,光源强度为零。处于中间距离时,光源从最大强度线性衰减为零。

> **提示** 将鼠标指针悬停在"聚光"、"衰减"、"内径"和"外径"选项上。右侧图标中的红色轮廓指示受影响的光源元素。

【任务12】 调整光源位置

(1) 在上个任务打开的文档中,单击面板上部的"光源"按钮,选择"无极限1"光源条目。

(2) 选择光源设置面板下部的"切换各种3D额外内容"按钮,弹出选择菜单如图10-54所示。选择"3D光源"命令,在场景中显示已有的光源。如图10-55所示。

图10-54 切换各种3D额外内容菜单

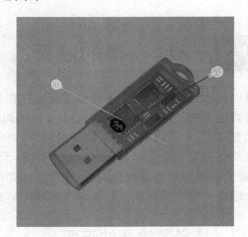

图10-55 在场景中显现光源位置

(3) 单击光源旋转工具 按住鼠标左键,弹出如图10-56所示菜单。

(4) 光源的旋转、平移和滑动参照本单元移动、旋转和缩放模型一节。调整光源位置后,模型表面的高光,阴影位置发生变化如图10-57所示。

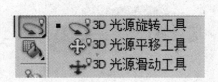

图10-56 光源调整工具

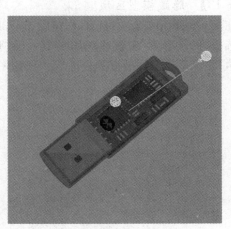

图10-57 光源位置调整后效果

 知识链接

☞ 旋转工具：(仅限聚光灯、无限光和基于图像的光源)旋转光源,同时保持其在3D空间的位置。要快速将光源定位到某个特定区域,按住"Alt"键的同时在文档窗口中单击。

☞ 平移工具：(仅限聚光灯和点光)将光源移动到同一3D平面中的其他位置。

☞ 滑动工具：(仅限聚光灯和点光)将光源移动到其他3D平面。

> **提示** 要精确地调整基于图像的光源的位置,使用3D轴,此轴会将图像包覆在球体上。

10.6 3D模型的绘画

可以使用任何Photoshop绘画工具直接在3D模型上绘画,就像在2D图层上绘画一样。使用选择工具将特定的模型区域设为目标,或让Photoshop识别并高亮显示可绘画的区域。使用3D菜单命令可清除模型区域,从而访问内部或隐藏的部分,以便进行绘画。

直接在模型上绘画时,可以选择要应用绘画的底层纹理映射。通常情况下,绘画应用于漫射纹理映射,以便为模型材质添加颜色属性；也可以在其他纹理映射上绘画,例如凹凸映射或不透明度映射。如果在其上绘画的模型区域缺少绘制的纹理映射类型,则会自动创建纹理映射。

10.6.1 选择要绘画的表面

对于具有内部区域或隐藏区域的更复杂模型,可以隐藏模型部分,以便访问要在上面绘画的表面。例如,要在汽车模型的仪表盘上绘画,可以暂时去除车顶或挡风玻璃,然后缩放到汽车内部以获得不受阻挡的视图。

【任务13】 隐藏模型区域

(1) 在Photoshop CS5中打开,"A6L.obj"3D模型文件,如图10-58所示。
(2) 选择"磁性套索"工具建立如图10-59所示的选区。
(3) 执行"3D"/"隐藏最近的表面"命令,如图10-60所示。

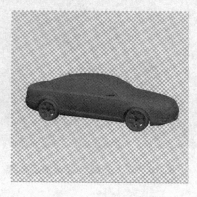
图10-58 打开的汽车模型

图10-59 在模型表面建立选区

（4）执行"3D"/"仅隐藏封闭的多边形"命令，如图10-61所示。
（5）执行"3D"/"反转可见表面"命令，如图10-62所示。

图10-60　隐藏最近的表面效果　　图10-61　仅隐藏封闭的多边形效果　　图10-62　反转可见表面效果

（6）执行"3D"/"显示所有表面"命令，使所有隐藏的表面再次可见。

10.6.2　标识可绘画区域

只观看3D模型，可能还无法明确判断是否可以成功地在某些区域绘画。因为模型视图不能提供与2D纹理之间的一一对应，所以直接在模型上绘画与直接在2D纹理映射上绘画是不同的。模型上看起来是个小画笔，相对于纹理来说可能实际上是比较大的，这取决于纹理的分辨率，或应用绘画时与模型之间的距离。

【任务14】　文字模型涂鸦

（1）新建800×600像素的文件。选择渐变工具设置如图10-63所示，选择"径向渐变"从中心填充背景图层。

（2）单击横排字体工具，设置字体为Hobo Std，字体大小为400点，输入英文字母"M"。

（3）选择文字图层，执行"3D"/"凸纹"命令，在"凸纹"面板中，设置凸纹形状预设为切变，深度为0.3，缩放为1，其他参数不变。如图10-64所示。

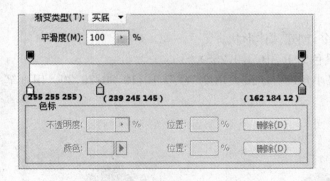 

图10-63　渐变色设置　　　　　　　　　　图10-64　3D文字

（4）设置M的前膨胀材质和M凸出材质，在漫射执行新建纹理，在"新建"面板中设置背景颜色为透明。

（5）执行"3D"/"选择可绘画区域"命令，创建绘画区域如图10-65所示。

（6）点击画笔工具，设置为平角少毛硬毛刷，76 px，颜色为RGB(210,195,34)，在创建的绘画区域内进行涂鸦。如图10-66所示。

图10-65 选择可绘画区域　　　　　　　　图10-66 涂鸦效果

知识链接

最佳的绘画区域，就是那些能够以最高的一致性和可预见的效果在模型表面应用绘画或其他调整的区域。在其他区域中，绘画可能会由于角度或与模型表面之间的距离，出现取样不足或过度取样。

在3D面板的"场景"部分 ，从"预设"菜单中选取"绘画蒙版"。在"绘画蒙版"模式下，白色显示最佳绘画区域，蓝色显示取样不足区域，红色显示过度取样区域（要在模型上绘画，必须将"绘画蒙版"渲染模式更改为支持绘画的渲染模式，如"实色"渲染模式）。

10.6.3 设置绘画衰减角度

在模型上绘画时，绘画衰减角度控制表面在偏离正面视图弯曲时的油彩使用量。衰减角度是根据"正常"，或根据朝向模型表面突出部分的直线来计算的。例如，在足球等球面模型中，当球面对你时，足球正中心的衰减角度为0度。随着球面的弯曲，衰减角度增大，在球边缘处达到最大值，90度。

【任务15】 球体涂鸦

（1）新建800×600像素大小的"Web"文件。
（2）执行"3D"/"从图层新建形状"/"球体"命令，创建球体形状。
（3）单击画笔工具，设置为硬边缘，66 px，前景色为RGB(0,0,255)。
（4）执行"3D"/"绘画衰减"命令，分别设置"最小角度"及"最大角度"为：5,10；10,20；20,30。用画笔在球面绘制如图10-67所示。

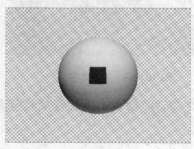
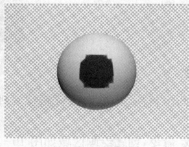

　　5,10　　　　　　　　　　　10,20　　　　　　　　　　　20,30

图10-67 绘画衰减效果

项目10 3D功能及其应用   291

（1）"最小角度"：设置绘画随着接近最大衰减角度而渐隐的范围。例如，如果最大衰减角度是45度，最小衰减角度是30度，那么在30度和45度的衰减角度之间，绘画不透明度将会从100减少到0。

（2）"最大角度"：绘画衰减角度在0～90度之间。0度时，绘画仅应用于正对前方的表面，没有减弱角度。90度时，绘画可沿弯曲的表面（如球面）延伸至其可见边缘。在45度角设置时，绘画区域限制在未弯曲到大于45度的球面区域。

10.7 3D渲染和存储

10.7.1 3D渲染

1. 渲染设置

Photoshop渲染不仅自带了如图10-68所示的常见预设，而且还可以自定设置以创建用户自定义预设。渲染设置是图层特定的，如果文档中包含多个3D图层，必须为每个图层分别指定渲染设置。

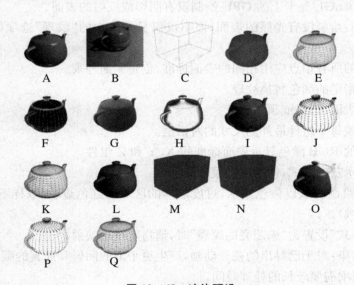

图10-68 渲染预设

渲染预设：在3D面板顶部，单击"场景"按钮，在面板的下半部中，从"预设"菜单中选择渲染预设选项。
已安装的渲染预设包括：A. 默认（品质设置为交互）；B. 默认（品质设置为光线跟踪和地面可见）；C. 外框；D. 深度映射；E. 隐藏线框；F. 线条插图；G. 正常；H. 绘画蒙版；I. 着色插图；J. 着色顶点；K. 着色线框；L. 实色线框；M. 透明外框轮廓；N. 透明外框；O. 双面；P. 顶点；Q. 线框。

提示 "双面"预设仅应用于横截面，效果为在半个截面上显示实色模型，在另半个截面上显示线框。

2. 自定义设置

在 3D 面板顶部，单击"场景"按钮，在"渲染设置"菜单右侧，单击"编辑"，打开"3D 渲染设置"面板如图 10-69 所示。

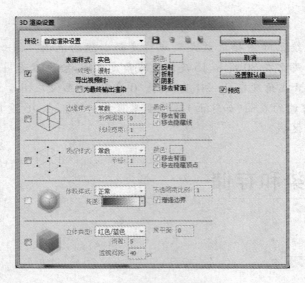

图 10-69　3D 渲染设置面板

(1) 使用"表面样式"列表绘制表面。

☞ 实色：使用 OpenGL 显卡上的 GPU 绘制没有阴影或反射的表面。

☞ 未照亮的纹理：绘制没有光照的表面，而不仅仅显示选中的"纹理"选项（默认情况下，选定"漫射"）。

☞ 平滑：对表面的所有顶点应用相同的表面标准，创建刻面外观。

☞ 常数：用当前指定的颜色替换纹理。

☞ 颜色框：调整表面、边缘或顶点颜色。

☞ 外框：显示反映每个组件最外侧尺寸的对话框。

☞ 正常：以不同的 RGB 颜色显示表面标准的 X、Y 和 Z 组件。

☞ 深度映射：显示灰度模式，使用明度显示深度。

☞ 绘画蒙版：可绘制区域以白色显示，过度取样的区域以红色显示，取样不足的区域以蓝色显示（请参阅标识可绘画区域）。

☞ 纹理："表面样式"设置为"未照亮的纹理"时，请指定纹理映射。

☞ 为最终输出渲染：对于已导出的视频动画，产生更平滑的阴影和逼真的颜色出血（来自反射的对象和环境）。但是，该选项需要较长的处理时间。

☞ 反射、折射、阴影：显示或隐藏这些"光线跟踪"渲染功能。

☞ 移去背面：隐藏双面组件背面的表面。

(2) "边缘样式"反映用于以上"表面样式"的"常数"、"平滑"、"实色"和"外框"选项。

☞ 折痕阈值：调整出现模型中的结构线条数量。当模型中的两个多边形在某个特定角度相接时，会形成一条折痕或线。如果边缘在小于"折痕阈值"设置（0～180）的某个角度相接，则会移去它们形成的线。若设置为 0，则显示整个线框。

☞ 线段宽度：指定宽度（以像素为单位）。

☞ 移去背面：隐藏双面组件背面的边缘。

☞ 移去隐藏线：移去与前景线条重叠的线条。

(3) "顶点样式"反映用于以上"表面样式"的"常数"、"平滑"、"实色"和"外框"选项，调整顶点的外观

（组成线框模型的多边形相交点）。

☞ 半径：决定每个顶点的像素半径。

☞ 移去背面：隐藏双面组件背面的顶点。

☞ 移去隐藏顶点：移去与前景顶点重叠的顶点。

（4）"立体类型"调整图像的设置，该图像将透过红蓝色玻璃查看，或打印成包括透镜镜头的对象。为透过彩色玻璃查看的图像指定"红色/蓝色"，或为透镜打印指定"垂直交错"。

☞ 视差：调整两个立体相机之间的距离。较高的设置会增大三维深度，但会减小景深，使焦点平面前后的物体呈现在焦点之外。

☞ 透镜间距：对于垂直交错的图像，指定"透镜镜头"每英寸包含多少线条数。

☞ 焦平面：确定相对于模型外框中心的焦平面的位置。输入负值将平面向前移动，输入正值将其向后移动。

3．为最终输出渲染 3D 文件

完成 3D 文件的处理之后，可创建最终渲染以产生用于 Web、打印或动画的最高品质输出。最终渲染使用光线跟踪和更高的取样速率以捕捉更逼真的光照和阴影效果。

在 3D 面板顶部，单击"场景"按钮，然后在下面的列表中单击"场景"条目，在"渲染设置"面板中的"品质"菜单中，选择"光线跟踪最终效果"。

渲染完成后，可拼合 3D 场景以便用其他格式输出、将 3D 场景与 2D 内容复合或直接从 3D 图层打印。

10.7.2 存储和导出 3D 文件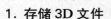

1．存储 3D 文件

完成 3D 文件制作后，要保留 3D 文件中模型的位置、光源、渲染模式和横截面，把 3D 图层的文件以 PSD、PSB、TIFF、或 PDF 格式进行储存。

执行"文件"/"存储"命令或"文件"/"存储为"命令，选择 Photoshop（PSD）、Photoshop PDF 或 TIFF 格式，单击"确定"按钮保存。

2．导出 3D 图层

执行"3D"/"导出 3D 图层"命令，选取导出纹理的格式：U3D 和 KMZ 支持 JPEG 或 PNG 作为纹理格式；DAE 和 OBJ 支持所有 Photoshop 支持的用于纹理的图像格式；如果导出为 U3D 格式，请选择编码选项，ECMA1 与 Acrobat 7.0 兼容，ECMA3 与 Acrobat 8.0 及更高版本兼容，并提供一些网格压缩。单击"确定"按钮导出。

要保留文件中的 3D 内容，可以把文件保存为 Photoshop 格式或另一受支持图像格式的存储文件，还可以用受支持的 3D 文件格式将 3D 图层导出为相应文件。

可以采用 Collada DAE、Wavefront/OBJ、U3D 和 Google Earth 4 KMZ 的 3D 格式导出 3D 图层。选取导出格式时，需考虑以下因素：

（1）"纹理"图层以所有 3D 文件格式存储；但是 U3D 只保留"漫射"、"环境"和"不透明度"纹理映射。

（2）Wavefront/OBJ 格式不存储相机设置、光源和动画。

（3）只有 Collada DAE 会存储渲染设置。

10.8 回到项目工作环境

项目制作流程：

（1）新建 800×800 像素大小的图像文件。

（2）选择渐变工具设置如图 10-70 所示，选择"径向渐变"从中心填充背景图层。

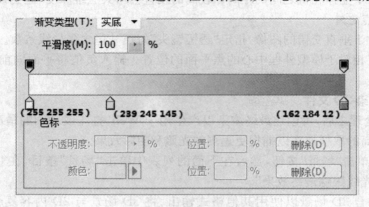

图 10-70 渐变色设置参数

（3）选择横排文字工具，设置字体为 Cooper Std、字体大小为 72 点、前景色为黑色，输入"Photoshop"英文字母。

（4）选择"Photoshop"文字图层，执行"3D"/"凸纹"/"文本图层"命令，创建 3D 形状文字。在如图 10-71 所示的弹出对话框中选择"是"。

（5）在打开的如图 10-72 所示"凸纹"面板中，材质设置为全部为皮革（褐色）；"凹出"选项，设置深度为 1.75，缩放为 0.6，Y 轴角度为 -90。点击"确定"。

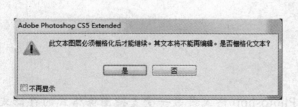

图 10-71 提示对话框

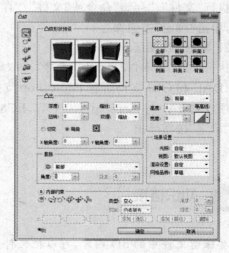

图 10-72 凸纹面板

（6）使用"网格比例工具"，调整创建文字形状大小，使用"网格平移工具"调整文字形状的位置。双击 3D 图层，在弹出的"图层样式"对话框中设置外发光，完成如图 10-73 所示的 3D 形状文字效果。

（7）复制文字 3D 图层，对副本执行"3D"/"栅格化"命令，对栅格化后的副本图层执行"编辑"/"变换"/"垂直翻转"命令，移动副本图层到原图层的下方。对副本图层添加"图层蒙版"制作渐隐效果如图 10-74 所示，设置副本图层的不透明度为 70%。得到如图 10-75 所示效果。

项目10 3D功能及其应用

(8) 新建图层命名为"星形1",选择多边形工具,设置为像素填充、多边形;边为5;前景色为黑色;"多边形选项"设置如图10-76所示。

图10-73 文字效果

图10-74 图层蒙版制作渐隐效果

图10-75 文字倒影效果

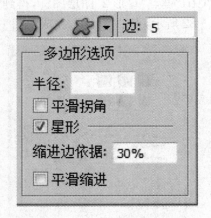

图10-76 多边形选项设置

(9) 在"星形1"图层绘制如图10-77所示的星形,按住"Ctrl"键点"星形1"图层图标,得到星形的选区。执行"3D"/"凸纹"/"当前选区"命令,设置参数如图10-78所示,点击"确定",完成如图10-79所示的3D形状。

图10-77 绘制星形

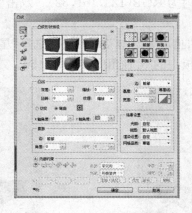

图10-78 凸纹设置参数

图10-79 星形3D形状

(10) 选择"星形1"3D图层,在3D面板上部单击"材质"按钮,"星形1前膨胀材质"的漫射为RGB(48,245,48)。"星形1凸出材质"的漫射为RGB(188,40,96)。双击"星形1"3D图层,设置"图层样式"为外发光。如图10-80所示。

(11) 新建图层命名为"星形 2",在"星形 2"图层绘制如图 10-81 所示的星形。

图 10-80　星形 3D 形状材质完成效果

图 10-81　绘制星形

按住"Ctrl"键点"星形 2"图层图标,得到星形的选区。执行"3D"/"凸纹"/"当前选区"命令,设置参数如图 10-82 所示,点击"确定",完成如图 10-83 所示的 3D 形状。

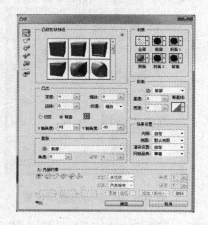

图 10-82　星形凸纹参数

图 10-83　第 2 个星形 3D 形状

(12) 选择"星形 2"3D 图层,在 3D 面板上部单击"材质"按钮,"星形 1 前膨胀材质"的漫射为 RGB(255,0,0)。"星形 1 凸出材质"的漫射为 RGB(123,161,32)。双击"星形 2" 3D 图层,设置图层样式为外发光。如图 10-84 所示。

(13) 复制"星形 2"3D 图层得到"星形 2 副本"3D 图层。选择"星形 2 副本"3D 图层,执行"3D"/"凸纹"/"编辑凸纹"命令,修改"凸纹"面板中的 X 轴角度参数为-50。效果如图 10-85 所示。

图 10-84　第 2 个星形 3D 形状材质完成效果

图 10-85　星形 2 副本完成效果

(14) 重复步骤(11)~(13)的方法完成本项目的制作,注意修改"凸纹"面板中的"X 轴角度"大小。

10.9 项目总结

训练内容:制作广告的立体文字的效果。
(1) 使用"凸纹"命令创建 3D 形状。
(2) 制作形状材质及纹理。
(3) 设置场景光源。

训练目的:熟练使用"凸纹"命令创建 3D 形状,设置形状的材质及纹理,掌握场景内光源的设置,最终渲染及保存形状文档。

技术要点:
(1) "凸纹"只能应用在文本图层、图层蒙版、所选路径、当前选区 4 种状态下,如果创建的是像素图,那么必须得到选区或者路径才能使用"凸纹"创建 3D 形状。
(2) 调整 3D 形状的位置,执行"视图"/"显示"/"3D 轴"命令,打开 3D 轴,采用 3D 轴能够较精确的调整 3D 形状的位置。
(3) 对 3D 形状进行调色或添加特效,可以把 3D 图层进行"栅格化"变成像素图层。
(4) "凸纹"面板中的"X 轴角度"和"Y 轴角度"可以有效地控制凸出的方向。注意两个角度的配合使用。

项目训练

1. 填空题
(1) 通过凸纹工具制作 3D 形状只能是_____、_____、_____和_____类型。
(2) 使用 3D 技术创建 3D 文字的菜单命令是_____。
(3) Photoshop CS5 中光源包括:_____、_____和_____三种类型。
(4) 3D 技术中渲染设置的品质包括:交互(绘画)、_____和_____。

2. 操作题
使用提供的素材独立制作完成如图 10-86 所示的立体文字。

图 10-86 立体文字

项目 11 Web 与 动 画

通过本项目的学习,熟悉 Photoshop 图像存储的优化设置,能够灵活运用动画原理制作动画效果。

◇ 切片的使用
◇ 掌握图像的优化方法
◇ Photoshop 中动画的制作

11.1 项目导入:闪耀动感文字

项目需求:本项目主要是为一家网站设计网站页面中闪耀的动感文字,以纯黑色为背景,通过制作文字滤镜效果和对象运动来制作动画,闪耀动感文字动画过程截图如图 11-1 所示。

图 11-1 动感文字

引导问题:本项目主要采用"过渡"来完成,文字的制作通过图层样式渐变颜色叠加来设置,闪耀效果使用关键帧中对象的滤镜效果的改变来实现。

11.2 切片

11.2.1 图像的切片

【任务1】 创建网页图片切片

项目 11　Web 与 动 画

(1) 打开已经设计好的网页图片"网页导航",选择工具箱中的切片工具 ,如图 11-2 所示。

图 11-2　网页导航

(2) 在如图 11-3 所示的选项栏中进行参数设置。如图 11-4 所示,选择"正常"样式。

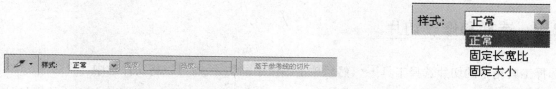

图 11-3　切片选项栏　　　　　　　　　　　图 11-4　样式列表

(3) 在要创建切片的区域上拖移鼠标。按住"Shift"键并拖移鼠标可将切片限制为正方形。按住"Alt"键拖移可从中心绘制。切片左上角的数字为切片的编号,切割成如图 11-5 所示的图像。

图 11-5　图像切片

知识链接

切片是指图像的一块矩形区域,可用于在产生的 Web 页中创建链接、翻转和动画。通过将图像划分为切片,可以更好地对图像进行控制,并对图像文件大小进行优化,以提高浏览网页时图片的下载速度。

处理包含不同数据类型的图像时,切片也很有用。例如,如果需要以 GIF 格式优化图像的某一区域以便支持动画,而图像的其余部分以 JPEG 格式优化时,就可以使用切片来实现。

切片还可以直接按参考线的区域进行切片。方法是:先在图像中创建参考线,然后选择切片工具,在选项栏中单击"基于参考线的切片",这样系统就会按照参考线的位置进行切片的划分了。切片样式包括以下 3 种:

☞ 正常:可以通过拖移鼠标确定切片比例。

☞ 固定长度比:设置高度和宽度的比例,输入整数或小数作为长宽比。

☞ 固定大小:指定切片的高度和宽度,输入整数像素值。

> **提示**
>
> 在处理切片时，注意以下基本要点：
> （1）可以通过使用切片工具或创建基于图层的切片来创建切片。
> （2）创建切片后，可以使用"切片选择工具"选择该切片，然后对它进行移动和调整大小，或将它与其他切片对齐。
> （3）可以在"切片选项"对话框中为每个切片设置选项，如切片类型、名称和 URL。
> （4）可以使用"存储为 Web 和设备所用格式"对话框中的各种优化设置对每个切片进行优化。

11.2.2　选择和修改切片

选择工具箱中的切片选择工具 ，然后单击图像中的切片，就可以将切片选中。

选中切片后拖动鼠标，可以移动切片的位置。拖动切片旁的编辑点，可以改变切片的区域大小。选中切片后，按键盘上的"Delete"键可以将切片删除。

> **提示**
>
> 在选择了"切片工具"或"切片选择工具"的前提下，按住"Ctrl"键，可以在切片工具 和切片选择工具 之间进行快速切换。

11.2.3　切片类型

切片按照其内容类型（表格、图像、无图像）以及创建方式（用户、基于图层、自动）进行分类。

使用切片工具创建的切片称作用户切片；通过图层创建的切片称作基于图层的切片。当创建新的用户切片或基于图层的切片时，将会生成附加自动切片来占据图像的其余区域。自动切片填充图像中用户切片或基于图层的切片未定义的空间。每次添加或编辑用户切片或基于图层的切片时，都会重新生成自动切片，可以将自动切片转换为用户切片。

（1）用户切片、基于图层的切片和自动切片的外观不同：用户切片和基于图层的切片由实线定义，而自动切片由虚线定义。此外，用户切片和基于图层的切片显示不同的图标。可以选取显示或隐藏自动切片，这样可以更容易地查看使用用户切片和基于图层的切片的作品。

（2）子切片是创建重叠切片时生成的一种自动切片类型。子切片指示存储优化的文件时如何划分图像。尽管子切片有编号并显示切片标记，但无法独立于底层切片选择或编辑子切片。每次排列切片的堆叠顺序时都重新生成子切片。

可以使用不同的方法创建切片：
- 自动切片是自动生成的。
- 用户切片是用切片工具创建的。
- 基于图层的切片是用图层面板创建的。

11.3 Web 图形

11.3.1 优化图像

【任务2】 优化图像

(1) 网页图像切片完成后,执行"文件"/"存储为 Web 和设备所用格式"命令,打开"优化"对话框,单击"双联"选项卡,如图 11-6 所示。对话框中,上面的图像为原始图像的效果,下面的图像为应用了相应设置后的优化预览效果。

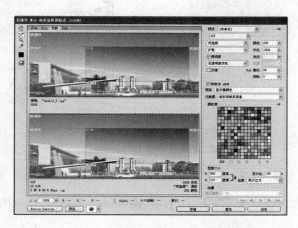

图 11-6 存储为 Web 和设备所用格式对话框

(2) 在对话框左边的工具箱中选择切片选择工具 ,然后在下方的预览图中单击选中切片。

(3) 选中切片后,在对话框右边的参数中设置相关参数,包括图片格式、品质和模糊度等,并注意观察切片的效果和预览图底部的文件大小变化。

> **提示**
> (1) 选中切片时,可以按住"Shift"键,同时选中多个切片,进行设置。
> (2) 可以给每个切片设置不同的品质或文件格式,通过参数的不断调整,直到设置为合适的参数。

在输出 Web 之前,可以对图像进行优化,让图像显示品质满足要求的情况下,使文件的大小最小。

11.3.2 存储为 Web 和设备所用格式

设置完切片的参数后,直接单击"存储为 Web 所用格式"对话框中的"存储"按钮,打开"将优化结果存储为"对话框,在"文件名"文本框中给 HTML 取个名字,在"格式"下拉列表中选择"HTML 和图像"选项,在"设置"中选择"默认设置",在"切片"列表中选择"所有切片",最后单击"保存"即可。

保存后将得到一个 HTML 文件和一个存放切片的"images"文件夹。在 Dreamweaver 或 FrontPage 中打开该 HTML 文件,可以对页面进行进一步编辑。

11.4 动画

【任务3】 制作闪烁文字帧动画

(1) 打开素材图片"枫叶",创建文本"闪",字体为楷体,字号为60点,颜色为红色,如图 11-7 所示。

图 11-7 创建"闪"字　　　　　　　　图 11-8 输入文字

(2) 相同设置,分别输入"烁"、"文"、"字"几个字,确保每个字单独在一个图层中。输入完毕,调整文本位置,如图 11-8 所示。

(3) 执行"窗口"/"动画"命令,打开动画面板,将动画面板切换为帧动画,如图 11-9 所示。

图 11-9 动画帧面板

(4) 在帧动画面板中选中第 1 帧,修改延迟时间为 0.5 秒,如图 11-10 所示。单击面板中的"复制所选帧"按钮,添加 5 帧,如图 11-11 所示。

图 11-10 修改延迟时间　　　　　　　图 11-11 创建 6 帧

(5) 在图层面板中,将所有文字图层都隐藏,如图 11-12 所示。

(6) 选中动画面板中的第 2 帧,在图层面板中将文本"闪"的图层显示出来,如图 11-13 所示。

图 11-12 隐藏图层

图 11-13 第 2 帧的设置

(7) 在接下来的设置第 3 帧中,将"闪"和"烁"字显示出来;第 4 帧中,将"闪"、"烁"和"文"字显示出来;第 5 帧中和第 6 帧中,将 4 个字全部显示出来;整个过程中,背景图层一直都显示,如图 11-14 所示。

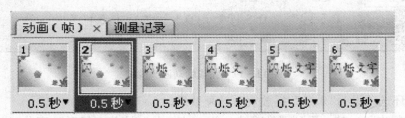

图 11-14 制作其余帧

(8) 将动画循环选项设为"永远",如图 11-15 所示。

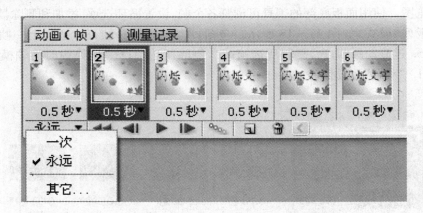

图 11-15 设置动画循环

(9) 保存动画。执行"文件"/"存储为 Web 和设备所用格式"命令,打开"优化"对话框,默认设置,选择"存储"按钮。在"将优化结果存储为"对话框中,选择保存路径、输入保存名称,单击"保存"按钮,回到"存储为 Web 和设备所用格式"对话框中,单击"完成"按钮存储动画。

【任务 4】 卡通图标切换动画

(1) 打开素材提供的"卡通图标.psd"文件。

(2) 执行"窗口"/"动画"命令，打开动画面板，修改第 1 帧的延迟时间为 0.5 秒。单击面板中的"复制所选帧"按钮，添加 4 帧，如图 11-16 所示。

图 11-16 创建关键帧

(3) 选择第 1 帧，设置图层 1 和背景图层可见，其余图层为不可见。选择第 2 帧，设置图层 2 和背景图层可见，其余图层为不可见。选择第 3 帧，设置图层 3 和背景图层可见，其余图层为不可见。选择第 4 帧，设置图层 4 和背景图层可见，其余图层为不可见。选择第 5 帧，设置图层 5 和背景图层可见，其余图层为不可见。完成如图 11-17 的动画面板中所示效果。

图 11-17 完成的动画关键帧

(4) 将动画循环选项设为"永远"，播放观看动画效果。

动画是一段时间内显示的一系列图像或帧。每一帧较前一帧都有轻微的变化，当连续、快速地显示这些帧时就会产生运动或其他变化的错觉。

选择"窗口"/"动画"，打开动画面板。动画面板的显示效果有两种：帧动画和时间轴动画。显示动画中的每个帧的缩览图。使用面板底部的工具可浏览各个帧，设置循环选项，添加和删除帧以及预览动画。

(1) 动画面板（帧模式）如图 11-18 所示。包括：A. 选择第一帧；B. 选择上一帧；C. 播放动画；D. 选择下一帧；E. 过渡动画帧；F. 复制所选帧；G. 删除所选帧；H. 转换为时间轴模式（仅限 Photoshop Extended）；I. "动画"面板菜单。

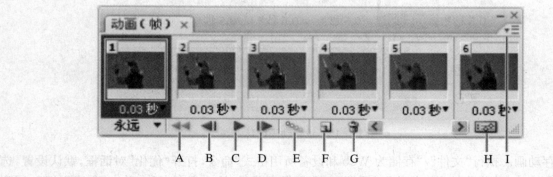

图 11-18 帧动画面板

(2) 动画面板（时间轴模式）如图 11-19 所示。包括：A. 启用音频回放；B. 缩小；C. 缩放滑块；D. 放大；E. 切换洋葱皮；F. 删除关键帧；G. 转换为帧动画。

可以将在 Photoshop CS5 中创建的帧动画转换为时间轴动画，以便可以使用关键帧和其他时间轴功

能来利用动画表示图层属性,也可以将时间轴动画转换为帧动画。在"动画"调板中,执行下列任一操作:

① 从"动画"调板菜单中,选择"转换为帧动画"或"转换为时间轴"。

② 单击"转换为时间轴动画"图标 或单击"转换为帧动画"图标 。

在 Photoshop 中,使用"动画"面板创建帧动画模式。每个帧表示一个图层配置,每个帧中的内容不同,就可以产生动画效果。

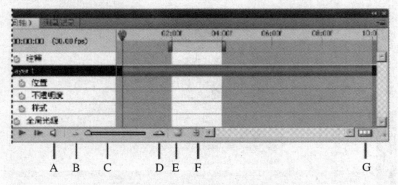

图 11-19　时间轴动画面板

【任务5】　卡通小人飞行的动画制作

(1) 新建文档,大小为 400×400 像素,分辨率为 72 像素/英寸,RGB 模式,背景内容为白色。

(2) 设置前景色为天蓝色,在背景层中填充前景色。

(3) 打开素材"飞行.psd"图片,使用移动工具,直接将其拖移到蓝色背景之上,如图 11-20 和图 11-21 所示。

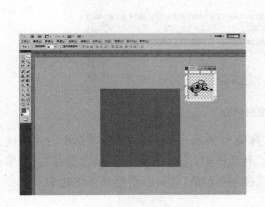

图 11-20　移动图像

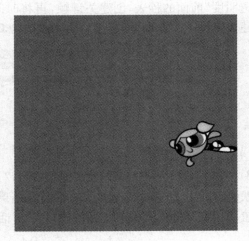

图 11-21　移动后

(4) 执行"窗口"/"动画"命令,打开"动画"面板,将面板切换为"时间轴"面板,如图 11-22 所示。

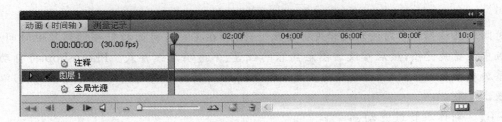

图 11-22　动画时间轴面板

(5) 单击"动画"面板中的图层1前面的三角符号,将其展开,调整好卡通小人的位置后,单击图层1下方的"位置"前的秒表,自动在起始位置创建了一个关键帧。

(6) 将时间指针向后拉,然后改变卡通小人的位置。效果和时间轴变化如图11-23所示。

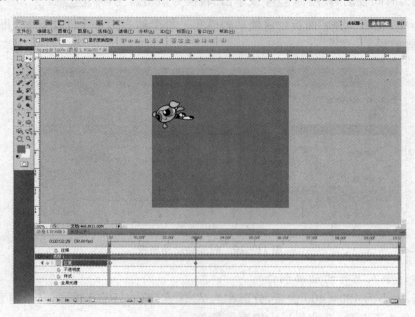

图 11-23 制作第 2 帧效果

(7) 卡通小人位置改变的动画就制作完成了,接下来再来改变透明度设置,将时间指针拖到最前面,单击"透明度"前面的秒表,创建关键帧,再将时间指针拖到位置的第2帧处,单击"透明度"前的菱形按钮,创建关键帧,在"图层"面板中将透明度改为0,如图11-24所示。

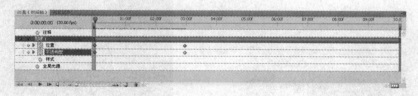

图 11-24 改变透明度

(8) 小人移动并消失的动画制作完成,执行"文件"/"存储为Web和设备所用格式"命令,打开"优化"对话框,默认设置,选择"存储"按钮。在"将优化结果存储为"对话框中,选择保存路径、输入保存名称,单击"保存"按钮,回到"存储为Web和设备所用格式"对话框中,选择"完成"后,就可以将动画存储起来。

要在时间轴动画模式中对图层内容进行动画处理,请在将当前时间指针移动到其他时间/帧上时在"动画"调板中设置关键帧,然后修改该图层内容的位置、不透明度或样式。Photoshop将自动在两个现有帧之间添加或修改一系列帧,通过均匀改变新帧之间的图层属性(位置、不透明度和样式)以创建运动或变换的显示效果。

【任务6】 制作人物过渡动画
(1) 新建大小为620×893像素的图像文件。
(2) 在新建文件中打开素材"模特1"和"模特2"文件,如图11-25所示的图层。

(3) 执行"窗口"/"动画"命令,打开"动画"面板,将面板切换为帧模式,设置模特2图层不可见,如图11-26所示。

图 11-25　新打开文件的图层

图 11-26　设置模特2图层不可见

(4) 选择模特1图层,单击移动工具,把该图层向左移动一定距离,选择动画面板中的第1帧,设置延迟时间为0.1秒;单击"动画"面板中的"复制所选帧"按钮,创建第2帧。如图11-27所示。

(5) 选择"动画"面板中的第2帧,单击移动工具向右移动模特1图层,设置不透明度为0。

(6) 单击"过渡动画帧"按钮,打开如图11-28所示的"过渡"面板。设置"过渡方式"为上一帧,"要添加的帧数"为3帧,保持其他参数不变。

图 11-27　创建第2帧

(7) 单击"确定"按钮,完成如图11-29所示动画帧。

图 11-28　过渡面板

图 11-29　模特1图层的过渡动画

(8) 选择"动画"面板中的第5帧,单击动画面板中的"复制所选帧"按钮,创建第6帧。选择第6帧,设置图层模特1不可见,模特2图层可见。

(9) 选择模特2图层,单击移动工具,把该图层向右移动一定距离,设置不透明度为0。

(10) 选择第6帧,单击动画面板中的"复制所选帧"按钮,创建第7帧。使第7帧处在选择状态,选择图层模特2设置不透明度为100;单击移动工具向左移动模特2图层。如图11-30所示。

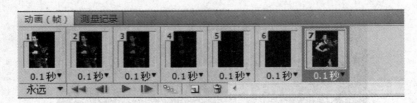

图 11-30　第6、7帧效果

(11) 单击"过渡动画帧"按钮,打开"过渡"面板。设置"过渡方式"为上一帧,"要添加的帧数"为3

帧,保持其他参数不变。

(12) 单击"确定"按钮,完成如图 11-31 所示动画帧。

图 11-31　最终动画帧

(13) 将动画循环选项设为"永远",播放观看动画效果。

11.5　回到项目工作环境

项目制作流程:

(1) 新建大小为 500×200 像素的文件,填充背景色为黑色。

(2) 单击横排文字工具,设置字体为 Hobo Std,字体大小为 44 点,字符间距为 50。输入如图 11-32 所示的文字,和背景图层进行居中对齐。

图 11-32　输入文字

(3) 双击文字图层,在图层样式中设置。外发光颜色为红色,其他设置如图 11-33 所示,渐变叠加如图 11-34 所示,得到如图 11-35 所示的文字效果。

图 11-33　外发光设置

图 11-34　渐变叠加设置

图 11-35　文字效果

(4) 新建图层 1,选择自定义形状工具,选择"填充像素",前景色为红色,绘制如图 11-36 所示的圆环。选择图层 1,执行"滤镜"/"模糊"/"形状模糊"命令,设置如图 11-37 所示,点击"确定"按钮得到如图 11-38 所示效果。

图 11-36 绘制圆环

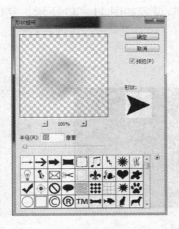
图 11-37 形状模糊设置

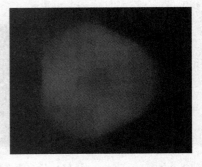
图 11-38 设置形状模糊效果

(5) 选择图层 1,执行"Ctrl+T"快捷键命令,设置缩放:宽为 120%,高为 80%,复制图层 1 并且合并 2 个图层。如图 11-39 所示。

(6) 新建图层 2,前景色为红色,绘制圆形,执行"滤镜"/"模糊"/"高斯模糊"命令,"半径"设置为 25 像素,点击"确定"。按住"Ctrl"键单击图层 2 图标得到选区并删除。如图 11-40 所示。

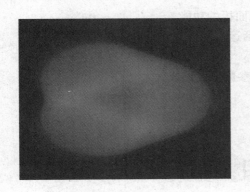
图 11-39 图层 1 最终效果

图 11-40 图层 2 效果

(7) 执行"窗口"/"动画"命令,打开动画面板,将面板切换为帧模式,选择第 1 帧,设置延迟时间为 0.04 秒,双击文字图层,设置图层样式中的叠加渐变的渐变色中的红色位置为 0。移动图层 1 形状到屏幕的左边,移动图层 2 的形状到右上角,可以多复制几个图层 2,并改变大小放在不同的起始位置。如图 11-41 所示。

图 11-41 第 1 帧效果

(8) 选择第 1 帧，复制第 2 帧。选择新复制的第 2 帧，双击文字图层，设置图层样式中的"叠加渐变"的渐变色中的红色位置为 100。移动图层 1 形状到屏幕的右边，移动图层 2 的形状到左下角。如图 11-42 所示。

(9) 单击动画面板中的"过渡"按钮，设置如图 11-43 所示。完成如图 11-1 所示的闪耀动感文字。

图 11-42　第 2 帧效果

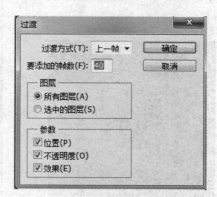

图 11-43　过渡设置

11.6　项目总结

训练内容：制作网站中闪耀动感文字。
训练目的：熟练掌握动画的原理和灵活运用动画面板的功能。
技术要点：通过动画面板的两种模式的切换，灵活运用面板制作动画效果。
常见问题解析：
(1) 滤镜效果支持动画，在不同的帧中设置滤镜参数可以形成效果动画。
(2) 过渡动画起始范围。

1. 填空题

(1) 切片是指图像的一块_____，可用于在产生的 Web 页中创建_____、翻转_____和_____。

(2) 动画是一段时间内显示的_____。每一帧较前一帧都有轻微的变化，当连续、快速地显示这些帧时就会产生运动或其他变化的错觉。

2. 选择题

(1) 切片工具或切片选择工具的快捷键是_____。
　　A. 字母 B 键　　　B. 字母 K 键　　　C. 字母 S 键　　　D. 字母 C 键

(2) 使用切片工具时，按下_____键可以得到正方形切片；按下_____键可以以单击位置为中心产生切片。
　　A. Shift　　　B. Ctrl　　　C. Alt　　　D. Delete

3. 操作题

(1) 参照任务 6，使用自己收集的素材，制作多幅照片的移动、渐隐动画。
(2) 参照本章项目，制作文字移动、渐隐和效果动画。

项目 12　滤　　镜

通过本项目的学习，熟悉 Photoshop 内置滤镜及外置滤镜的功能和效果，能够灵活运用滤镜来实现特效的制作。

◇ 掌握滤镜基础知识
◇ 内置滤镜的使用方法
◇ 常用外置滤镜的安装和使用

12.1　项目导入：炫丽宣传画制作

项目需求： 本项目主要为歌厅设计一张炫丽的宣传画，整体色调以绿色为主，绿色给人青春、有活力的感觉，加上背景的特效，突出宣传画的主题——炫，最终效果图如图 12-1 所示。

引导问题： 本案例中的炫丽体现在作品的背景上，所以打造一幅炫丽的背景是本案例的关键，通过多款滤镜的叠加使用，来实现背景的效果，最后加以图文修饰来完成宣传画的制作。

图 12-1　炫丽宣传画

12.2　内置滤镜

12.2.1　滤镜的介绍

滤镜分为两种，分别是内置滤镜和外置滤镜。滤镜实际上是一种特殊的软件处理模块，图像经过滤镜处理后，可以产生特殊的艺术效果，从而制作出意想不到的精彩图像。滤镜的操作非常简单，但是真正用起来却很难恰到好处。如果想合理的应用滤镜，除了需要平常的美术功底之外，还需要用户对滤镜进行熟练的操控，甚至需要具有很丰富的想象力，这样才能将滤镜的强大功能发挥到淋漓尽致。

Photoshop CS5 的滤镜菜单下提供了多种功能的滤镜，选择"滤镜"菜单，弹出如图 12-2 所示的下拉菜单，Photoshop CS5 的滤镜菜单被分为 6 个部分，并已用横线划分开。

（1）第 1 部分是最近一次使用的滤镜，当没有使用滤镜时，它是灰色的，不可以选择。当使用一种滤镜后，需要重复使用这种滤镜时，只要直接选择这种滤镜或按"Ctrl＋F"，即可重复使用，也可按下"Ctrl＋

Alt+F",打开"滤镜"对话框,重新对要再次使用的滤镜进行参数设置。

(2)第2部分是转换智能滤镜部分,智能滤镜是一种非破坏性的滤镜创建方式,它可以随时调整参数,隐藏或删除而不会破坏图像。

(3)第3部分是4种 Photoshop CS5 滤镜,每个滤镜的功能都十分强大。

(4)第4部分是13组 Photoshop CS5 滤镜,每个滤镜中都有包含其他滤镜的子菜单。

(5)第5部分是常用外挂滤镜,当没有安装常用外挂滤镜时,它是灰色的,不可以选择。

(6)第6部分是浏览联机滤镜。

> **提示** RGB 颜色模式可以使用 Photoshop CS5 中的任意一种滤镜;而位图、16位灰度图、索引颜色和48位 RGB 图不能使用滤镜;在 CMYK 和 Lab 颜色模式下,不能使用的有画笔描边、视频、素描、纹理和艺术效果等滤镜。

图 12-2 滤镜菜单

12.2.2 滤镜库

【任务1】 制作古楼蜡笔画效果

(1)打开图片"古楼.jpg",执行"滤镜"/"滤镜库"命令,弹出"滤镜库"对话框,如图 12-3 所示。

(2)在对话框中部的滤镜列表中,选择"艺术效果"滤镜组中的"粗糙蜡笔"滤镜。

(3)在左侧的"预览窗口"中,可以看到所选滤镜应用到图像后的效果图,通过左下角的缩放按钮和预览显示比例列表,可以缩放预览图像的比例,如图 12-4 所示。

图 12-3 滤镜库

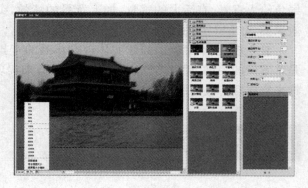

图 12-4 滤镜库缩放设置

(4)完成参数设置后,单击"确定"按钮,就可以应用此滤镜效果。

知识链接

(1)滤镜库将常用的滤镜组合在一个面板中,以折叠菜单的方式显示,并为每一个滤镜提供了直观的效果预览,使用十分方便。

(2)"滤镜库"对话框右侧是滤镜的参数设置区,可以针对选择的滤镜进行各项参数的设置,单击关

闭 图标,可以显示图像的原始效果。单击"新建效果图层" 按钮,可以继续对图像应用上一次的滤镜效果。单击"删除效果图层" 按钮,可以删除上一次应用的滤镜效果,单击上方的 按钮,可以将图像效果预览窗口最大化。

12.2.3 "液化"滤镜

【任务2】 制作螺旋文字效果

(1) 新建文件,宽度为800像素,高度为600像素,分辨率设为300像素/英寸,颜色模式为RGB,背景内容为白色,单击"确定"按钮。

(2) 选择文本工具,输入文本"Hi",字体为宋体,字号为120点,颜色为黑色。将文本进行栅格化。

(3) 执行"滤镜"/"液化"命令,在对话框中进行设置,在左侧选择"顺时针旋转扭曲工具",在右侧设置画笔大小为200,如图12-5所示,在字母"H"的右上角按下鼠标左键不要松开,制作H的液化效果,实现效果后,松开鼠标。同样的方式在字母"i"的右下角进行操作。

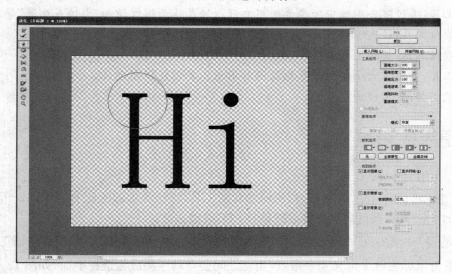

图 12-5 液化滤镜

(4) 最终效果如图12-6所示。

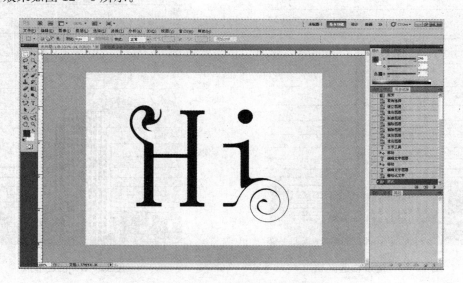

图 12-6 液化效果图

知识链接

"液化"滤镜所提供的工具,可以对图像任意扭曲,还可以定义扭曲的范围和强度,可用于推、拉、旋转、反射、折叠和膨胀图像的任意区域。

☞ 向前变形工具:拖移鼠标时向前推进像素。
☞ 重建工具:将变形的图像恢复为原始状态。
☞ 顺时针旋转扭曲工具:按住鼠标按钮或拖移时按顺时针方向旋转像素。
☞ 褶皱工具:按住鼠标按钮或拖移时使像素靠近画笔区域的中心。
☞ 膨胀工具:按住鼠标按钮或拖移时使像素远离画笔区域的中心。
☞ 左推工具:沿与描边方向垂直的方向移动像素。
☞ 镜像工具:将像素拷贝到画笔区域。
☞ 湍流工具:通过混合图像中的像素使用户可以轻易地为图像增加"火焰或烟幕"等变形效果。
☞ 冻结蒙版工具:设定冻结区域,被冻结的区域将保持原始状态。
☞ 解冻蒙版工具:解除区域的冻结状态。
☞ 抓手工具:当图像大小超出预览框范围时用该工具调整视图方位。
☞ 放大镜工具:放大视图。

12.2.4 "消失点"滤镜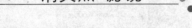

【任务3】 制作透视效果
(1) 打开一幅"建筑物.jpg"的图像,利用磁性套索工具,将建筑物选区选中,如图12-7所示。
(2) 按"Ctrl+C"复制选区内的图像,按"Ctrl+D"取消选区。
(3) 执行"滤镜"/"消失点"命令,弹出"消失点"对话框,在对话框左侧选择"创建平面工具"按钮 ,在图像中通过单击鼠标左键来定义4个角点,角点之间会自动连接成为透视平面,如图12-8所示。

图12-7 建筑物选区　　　　　　　　图12-8 创建节点

(4) 按"Ctrl+V",将刚才复制的图像粘贴到窗口图像中,将粘贴的图像拖到透视平面中,如图12-9所示。

(5) 按住"Alt"键的同时,复制并向上拖曳建筑物,单击"确定"按钮,建筑物将会透视变形。效果如图12-10所示。

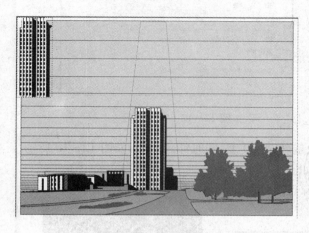
图12-9　粘贴图像

图12-10　完成透视

在消失点滤镜工具选定的图像区域内进行克隆、喷绘、粘贴图像等操作时,操作会自动应用透视原理,按照透视的角度和比例来适应图像的修改,从而大大节约精确设计和修饰图像所需的时间。

☞ 编辑平面工具:选择、编辑、移动平面和调整平面的大小。

☞ 创建平面工具:单击图像中透视平面或对象的四个角,可创建编辑平面。从现有平面的伸展节点拖出垂直平面。

☞ 选框工具:在平面中单击并拖移可选择该平面上的区域。

☞ 图章工具:在平面中按住"Alt"键,单击可为仿制设置源点。一旦设置了源点,可单击并拖移来绘画或仿制。按住"Shift"键单击可将描边扩展到上一次单击处。

☞ 画笔工具:在平面中单击并拖移可进行绘画。

☞ 吸管工具:点按已选择用于绘画的颜色。

☞ 测量工具:点按两点可测量距离。

☞ 抓手工具:点按并拖移可在预览窗口中滚动图像。

☞ 缩放工具:在预览窗口中的图像上点按可放大,按住"Alt"键点按可缩小。

12.2.5　常用滤镜

【任务4】　制作火焰字

(1) 新建文件,宽度为800像素,高度为600像素,分辨率设为72像素/英寸,颜色模式为灰度,背景色为黑色,单击"确定"按钮。

(2) 使用文本工具,输入文字"火",字体为华文行楷,字号为300点,颜色为白色,调整好文字位置,如图12-11所示。

(3) 选中文字图层,右键单击,在快捷菜单中选择"栅格化文字",按住"Ctrl"键,单击文字图层,载入文字选区，执行"选择"/"存储选区"命令，名称为"火"，如图12-12所示。

图12-11　黑色背景白色文字

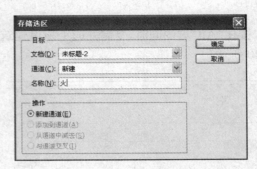

图12-12　存储选区

（4）按住"Ctrl+D"取消选区，执行"图像"/"图像旋转"/"90度（顺时针）"命令，如图12-13所示。
（5）执行"滤镜"/"风格化"/"风"命令，设置参数如图12-14所示。
（6）执行"滤镜"/"风"命令或按"Ctrl+F"，多执行几次"风"滤镜，效果如图12-15所示。

图12-13　旋转图像

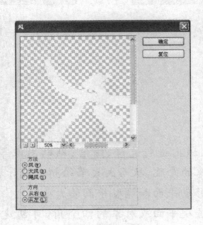

图12-14　风

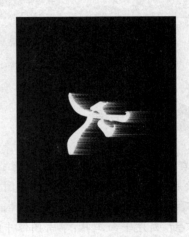

图12-15　应用风滤镜后效果

（7）执行"图像"/"图像旋转"/"90度（逆时针）"命令，将文字旋转回来，执行"选择"/"载入选区"命令，在"通道"列表中，选择刚刚保存的"火"通道。按"Ctrl+I"，将选区反选。
（8）执行"滤镜"/"风格化"/"扩散"命令，设置模式为正常，如图12-16所示。
（9）执行"滤镜"/"模糊"/"高斯模糊"命令，模糊半径为0.5像素，如图12-17所示。

图12-16　扩散滤镜

图12-17　高斯模糊滤镜

（10）执行"滤镜"/"扭曲"/"波纹"命令，数量设为70%，大小设为大，如图12-18所示。
（11）按"Ctrl+D"取消选区，执行"图像"/"模式"/"索引"命令，图层选择合并，再执行"图像"/"模式"/"颜色表"命令,颜色表列表中选择"黑体",点击"确定",效果如图12-19所示。

图 12-18 波纹滤镜

图 12-19 火焰字最终效果

1. 风格化

"风格化"滤镜可以产生印象派以及其他风格画派作品的效果,它是完全模拟真实艺术手法进行创作的。"风格化"滤镜中 9 种滤镜效果如图12-20～图12-29所示。

图 12-20 原图

图 12-21 查找边缘

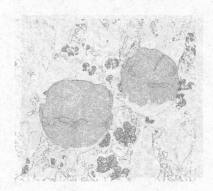

图 12-22 等高线

图 12-23 风

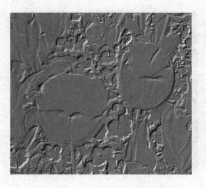

图 12-24 浮雕效果

图 12-25 扩散

图 12-26 拼贴

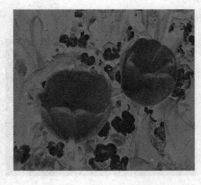
图 12-27 曝光过度

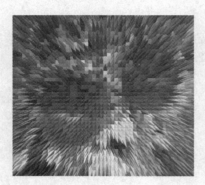
图 12-28 凸出

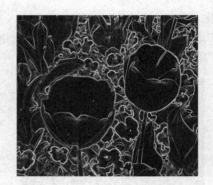
图 12-29 照亮边缘

2. 画笔描边

"画笔描边"滤镜使用不同的画笔和油墨描边效果创造出绘画效果的外观,8 种画笔描边效果如图 12-30～图 12-37 所示。

图 12-30 成角的线条

图 12-31 墨水轮廓

图 12-32 喷溅

图 12-33 喷色描边

图 12-34 强化边缘

图 12-35 深色线条

图 12-36 烟灰墨

图 12-37 阴影线

3. 模糊

"模糊"滤镜可以使图像中过于清晰或对比度过于强烈的区域产生模糊效果。此滤镜的效果类似于以固定的曝光时间给一个移动的对象拍照,效果如图 12-38～图 12-48 所示。

图 12-38 表面模糊

图 12-39 动感模糊

图 12-40 方框模糊

图 12-41 高斯模糊

图 12-42 进一步模糊

图 12-43 径向模糊

图 12-44 镜头模糊

图 12-45 模糊

图 12-46 平均

图 12-47 特殊模糊

图 12-48 形状模糊

4. 扭曲

"扭曲"滤镜可以对图像进行几何变形，创建三维或其他变形效果，如拉伸、扭曲和模拟水波等效果，如图 12-49～图 12-60 所示。

图 12-49 波浪

图 12-50 波纹

项目12 滤 镜

图 12-51 玻璃

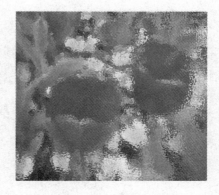

图 12-52 海洋波纹

图 12-53 极坐标

图 12-54 挤压

图 12-55 扩散亮光

图 12-56 切变

图 12-57 球面化

图 12-58 水波

图 12-59 旋转扭曲

图 12-60 置换

【任务5】 塑料花效果制作

（1）新建文件，宽度为 800 像素，高度为 600 像素，分辨率设为 72 像素/英寸，颜色模式为 RGB，背景色设置为黑色，单击"确定"按钮。

（2）新建普通图层，填充白色到黑色的渐变色，如图 12-61 所示。

（3）执行"滤镜"/"扭曲"/"波浪"命令，设置参数如图 12-62 所示。

图 12-61 设置渐变

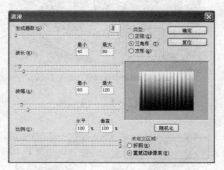
图 12-62 波浪

（4）执行"滤镜"/"扭曲"/"极坐标"命令，设置变化为平面坐标到极坐标，效果如图 12-63 所示。

（5）执行"滤镜"/"素描"/"铬黄"命令，设置细节为 10，平滑度为 10，单击"确定"，应用效果，如图 12-64 所示。

（6）新建普通图层，从中心向边缘填充"色谱"径向渐变色，将"混合模式"改为颜色，最终效果如图 12-65 所示。

图 12-63 极坐标

图 12-64 铬黄

图 12-65 效果图

5. 锐化

"锐化"滤镜通过生成更大的对比度来使图像清晰化，并增强处理图像的轮廓，如图 12-66～图 12-70 所示。

图 12-66　USM 锐化

图 12-67　进一步锐化

图 12-68　锐化

图 12-69　锐化边缘

图 12-70　智能锐化

6．视频

"视频"滤镜属于 Photoshop CS5 的外部接口程序，用来从摄像机输入图像或将图像输出到录像带上。

7．素描

"素描"滤镜可以将图像添加纹理，模拟素描、速写等艺术效果，通常用于获得三维效果。这些滤镜还可适用于创建美术或手绘效果。许多素描滤镜在重绘图像时使用前景色和背景色，如图 12-71～图 12-84 所示。

图 12-71　半调图案

图 12-72　便条纸

图 12-73　粉笔和炭笔

图 12-74　铬黄

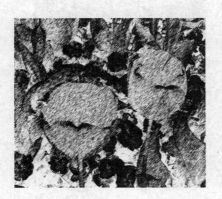

图 12-75 绘图笔

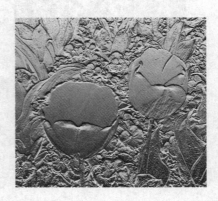

图 12-76 基底凸现

图 12-77 石膏

图 12-78 水彩画纸

图 12-79 撕边

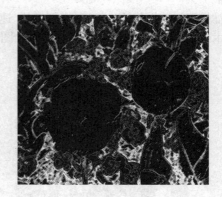

图 12-80 炭笔

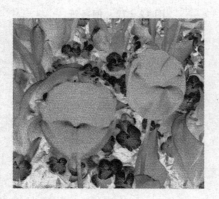

图 12-81 炭精笔

图 12-82 图章

图 12-83 网状

图 12-84 影印

【任务 6】 梦幻特效背景制作

（1）新建文件，宽度为 600 像素，高度为 600 像素，分辨率设为 72 像素/英寸，颜色模式为 RGB，背景色设置为白色，单击"确定"按钮。

（2）新建普通图层，将前景色和背景色设为默认的黑色、白色，执行"滤镜"/"渲染"/"云彩"命令，效果如图 12-85 所示。

（3）执行"滤镜"/"风格化"/"拼贴"命令，设置参数如图 12-86 所示。

图 12-85 云彩

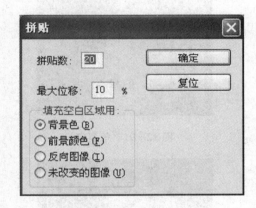
图 12-86 拼贴

（4）执行"滤镜"/"风格化"/"照亮边缘"命令，设置参数如图 12-87 所示。

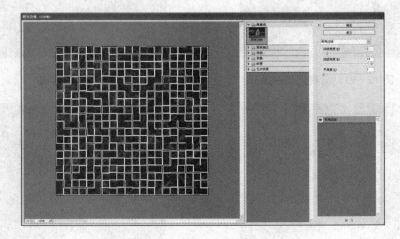
图 12-87 照亮边缘

（5）执行"滤镜"/"模糊"/"径向模糊"命令，设置参数如图 12-88 所示。

(6) 执行"图像"/"调整"/"色相/饱和度"命令,设置参数如图 12-89 所示。

(7) 最终效果图,如图 12-90 所示。

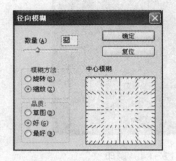

图 12-88 径向模糊

图 12-89 色相/饱和度

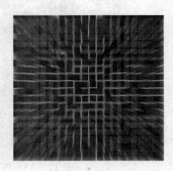

图 12-90 效果图

8. 纹理

"纹理"滤镜可以使图像模拟具有深度感或物质感的外观,或添加一种器质外观,如图 12-91~图 12-96 所示。

图 12-91 龟裂缝

图 12-92 颗粒

图 12-93 马赛克品拼贴

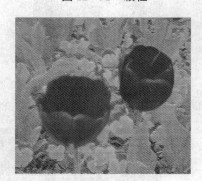

图 12-94 拼缀

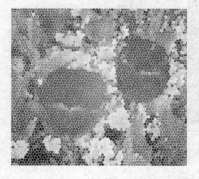

图 12-95 染色玻璃

图 12-96 纹理化

9. 像素化

"像素化"滤镜可以用来将图像分块或将图像平面化,类似于色彩构成的效果,如图12-97～12-103所示。

图12-97 彩块化

图12-98 彩色半调

图12-99 点状化

图12-100 晶格化

图12-101 马赛克

图12-102 碎片

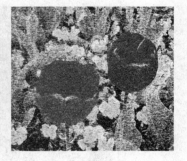

图12-103 铜板雕刻

10. 渲染

"渲染"滤镜可以在图片中创建云彩图案、模拟光的反射,产生照明的效果,如图12-104～图12-108所示。

图12-104 分层云彩

图12-105 光照效果

图 12-106　镜头光晕　　　　图 12-107　纤维　　　　图 12-108　云彩

11. 艺术效果

"艺术效果"滤镜可以为图像制作绘画效果或艺术效果，如图 12-109～图 12-123 所示。

 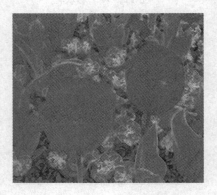

图 12-109　壁画　　　　　　　　　图 12-110　彩色铅笔

图 12-111　粗糙蜡笔　　　　　　　图 12-112　底纹效果

图 12-113　调色刀　　　　　　　　图 12-114　干画笔

图 12-115 海报边缘

图 12-116 海绵

图 12-117 绘画涂抹

图 12-118 胶片颗粒

图 12-119 木刻

图 12-120 霓虹灯光

图 12-121 水彩

图 12-122 塑料包装

图 12-123 涂抹棒

12. 杂色

"杂色"滤镜用于添加或移去杂色或带有随机分布色阶的像素，如图 12-124～图 12-128 所示。

图 12-124　减少杂色

图 12-125　蒙尘与划痕

图 12-126　去斑

图 12-127　添加杂色

图 12-128　中间值

13. 其他

"其他"滤镜可以使用滤镜修改蒙版，在图像中位移选区，以及进行快速的色彩调节，还可以创建自己的特殊效果滤镜，如图 12-129～图 12-133 所示。

图 12-129　高反差保留

图 12-130　位移

图 12-131　自定

图 12-132　最大值

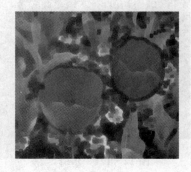

图 12-133　最小值

14. Digimarc 滤镜组

Digimarc 滤镜将数字水印嵌入到图像中以存储版权信息。

15. 浏览联机滤镜

执行浏览联机滤镜命令，将自动弹出网页。

12.3 外置滤镜

外置滤镜是由第三方软件开发商开发的一些软件程序，其目的在于增加 Photoshop 的功能，著名的外置滤镜有 KPT、Xenofex 和 Eye Candy 等，如果该外置滤镜提供安装程序，运行外置滤镜安装程序即可。否则可以将外置滤镜文件复制到 Photoshop 系统的 Plug-Ins 目录下，重新启动 Photoshop 后就可以使用了，如图 12-134 所示。

图 12-134　外置滤镜菜单

12.3.1 KPT

【任务 7】　使用 KPT 滤镜，制作闪电效果

(1) 打开"闪电原图"素材，如图 12-135 所示。

(2) 执行"滤镜"/"KPT effects"/"KPT Lightning"命令，进行如图 12-136 所示设置。

图 12-135　闪电原图

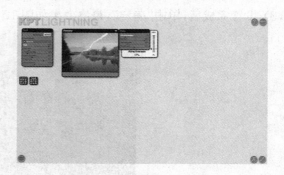

图 12-136　KPT 对话框

(3)设置完成后,单击右下角对号,完成效果的应用,如图12-137所示。

图12-137 闪电效果图

KPT是一组系列滤镜。每个系列都包含若干个功能强大的滤镜,适合于电子艺术创作和图像特效处理,目前有KPT 3、KPT 5、KPT 6以及KPT 7系列。其中每个版本的侧重和功能都各不相同。

12.3.2 Xenofex

【任务8】 使用Xenofex滤镜,制作拼图效果
(1)打开"城堡"素材,如图12-138所示。
(2)执行"滤镜"/"Alien Skin Xenofex 2"/"拼图"命令,设置参数为默认,如图12-139所示。

图12-138 城堡

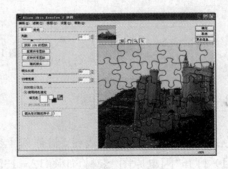

图12-139 拼图

(3)设置完成后,单击"确定",最终效果如图12-140所示。

图12-140 效果图

知识链接

Xenofex 是 Alien Skin 公司一款功能强大的滤镜软件,是各类图像设计师不可多得的好工具。Xenofex 2 包含 14 种特效滤镜,包括:边缘燃烧、经典马赛克、星座特效、裂纹特效、褶皱特效、触电特效、旗帜特效、闪电特效、絮云特效、拼图特效、卷边特效、粉碎特效、污染特效、电视特效。

12.3.3 Eye Candy

【任务9】 使用 Eye Candy 滤镜,制作图像编织效果

(1) 打开"城堡"素材,如图 12-141 所示。

(2) 执行"滤镜"/"Eye Candy 4000"/"编织"命令,设置参数如图 12-142 所示。

图 12-141 城堡

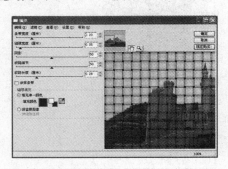

图 12-142 编织

(3) 设置完成后,单击"确定",最终效果如图 12-143 所示。

图 12-143 效果图

知识链接

Eye Candy 内含反相、铬合金、闪耀、发光、阴影、HSB 噪点、水滴、水迹、挖剪、玻璃、斜面、烟幕、漩涡、毛发、木纹、编织、星星、斜视、大理石、摇动、运动痕迹、溶化、火焰等 23 个特效滤镜。

外置滤镜使用方便,功能强大,我们应该灵活地去掌握和使用它。

12.4 回到项目工作环境

项目制作流程：

(1) 新建文件，宽度为 800 像素，高度为 800 像素，分辨率设为 72 像素/英寸，颜色模式为 RGB，背景色设置为白色，单击"确定"按钮。

(2) 将背景层填充为黑色，执行"滤镜"/"渲染"/"镜头光晕"命令，设置参数为 50～300 毫米变焦，亮度为 100%，用鼠标单击将光晕设在画布中心位置上，如图 12-144 所示。

(3) 再次执行"滤镜"/"渲染"/"镜头光晕"命令，保持默认设置，改变光晕位置，如图 12-145 所示。

图 12-144　镜头光晕

图 12-145　再次应用镜头光晕

(4) 继续重复镜头光晕滤镜，直到光晕达到如图 12-146 所示效果。

(5) 执行"图像"/"调整"/"色相/饱和度"命令，将饱和度设为 -100，实现图像的去色效果，如图 12-147 所示。

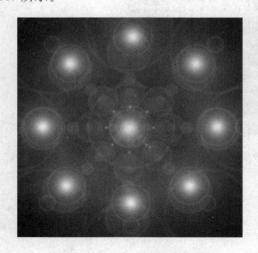
图 12-146　多次应用镜头光晕

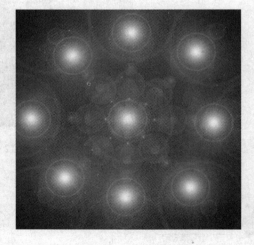
图 12-147　去色效果

(6) 执行"滤镜"/"像素化"/"铜版雕刻"命令，如图 12-148 所示，设置类型为中长描边，实现如图 12-149 所示效果。

项目 12　滤　　镜

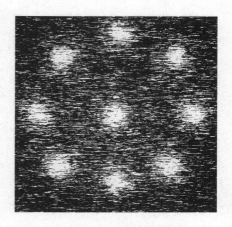

图 12-148　铜版雕刻对话框　　　　图 12-149　铜版雕刻效果

（7）执行"滤镜"/"模糊"/"径向模糊"命令，如图 12-150 所示，设置数量为 100，模糊方法为缩放，品质为最好，实现如图 12-151 所示效果。

（8）按"Ctrl+F"三次，重复径向模糊滤镜，可以看到图像效果变平滑了，如图 12-152 所示。

图 12-150　径向模糊对话框　　　图 12-151　径向模糊效果图　　　图 12-152　多次径向模糊

（9）执行"图像"/"调整"/"色相/饱和度"命令，设置参数值如图 12-153 所示，给图像上颜色。

（10）执行"图像"/"新建"/"通过拷贝的图层"命令或按"Ctrl+J"，复制出一个新的图层，将新图层的混合模式设为变亮，执行"滤镜"/"扭曲"/"旋转扭曲"命令，将角度设为 100，达到如图 12-154 所示效果。

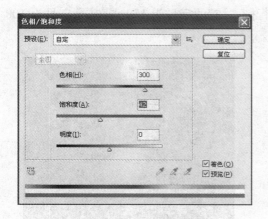 

图 12-153　色相/饱和度对话框　　　　图 12-154　旋转扭曲

（11）按"Ctrl+J"，再复制一个图层，仍使用旋转扭曲滤镜，角度设为 50，如图 12-155 所示。

图 12-155 旋转扭曲

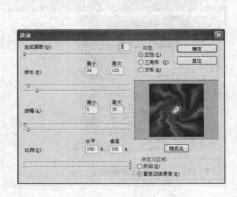
图 12-156 波浪对话框

（12）执行"滤镜"/"扭曲"/"波浪"命令，参数设置如图 12-156 所示，效果如图 12-157 所示。

（13）炫丽背景制作完成，合并可见图层，可以继续使用"色相/饱和度"来改变背景颜色，如图 12-158 所示，调整颜色为绿色。

图 12-157 效果图

图 12-158 调整颜色

（14）打开素材"黑色剪影.jpg"，从其文档中直接将其拖放置当前文档的背景图层之上，调整位置，如图 12-159 所示。

（15）编辑文本"炫出我的风采"，设置字体为华文行楷，"炫"的字号为 150 点，其余字号为 100 点，字的颜色为白色，完成宣传画的制作，如图 12-160 所示。

图 12-159 添加素材

图 12-160 最终效果图

12.5 项目总结

训练内容：使用多款滤镜来制作一张炫丽宣传招贴画。
训练目的：掌握图像色彩的调整和滤镜的灵活运用，从而实现特殊效果。
技术要点：通过多个滤镜的叠加，打造炫丽的背景，注意不同滤镜的使用方法和效果。
常见问题解析：

(1) 重复执行上一次所用滤镜，可使用快捷键"Ctrl+F"，如果想在重复使用上一次滤镜时重新设置参数，可使用快捷键"Ctrl+Alt+F"。
(2) 滤镜的参数和使用的先后顺序不同对图像效果产生非常明显的区别。
(3) 在使用快捷键"Ctrl+J"拷贝图层时，选中哪个图层，就将完成对哪个图层的拷贝。

1．填空题

(1) 滤镜分为两种类型，分别是_____和_____。
(2) Photoshop CS5 中的_____将常用的滤镜组合在一个面板中，以折叠菜单的方式显示，并为每一个滤镜提供了直观的效果预览，使用十分方便。

2．选择题

(1) 若要重复上一次滤镜的操作，可按_____。
  A．Ctrl+J   B．Ctrl+C   C．Ctrl+F   D．Ctrl+D
(2) Photoshop CS5 的滤镜菜单被分为_____个部分，并已用横线划分开。
  A．5   B．6   C．7   D．8

3．操作题

结合前面所学知识，制作如图 12-161 所示的光芒字效果（提示：使用极坐标扭曲和风滤镜来制作需要的效果）。

图 12-161 光芒字效果图

项目 13 综合应用

通过多个商业应用案例，进一步讲解 Photoshop 的各个功能特色和使用技巧，使读者能够快速掌握软件的功能和知识要点，制作出丰富多彩的设计作品。

◇ Photoshop 在招贴设计领域的应用
◇ Photoshop 在建筑后期设计领域的应用
◇ Photoshop 在数码照片设计领域的应用
◇ Photoshop 在插画设计领域的应用

13.1 招贴设计

项目需求：本案例主要设计制作某品牌的洁面乳的宣传海报，因为产品的卖点为"荷叶精华"，荷花香型，所以采用荷叶作为宣传背景，运用蓝色主色调，给人以神秘、梦幻的意境，符合女性化妆品的柔美感和神秘感。最终效果图如图 13-1 所示。

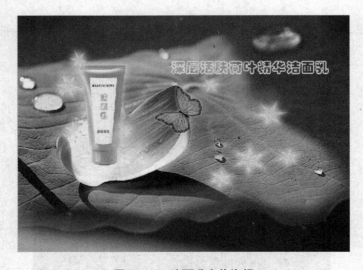

图 13-1　洁面乳宣传海报

引导问题：分为 4 个步骤制作，首先绘制出洁面乳的整体轮廓；其次设计宣传背景图案和整体色调；再次导入洁面乳的形状，使之与环境协调；最后进行装饰点缀，保持整体风格。

项目13 综合应用

知识链接

招贴,亦称海报,通常指单张纸形式、可张贴的广告印刷品。海报是最古老的商业传播形式之一,非商业组织及公共机构也常用此宣传方式。海报具有传播信息及时、成本费用低、制作简便的优点。招贴充分体现定位设计的原理,以突出的商标、标志、图形,或对比强烈的色彩,或简练的视觉流程使海报招贴成为视觉焦点,具有较高的艺术性。海报可以分为商业海报、文化海报、电影海报、公益海报。一般来说Photoshop软件是进行招贴设计的首选软件。

【任务1】 招贴设计

(1) 新建一个1 024×768像素的图像文件,命名为"洁面乳"。
(2) 在"图层"面板上,新建图层1。
(3) 使用矩形选区和椭圆形选区工具,绘制如图13-2所示的选区形状。
(4) 设置前景色为蓝色(R:83,G:181,B:175),使用前景色填充选区,并取消选区。如图13-3所示。

图13-2 绘制选区

图13-3 选区填充颜色

(5) 在图层1上新建图层2,运用同样的方法绘制如图13-4的形状,作为化妆品的瓶身,并填充为蓝色(R:89,G:193,B:209)。化妆品的大致轮廓制作完成。
(6) 将图层2复制一层,形成"图层2拷贝"。
(7) 使用套索工具将羽化值设置为50,将光标在图像内拖曳,创建如图13-5所示的选区。

图13-4 绘制化妆品大体形状

图13-5 创建选区

(8) 使用"删除"键将选区内的图像删除,并将选区取消。
(9) 执行菜单栏中"图像"/"调整"/"色相/饱和度"命令,在弹出的对话框中,设置如图13-6所示的参数。

(10) 单击"确定",制作出洁面乳的光照效果。

(11) 新建图层3,使用椭圆选区工具,设置其羽化值为50,将光标放在图像上拖曳,创建如图13-7所示的选区。

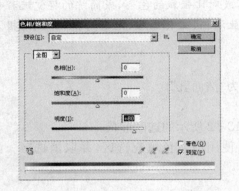

图13-6 色相/饱和度参数

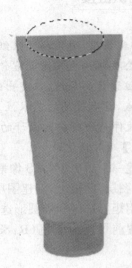

图13-7 绘制新选区

(12) 设置背景为白色,用背景色填充选区。

(13) 使用矩形选区工具,设置羽化值为0,将光标房子在图像上方拖曳,使用删除键将选区内的不用的椭圆部分图像删除,并"取消选择",制作出化妆品尾部的高光如图13-8所示。

(14) 使用加深工具,设置画笔大小为60,范围为中间调,曝光度为100%。

(15) 载入"图层2"的选区,将光标放置在选区下方拖曳,创建光照效果,如图13-9所示。

图13-8 制作尾部高光

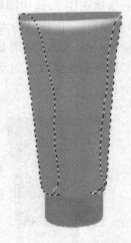

图13-9 画出瓶身选区

(16) 采用前面的方法,使用减淡工具和加深工具制作出洁面乳其他部分的光照效果。

(17) 新建"图层4",使用矩形选区工具在洁面乳的正中绘制出一个矩形选区,如图13-10所示。

(18) 执行菜单栏中"选择"/"变换选区"命令,将选区进行透视变形,并填充成白色。

(19) 输入竖排文字"洁面乳"、横排文字"荷花香型"、"MADE IN CHINA"等文字,调整各自文字的字体、颜色、字号、位置和变形效果等,如图13-11所示。

项目13 综合应用

图13-10 绘制矩形选区

图13-11 输入文字

（20）将除背景以外图层合并,调整相关大小比例。
（21）打开附带素材"荷花.jpg"文件。
（22）使用磁性套索工具,将荷花花瓣选中,形成选区,并将选区保存成路径备用。如图13-12所示。
（23）载入花瓣选区,执行"图层"菜单下"新建调整图层"/"色相/饱和度"命令,在弹出的对话框中设置如图13-13所示的参数,生成"色相/饱和度1"图层。

图13-12 选取花瓣,形成选区

图13-13 设置"色相/饱和度1"参数

（24）使用画笔工具,保持前景色和背景色为默认值,分别使用前景色和背景色,对"色相/饱和度1"的调整图层蒙版进行涂抹,并根据情况适时调节画笔大小和画笔不透明度。
（25）载入花瓣选区,执行"图层"菜单下"新建调整图层"/"色阶"命令,在弹出的对话框中设置如图13-14所示的参数,生成"色阶1"图层。
（26）使用画笔工具,保持前景色和背景色为默认值,分别使用前景色和背景色,对"色阶1"的调整图层蒙版进行涂抹,并根据情况适时调节画笔大小和画笔不透明度。结果如图13-15所示。

图13-14 设置"色阶1"参数

图13-15 完成"色阶1"后效果

(27) 将"洁面乳"图层移入,并调整大小和位置。

(28) 载入"洁面乳"的选区,设置前景为白色,使用画笔工具对选区左侧图像进行涂抹,设置前景色为粉红色(R:215,G:185,B:211),对选区右侧进行涂抹,并适当调整笔触大小和不透明度,然后取消选区。结果如图 13-16 所示。

(29) 执行"图层"菜单下"新建调整图层"/"色相/饱和度"命令,在弹出的对话框中设置如图 13-17 所示的参数,生成"色相/饱和度 2"图层。

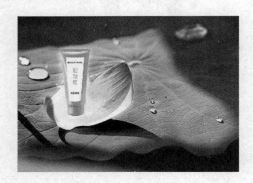

图 13-16　用笔刷涂抹

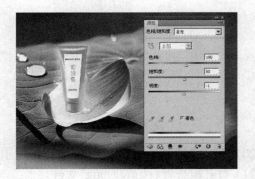

图 13-17　设置"色相/饱和度 2"参数

(30) 使用画笔工具,保持前景色为黑色,对"色相/饱和度 2"的调整图层蒙版进行涂抹,并根据情况适时调节画笔大小和画笔不透明度。

(31) 使用磁性套索工具,将荷花花瓣下方阴影选中,形成选区,并将选区保存为路径备用。如图 13-18 所示。

(32) 执行"图层"菜单下"新建调整图层"/"色彩平衡"命令,在弹出的对话框中设置如图 13-19 所示的参数,生成"色彩平衡 1"图层。

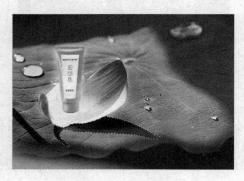

图 13-18　选取花瓣阴影

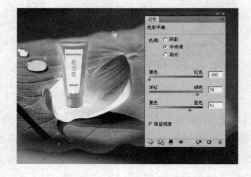

图 13-19　设置"色彩平衡 1"参数

(33) 使用画笔工具,保持前景色为黑色,对"色彩平衡 1"的调整图层蒙版进行涂抹,并根据情况适时调节画笔大小和画笔不透明度。结果如图 13-20 所示。

(34) 打开"蝴蝶.jpg"素材图片,使用魔棒工具选取蝴蝶轮廓。

(35) 将选取后的图像复制到"化妆品海报"中,形成图层 2,并对蝴蝶图像进行大小、位置的调整。

(36) 对图层 2 执行"外发光"的图层样式,将发光颜色设置成淡白色,并将图层 2 的不透明度设置成 80%,结果如图 13-21 所示。

(37) 打开素材"雪花.psd"图片,将该图片定义成画笔 1。如图 13-22 所示。

(38) 回到"化妆品海报.psd"文件中,新建图层 3,使用画笔工具,将前景色设置成白色,选中刚设置的"画笔 1",调整画笔大小,绘制白色雪花图案,如图 13-23 所示。

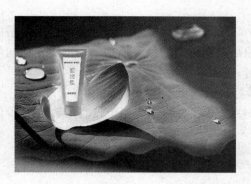

图 13-20 完成"色彩平衡 1"后效果

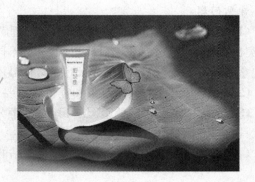

图 13-21 调整完蝴蝶后效果

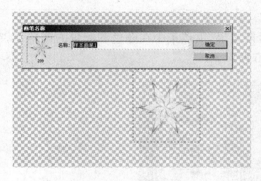

图 13-22 定义画笔

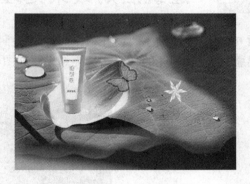

图 13-23 绘制雪花

(39) 对图层 3 使用"外发光"图层样式,将发光颜色设置成淡白色,外发光的不透明度设置成 45%,大小设置成 1,并将图层 3 的不透明度设置成 80%。

(40) 不断调整画笔的大小、颜色和不透明度,同上绘制不同的雪花装饰,如图 13-24 所示。

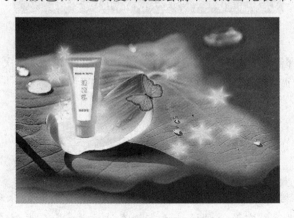

图 13-24 完成背景后效果图

(41) 输入文字"深层活肤荷叶精华洁面乳",并调整字体、字号、字色等,完成海报宣传,效果如图 13-1 所示。

项目总结

训练内容:根据客户需求,制作一个女性化妆品商业海报。

训练目的:通过本项目的学习,让学生认识到招贴设计的方法与内容,通过实例的分析培养学生的设计思维和进行招贴设计的能力。

技术要点:招贴设计的制作方法、海报中色彩的有效运用。

常见问题：

（1）在设计前要与客户进行沟通，充分理解客户的诉求，了解产品的性能和特色，设计选用合适的招贴，突出产品的特点，专注于目标消费人群，不同的商品的招贴选用不同的色彩色调也很重要。而初学者往往拿到项目马上就进行电脑设计制作，作品不被行业认可，造成事倍功半的结果。

（2）招贴海报针对宣传对象和宣传风格要首选确定，最好先绘制出草图。

（3）本例中多次使用调整图层，其效果十分明显；而调整图层对初学者是一个较难掌握和较少使用的工具，应该加强这方面的练习。

（4）要注重整体效果修饰，才能起到招贴的宣传作用。

13.2 建筑后期效果处理

项目需求： 本案例主要设计制作一个儿童卧室的后期效果，重点集中在颜色和配景的调整上，突出儿童房温馨、可爱又明亮的特色。最终效果图如图13-25所示。

图13-25 儿童卧室后期效果

引导问题： 分为4个步骤制作，首先导入房间的三维建模整体轮廓；其次调节材质效果；然后添加素材配块，进行装饰点缀；最后调节整体画面效果，保持整体风格。

三维建筑效果图是借助相关专业软件制作的设计表现图，将建筑物的体积、色彩、结构提前展示在人们眼前，以便更好地认识该建筑。它是一种设计语言的表达方式，是人类创造更好的生存和生活环境的重要活动，它通过运用现代的设计原理进行适用、美观的设计，使空间更加符合人们的生理和心理需求。由计算机创建的效果图能够逼真地虚拟出设计的最终结果，所以建筑效果图已经成为设计师进行方案设计的重要手段，也是在确定装修方案之后向客户展示的主要途径。

设计师通常在三维软件中进行建模，这是个十分严谨和耗时的过程。如果再加上色彩色调处理，添加各种环境配块，渲染的工作量将十分庞大且对机器的性能有极高的要求，因此设计师一般把添加配景等后期处理放在Photoshop中进行，可以根据需要，随时对配景的大小、颜色、明暗、倒影等进行调整，既快捷方便，又节省时间。

【任务2】 建筑后期效果处理

（1）新建一个20 cm×10 cm大小的图像文件，命名为"卧室"。

(2) 导入室内效果图和室内色块效果图,如图13-26、图13-27所示。

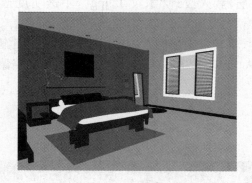 

图13-26　室内色块效果图　　　　　　图13-27　室内效果图

(3) 在室内色块效果图中,使用快选工具和魔棒工具建立不同的选区,依次命名将选区保存在不同通道中。

(4) 将新建立的所有通道复制到室内效果图中,为后期编辑做准备,如图13-28所示。

(5) 新建调整图层"色阶1",其参数设置如图13-29所示。

 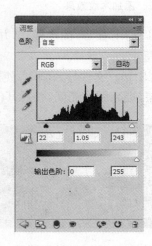

图13-28　复制通道　　　　　　　图13-29　"色阶1"调整

(6) 使用"Ctrl+Alt+Shift+E"快捷键创建盖印图层1。

(7) 创建图层组"木质家具",载入"木质家具"通道中的选区,将其复制成图层1。结果如图13-30所示。

(8) 点击快速选择工具选取床头椅子选区,建立复制图层1,改名为图层2。选择图层2,执行"3D"/"从图层新建3D明信片"命令,将2D图层转换为3D图层。在"3D{材料}"面板中"漫射"选择纹理"木纹.jpg",不透明度选择"图层2.psd",如图13-31所示。

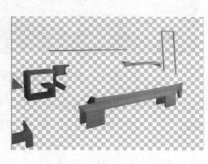 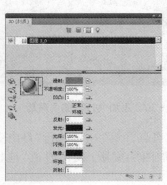

图13-30　载入木质选区　　　　　　图13-31　3D材料面板

(9) 选择图层 3，按照上一步方法将其转为 3D 图层，载入纹理"木纹 1.jpg"，不透明度选择"图层 3.psd"，给家具添加木纹，结果如图 13-32 所示。

(10) 新建图层组"地毯"，打开"卡通地毯.jpg"文件，将其定义成图案，新建图层 4，填充图案，执行"自由变换"/"扭曲"命令，将地毯图案进行透视处理，载入"地毯 1"通道选区，为图层 4 添加图层蒙版，结果如图 13-33 所示。

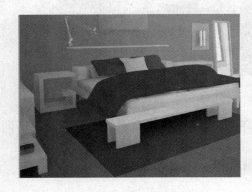

图 13-32　添加木纹效果

图 13-33　添加"儿童地毯"图层蒙版

(11) 对图层 4 使用"投影"图层样式，并且对图层 4 新建"调整图层"/"色阶 2"，调整其"阴影"部分，结果如图 13-34 所示。

(12) 将"地毯 2.jpg"文件导入画布，使用制作卡通地毯的方法，制作地毯 2 的纹理，然后创新"亮度/对比度 1"调整图层，提高图像亮度，并对其使用"斜面和浮雕"图层样式，结果如图 13-35 所示。

图 13-34　儿童地毯效果

图 13-35　制作圆形地毯

(13) 新建图层组"床上用品"，导入"被子.jpg"文件，执行"自由变换"/"扭曲"命令，将被子图案进行透视处理，载入"被子"通道选区，为图层添加图层蒙版，结果如图 13-36 所示。

(14) 对"被子"图层添加"明度"图层混合模式，并且新建"亮度/对比度 2"的调整图层，降低被子纹理亮度，结果如图 13-37 所示。

图 13-36　添加"被子"图层蒙版

图 13-37　被子效果图

(15) 导入"斑点.jpg"文件，执行"自由变换"/"扭曲"命令，将图案进行透视处理，载入"抱枕 1"通道选区，为图层添加图层蒙版；载入通道"抱枕 2"选区，新建"色阶 3"调整图层，提高其亮度，结果如图 13-38 所示。

(16) 新建"壁灯"图层组，导入"壁灯.jpg"文件，进行透视处理后，载入"壁灯背景选区"，添加图层蒙版。

(17) 设置该图层混合模式为强光,并调整其不透明度为80%,结果如图13-39所示。

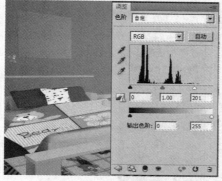

图13-38 抱枕效果

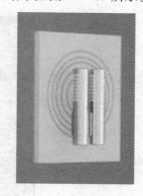

图13-39 添加壁灯效果

(18) 新建"台灯"图层组,载入通道中"台灯"选区,新建"色阶4"调整图层,时台灯变亮。

(19) 新建图层"台灯投影",载入台灯选区,填充为黑色,使用"自由变换"命令对其进行移到变形,将该图层混合模式设置成叠加,不透明度调整为50%,结果如图13-40所示。

(20) 导入"卡通画.jpg"文件,执行"自由变换"命令,进行透视变形,载入"装饰画背景"通道,添加图层蒙版,结果如图13-41所示。

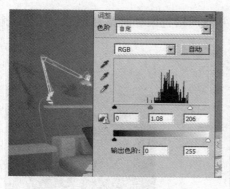

图13-40 调整台灯效果

图13-41 添加装饰画

(21) 新建图层组"地板",在通道中载入"地板"选区,创建"色彩平衡1"调整图层,分别调整中间调和阴影,参数如13-42所示。

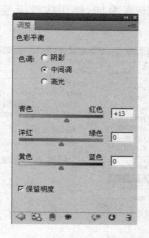
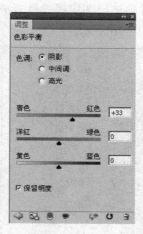

图13-42 "色彩平衡1"参数

（22）接着创建"选取颜色 1"调整图层，主要设置"红色"相关参数，如图 13-43 所示。

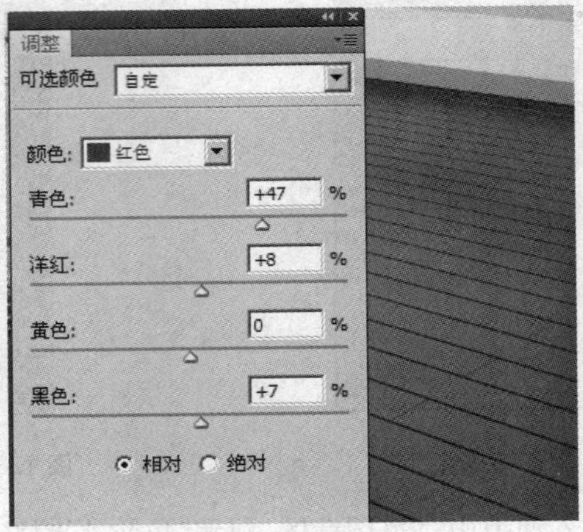

图 13-43 "选取颜色 1"参数

（23）创建"颜色填充 1"填充图层，填充颜色为淡蓝色，并将该层的混合模式设置为颜色减淡，不透明度调整为 10%，接着使用白色柔和画笔在窗户的反光处进行涂抹，增加其反光效果，结果如图 13-44 所示。

（24）创建"色彩平衡 2"调整图层，设置高光参数，并使用白色柔和画笔在地毯 2 附件进行涂抹，增加其高光效果，结果如图 13-45 所示。

图 13-44 制作地板反光效果

图 13-45 制作地板高光效果

（25）新建"墙壁"图层组，导入"墙纸.jpg"文件，使用自由变换工具形成透视效果，在通道中载入"墙壁 1"选区，创建图层蒙版，并将该层图层样式设置成渐变叠加，使用线性渐变，不透明度设置成 60%，颜色为棕色渐变。结果如图 13-46 所示。

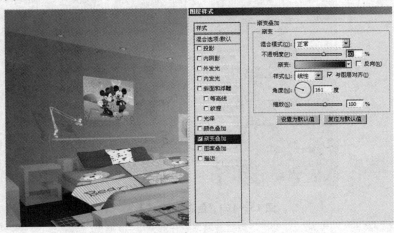
图 13-46 墙壁 1 效果

(26) 载入"墙壁2"通道选区,创建渐变填充图层,设置相关参数,结果如图13-47所示。

图13-47 墙壁2效果

(27) 载入"天花板"通道选区后,创建渐变填充图层,设置相关参数,结果如图13-48所示。

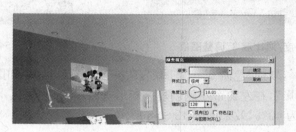

图13-48 天花板效果

(28) 新建图层"天花投影",选择天花板到窗户最上方的区域,新建图层蒙版,对蒙版使用黑色到透明渐变,结果如图13-49所示。

(29) 导入文件"小区风景.jpg",使用自由变换工具,将其移至窗户区域,形成透视效果,载入"窗外"通道,添加图层蒙版,结果如图13-50所示。

图13-49 天花投影　　　　　　　　图13-50 载入窗外风景

(30) 保持选区不变,新建"色阶5"调整图层,调整风景亮度,效果如图13-51所示。

(31) 打开"白色窗帘.jpg"文件,利用通道等辅助工具,抠出半透明窗帘,将其移动到相关位置,并复制该层,命名为"白色窗帘1"、"白色窗帘2"。并注意两个窗帘的交接处利用涂抹工具、减淡工具、加深工具等图像修饰工具制作出窗帘波纹,并且使用自由变换工具制作出窗帘透视效果,效果如图13-52所示。

图13-51 "色阶5"调整图层　　　　　图13-52 半透明窗帘

（32）载入窗帘选区，新建"亮度/对比度 3"调整图层，增加窗帘亮度，效果如图 13-53 所示。

（33）打开"窗帘.jpg"文件，选择相关区域导入至文件，将其下方与踢脚线对齐，利用自由变换工具制作出窗帘透视效果，并复制该图层，命名为"花窗帘 1"、"花窗帘 2"，移至相应位置，效果如图 13-54 所示。

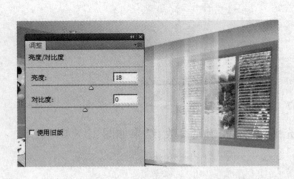

图 13-53 "亮度/对比度 3"调整图层

图 13-54 制作花色窗帘

（34）载入花色窗帘选区，新建"色阶 6"调整图层，改变窗帘颜色，效果如图 13-55 所示。

（35）新建图层"窗帘阴影"，在左窗帘左侧创建一矩形选区，填充为黑色，将其移动至"花窗帘 1"图层之下，更改其图层不透明度为 40%，效果如图 13-56 所示。

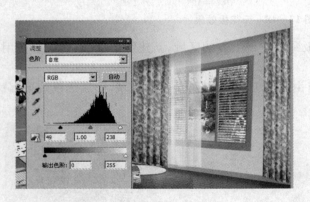

图 13-55 "色阶 6"调整图层

图 13-56 窗帘投影

（36）选取窗框区域和下方踢脚线及镜子中对应选区，在本图层组最下方新建"色阶 7"调整图层，调整整个窗台的亮度，效果如图 13-57 所示。

图 13-57 "色阶 7"调整图层

（37）新建图层组"镜子"，选择镜框的形状复制新建图层，改名为"镜子"。

（38）在其下方新建图层"镜子投影"，在镜框左侧选择矩形选区，填充成黑色，设置该图层的混合模式为叠加,不透明度为60%,效果如图13-58所示。

(39) 拷贝花窗帘副本,载入镜框选区,添加图层蒙版,复制"色阶6"副本,制作镜面内反射图像,结果如图13-59所示。

图13-58 镜子效果　　　　　　　　图13-59 镜面反射效果

(40) 新建"吊灯"图层组,打开"吊灯.jpg"文件,提取吊灯图像,移动到场景合适位置;选取吊灯灯罩,新建拷贝图层"灯罩",设置图层混合模式为叠加;在"吊灯"图层下新建图层"吊灯投影",用椭圆选区绘制,填充灰色,设置图层混合模式为叠加,结果如图13-60所示。

(41) 新建"玩具与书"文件夹,打开"玩具1.jpg"文件,抠出其中玩具,移至合适位置,形成"凯蒂猫"图层,设置该图层样式为"投影",设置相关参数,效果如图13-61所示。

图13-60 吊灯效果　　　　　　　　图13-61 导入1个玩具效果

(42) 依次导入"玩具2.jpg"、"玩具3.jpg"、"玩具4.jpg"、"玩具5.jpg"、"书.jpg",按照上述步骤,变形移动和制作阴影效果,如图13-62所示。

图13-62 添加玩具和图书效果

（43）在"壁灯"、"壁画"、"镜子"相应的图层下各新建图层，在其左侧绘制矩形，填充为黑色，设置图层混合模式为叠加，分别降低图层不透明度，制作各自阴影效果，如图13-63所示。

图13-63　阴影效果

（44）新建"投影"图层组，载入"毛巾"通道选区，创建"色阶8"调整图层，效果如图13-64所示。

（45）选择毛巾上方的家具侧面建立选区，新建"亮度/对比度4"调整图层，效果如图13-65所示。

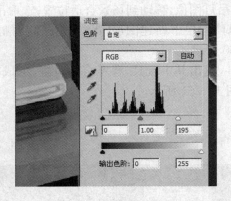 

图13-64　"色阶8"调整图层　　　　　图13-65　"亮度/对比度4"调整图层

（46）在床头板下建立选区，填充为黑色，设置图层混合模式为叠加，分别降低图层不透明度，制作各自阴影效果，如图13-66所示。

（47）在最上方新建图层"明暗"，使用黑色画笔，按照光源方向涂抹画面左侧，并将该图层混合模式设置成正片叠底，效果如图13-67所示。

图13-66　绘制床头板阴影　　　　　图13-67　涂抹画面明暗

（48）新建"暗部"图层，使用黑色画笔在左侧地板和床下等光线阴暗的区域进行涂抹，设置暗部阴影效果，如图13-68所示。

(49)新建"亮度/对比度 5"调整图层,提高房间整体效果,如图 13-69 所示,完成最终效果,如图 13-25 所示。

图 13-68　绘制暗部阴影

图 13-69　"亮度/对比度 5"调整图层

项目总结

训练内容:根据客户需求,制作一个儿童卧室后期效果图。

训练目的:通过本项目的学习,让学生认识到室内效果后期制作的方法与内容,通过实例的分析培养学生的设计思维和利用进行后期效果制作的能力。

技术要点:后期效果图的制作方法、素材配块使用的合理性、整体色彩色调的调整。

常见问题:

(1)在设计前要与客户进行沟通,充分了解该建筑物的用途、适用对象等,为进行效果图修饰做好周密调研与准备。

(2)室内外效果图需要使用大量的素材,以配合和丰富最终效果,所以设计者平时要注意收集整理各种素材,以便随时调用。

(3)效果图针对建筑物每个细节部分都进行分别调整,往往需要建立大量图层,建议设计者根据不同对象先建立不同图层组,再在这些图层组中依次按内容建立不同图层,进行归类,方便查找和修改。

(4)整体明暗效果和建筑物的透视效果至关重要,平时要加强透视和明暗度的练习。

(5)效果图一般都是从三维设计软件的建模中导入再进行修饰,三维模型的精细度也是影响最终效果的一个重要方面。

13.3　数码照片设计

项目需求:本案例主要制作人物彩妆效果,采用梦幻蝴蝶图片为背景,运用照片修整流程及相关修饰技巧,给素颜人物添加彩妆效果,让人物和背景达到完美结合的效果。最终效果图如图 13-70 所示。

图 13-70　人物彩妆效果图

引导问题：分为 3 个步骤制作，首先整体肤色的提亮；其次是脸部妆容的制作；最后进行效果修饰，完成项目制作。

知识链接

在现代社会生活中，化妆已成为修整仪容的一个重要组成部分。对职业女性来说，化妆和套装一样重要，可以使自己看起来更漂亮、更精干。也有女性把化妆当作改善工作心情的一种手段。让自己的形象看起来更美好的行为，在心理学上被称为"自我展示"，而化妆对女性来说是必不可少的一种自我展示。化妆师在进行实际化妆前，往往要设计化妆效果图交给客户进行讨论分析；随着数码相片的普及，许多非专业用户也希望能够像专业化妆师或摄影师一样，美化完善自己或家人的相片，留下完美的瞬间。Photoshop就是其效果图设计中使用频率最高的软件。

【任务3】 彩妆设计

(1) 新建一个 1 024×768 像素的图像文件，命名为"人物彩妆"。

(2) 将素材"背景"置入进来，如图 13-71 所示。

图 13-71 置入"背景"素材

(3) 打开"人物"素材，使用魔棒工具，将素材的白色背景去除，将"人物"拖到"人物彩妆"文档中，调整到合适的位置上，如图 13-72 所示。

(4) 将"图层 1"更名为"人物"，复制"人物"图层，新复制图层为"人物副本"。

(5) 对"人物副本"层进行人物肤色提亮的效果处理，使用减淡工具，设置笔刷大小为 100 px，设置曝光度为 15%，对人物皮肤部分进行均匀涂抹。处理前后对比效果如图 13-73 所示。

图 13-72 加入"人物"素材　　　　　　图 13-73 提亮肤色

（6）皮肤经过提亮处理后，看起来具有健康的光泽和细致柔滑质感，接下来进行妆面的处理。

（7）首先进行唇部的设置，新建普通图层，更名为"嘴唇"，使用画笔工具，设置画笔颜色为"♯f86bc5"，在人物的唇部进行绘制，绘制过程中，注意随时调整画笔大小，效果如图13-74所示。

（8）设置"嘴唇"图层的混合模式为颜色，唇彩的效果就实现了，继续使用画笔和橡皮擦工具进行唇部细节的调整，如图13-75所示。

图13-74 绘制嘴唇

图13-75 唇彩效果

（9）接下来进行眼部的彩妆制作，首先使用"液化"滤镜，对人物的眼角部分，进行眼线的上扬效果处理。

（10）选择"人物副本"层，打开"液化"滤镜，使用向前变形工具，设置画笔大小为6，画笔密度为50，画笔压力为100，在人物的上眼线末端进行拖动，拖出上扬眼线的效果，如图13-76所示。

制作上扬眼线前

制作上场眼线后

图13-76 制作上扬眼线前后对比图

（11）人物的睫毛有些稀疏，接下来，我们来添加眼睫毛。新建普通图层，命名为"眼睫毛"，选择下图中的画笔，设置前景色为黑色，打开画笔面板，将"散布"和"平滑"选项选中，适当调整画笔大小、角度和间距，如图13-77所示；绘制左边眼睛的眼睫毛，右眼睛的眼睫毛可将画笔水平翻转后，进行相同设置来完成制作，如图13-78所示。

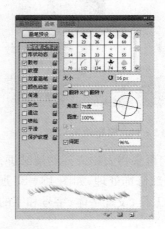

图13-77 设置画笔

制作眼睫毛前

制作眼睫毛后

图 13-78　制作眼睫毛前后对比图

（12）绘制眼影，可使用绘制唇彩的方式完成。我们接下来介绍一种新的方法，在"眼睫毛"层下方新建普通图层，命名为"眼影"，使用套索工具在眼睛上方区域绘制选区，如图 13-79 所示。

（13）将选区进行羽化处理，羽化半径为 10 px，使用吸管工具在"背景"中的绿色蝴蝶上吸取前景色，将颜色填充到选区中，效果如图 13-80 所示。

图 13-79　绘制眼影选区

图 13-80　填充颜色

（14）将"眼影"图层的混合模式改为颜色，调整不透明度为 80%，使用橡皮擦工具将出现在眼睛肿的眼影擦除，另外一只眼影也采用相同方式完成，最终效果如图 13-81 所示。

（15）绘制腮红，新建普通图层，命名为"腮红"，应用彩妆画笔，来完成腮红的绘制。设置前景色为"♯f6b2e1"，选择 476 画笔绘制左边腮红，481 绘制右侧腮红，调整画笔大小，绘制两侧腮红，然后应用"高斯模糊"滤镜，模糊半径为 10 px，降低不透明度为 50，效果如图 13-82 所示。

图 13-81　眼影效果

图 13-82　腮红效果图

（16）最后，我们再来将人物颈部的褶皱进行修饰，选择"人物副本"层，使用仿制图章工具、修补工具和模糊工具，进行局部修饰处理，如图 13-83 所示。

（17）选择文本工具，设置字体、字号和字的颜色，完成文本的创建，如图 13-84 所示。

图 13-83　修饰颈部

图 13-84　制作文本

（18）使用 640 画笔，调整画笔大小、颜色，美化文本，最终效果图如图 13-70 所示。

项目总结

训练内容：根据客户需求，给素颜人物设计彩妆效果。

训练目的：通过本项目的学习，让学生学习到彩妆设计的方法与技巧，了解妆容对于人物形象所起到的重要作用。同时通过实例的分析培养学生运用综合知识来制作彩妆的能力和对数码照片进行修复的能力。

技术要点：彩妆的制作方法、彩妆色彩搭配的有效运用。

常见问题：

（1）数码相片的修复主要考虑用户的喜好，因此在设计前与客户进行充分沟通十分重要。平时要多看时尚杂志和美容杂志，了解流行时尚和风格，为开展设计做好周密调研与积累。而初学者往往不具备相关行业基本知识，不了解流行元素，作品的美感和时尚感不足，得不到客户尤其是女性客户的青睐。

（2）主色调和主体风格要根据人物五官、肤色、职业首先确定，最好先绘制出草图。

（3）本例中多次使用画笔工具，包括加载的外部画笔，其效果十分明显；画笔工具在 Photoshop 的使用中，看似运用简单，其实功能强大，希望同学们能够灵活掌握画笔的应用。

（4）排版和整体效果修饰是最后的点睛之笔，需要同学们不断地练习，才能制作出好的作品。

13.4　插画设计

项目需求：本案例主要通过卡通人物的绘制，使学生熟悉画笔的设置与使用，掌握人物绘制的基本方法。最终效果图如图 13-85 所示。

引导问题：分为 4 个步骤制作，首先绘制出人物的整体轮廓，进行整体的明暗处理；其次进行人物的五官及头发的绘制；再次叠加颜色，使画面色彩丰富并协调；最后做整体的调整，添加画面的细节，使整个画面效果丰富。

图 13-85　卡通人物效果图

知识链接

插画主要应用于 4 个领域：广告商业插画、卡通吉祥物设计、出版物插图、影视游戏美术设定。通过使用 Photoshop 软件，运用数位板在电脑上直接进行绘制，需要综合的应用画笔，依据画面需要灵活设置不同的画笔样式，以及运用图层、图层样式等来进行管理和表现，使插画便于修改且能表现众多的绘画风格。

【任务 4】　卡通人物插画

（1）新建一个文件，命名为"卡通女孩"，尺寸为 20 cm×22 cm，分辨率为 300 像素/英寸，图像色彩模式为 RGB，背景为白色。

(2) 在"图层"面板上，新建图层 1，命名为线稿。

(3) 使用铅笔工具，结合橡皮擦工具，绘制线稿如图 13-86 所示。

(4) 使用画笔工具，新建一个图层，命名为"皮肤"，绘制皮肤部分，前景色为（R:216,G:216,B:216）；新建一个图层，命名为"头发"，绘制头发部分，前景色为（R:10,G:10,B:10）；新建一个图层，命名为"衣服"，绘制衣服部分，前景色为（R:147,G:207,B:208）。如图 13-87 所示。

图 13-86　绘制线稿

图 13-87　铺大色调

(5) 在皮肤图层上方，新建五官图层，绘制出五官的大致轮廓及色块。如图 13-88 所示。

(6) 继续对大关系进行绘制，可以用大块的色块表现，这个阶段注重结构的表现，不宜过早的进行细节刻画。把头部作为一个球体的结构表现，头部与颈部区别开来，表现人物正确的基本动势，如图 13-89 所示。

图 13-88　绘制五官大体形状

图 13-89　绘制头部大体明暗关系

(7) 大关系表现好了，进行五官的刻画，首先绘制眼睛，注意眼球的整体球形结构和上下眼皮的厚度结构，如图 13-90 所示。

(8) 瞳孔的表现，注意质感的刻画，高光及反光位置及大小要适合。如图 13-91 所示。

图 13-90　绘制眼睛大体明暗关系

图 13-91　绘制眼睛细节

(9) 嘴唇的表现,注意上下嘴唇结构的穿插表现。如图 13-92 所示。

(10) 深入刻画嘴唇,注意嘴唇一周轮廓的虚实变化,点出高光。如图 13-93 所示。

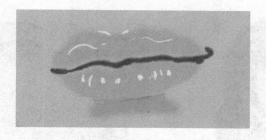

图 13-92 绘制嘴唇大体明暗关系

图 13-93 绘制嘴唇细节

(11) 深入刻画鼻子,注意鼻翼的体积关系,鼻孔不要一开始画的太深太死,要有轮廓的虚实变化。如图 13-94 所示。

(12) 不显示头发图层,在五官绘制好后,再次回到头部整体,根据头部解剖结构,绘制相应明暗关系。如图 13-95 所示。

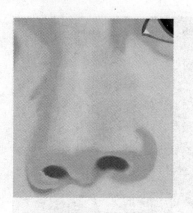

图 13-94 绘制鼻子

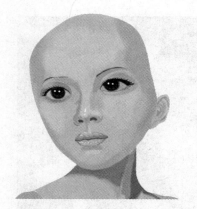

图 13-95 脸部的整体效果

(13) 在所有脸部图层上方,增加曲线调整图层,调出曲线控制面板,对脸部的整体明暗影调进行调整,增加对比,提高明度,使其更加符合皮肤的感觉。如图 13-96 所示。

(14) 显示"头发"图层,载入头发画笔,进行绘制,注意保留边缘头发丝的细节,增加画面的趣味性。如图 13-97 所示。

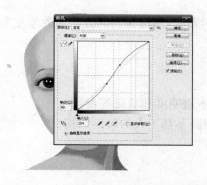

图 13-96 曲线控制脸部明暗影调

图 13-97 绘制头发

(15) 根据头部结构,绘制头发,把握大的结构关系,注意头发的前后穿插,高光处理要求干脆果断。如图 13-98 所示。

(16) 显示所有图层,对头发与皮肤交界的地方进行细微的调整。如图13-99所示。

(17) 新建"颜色"图层,图层模式为颜色,使用柔边圆压力大小画笔,色彩(R:170,G:185,B:220)绘制眼影,色彩(R:255,G:180,B:180)绘制腮红和口红。如图13-100所示。

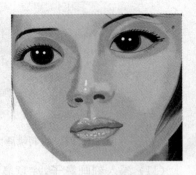

图13-98　头发的整体效果　　　　图13-99　头部的基本明暗影调效果　　　　图13-100　脸部上色后效果

(18) 使用油漆桶,设置背景色彩为(R:5,G:170,B:175),填充背景图层。载入相应的画笔,绘制黄色的鲜花和水泡,增加画面的细节。如图13-101、图13-102所示。

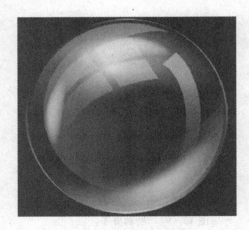

图13-101　黄色的鲜花绘制　　　　　　　　图13-102　水泡的绘制

(19) 在所有图层上方,增加曲线调整图层,控制整个画面的影调,完成插画的制作,最终效果图如图13-85所示。

项目总结

训练内容:绘制一个卡通女孩的插画。

训练目的:通过本项目的学习,让学生认识到插画绘制的基本方法,通过实例的分析培养学生利用画笔进行人物绘制的能力。

技术要点:画笔的设置与使用。

常见问题:

(1) 根据画面的需要,选择或载入合适的画笔,控制其模式、不透明度和流量等参数。

(2) 画面大关系的掌控,人物动势的准确表现,五官的深入刻画要基于人的解剖结构。

(3) 插画中不宜过多的设置图层,学会图层的合理运用。

(4) 准确绘制皮肤的质感、眼睛的质感、头发的质感。

项目训练

(1) 根据前面所列的项目,分别设计一幅平面广告、一幅插画和创作一个包装设计。

(2) 进行大学校园的效果图后期修饰处理。

附 录

Photoshop CS5 常用快捷键一览表

用于工具箱选择的快捷键

结　　果	快　捷　键
矩形、椭圆选框工具	M
裁剪工具	C
移动工具	V
套索、多边形套索、磁性套索	L
魔棒工具	W
喷枪工具	J
画笔工具	B
橡皮图章、图案图章	S
历史记录画笔工具	Y
橡皮擦工具	E
铅笔、直线工具	N
模糊、锐化、涂抹工具	R
减淡、加深、海绵工具	O
钢笔、自由钢笔、磁性钢笔	P
添加锚点工具	+
删除锚点工具	-
直接选取工具	A
文字、文字蒙版、直排文字、直排文字蒙版	T
度量工具	U
直线渐变、径向渐变、对称渐变、角度渐变、菱形渐变	G
油漆桶工具	K
吸管、颜色取样器	I
抓手工具	H
缩放工具	Z
默认前景色和背景色	D
切换前景色和背景色	X

续表

结　　果	快　捷　键
切换标准模式和快速蒙版模式	Q
标准屏幕模式、带有菜单栏的全屏模式、全屏模式	F
临时使用移动工具	Ctrl
临时使用吸色工具	Alt
临时使用抓手工具	空格
打开工具选项面板	Enter

用于文件操作的快捷键

结　　果	快　捷　键
新建图形文件	Ctrl + N
用默认设置创建新文件	Ctrl + Alt + N
打开已有的图像	Ctrl + O
打开为…	Ctrl + Alt + O
关闭当前图像	Ctrl + W
保存当前图像	Ctrl + S
另存为…	Ctrl + Shift + S
存储副本	Ctrl + Alt + S
页面设置	Ctrl + Shift + P
打印	Ctrl + P
打开"预置"对话框	Ctrl + K
显示最后一次显示的"预置"对话框	Alt + Ctrl + K
设置"常规"选项(在"预置"对话框中)	Ctrl + 1
设置"存储文件"(在"预置"对话框中)	Ctrl + 2
设置"显示和光标"(在"预置"对话框中)	Ctrl + 3
设置"透明区域与色域"(在"预置"对话框中)	Ctrl + 4
设置"单位与标尺"(在"预置"对话框中)	Ctrl + 5
设置"参考线与网格"(在"预置"对话框中)	Ctrl + 6
设置"增效工具与暂存盘"(在"预置"对话框中)	Ctrl + 7
设置"内存与图像高速缓存"(在"预置"对话框中)	Ctrl + 8

用于编辑操作的快捷键

结　　果	快　捷　键
还原/重做前一步操作	Ctrl + Z
还原两步以上操作	Ctrl + Alt + Z

续表

结　　果	快　捷　键
重做两步以上操作	Ctrl + Shift + Z
剪切选取的图像或路径	Ctrl + X 或 F2
拷贝选取的图像或路径	Ctrl + C
合并拷贝	Ctrl + Shift + C
将剪贴板的内容粘到当前图形中	Ctrl + V 或 F4
将剪贴板的内容粘到选框中	Ctrl + Shift + V
自由变换	Ctrl + T
应用自由变换(在自由变换模式下)	Enter
从中心或对称点开始变换(在自由变换模式下)	Alt
限制(在自由变换模式下)	Shift
扭曲(在自由变换模式下)	Ctrl
取消变形(在自由变换模式下)	Esc
自由变换复制的像素数据	Ctrl + Shift + T
再次变换复制的像素数据并建立一个副本	Ctrl + Shift + Alt + T
删除选框中的图案或选取的路径	DEL
用背景色填充所选区域或整个图层	Ctrl + Backspace 或 Ctrl + Del
用前景色填充所选区域或整个图层	Alt + Backspace 或 Alt + Del
弹出"填充"对话框	Shift + Backspace
从历史记录中填充	Alt + Ctrl + Backspace

用于图像调整的快捷键

结　　果	快　捷　键
调整色阶	Ctrl + L
自动调整色阶	Ctrl + Shift + L
打开"曲线调整"对话框	Ctrl + M
在所选通道的曲线上添加新的点(在"曲线"对话框中)	在图像中 Ctrl 加点按
在复合曲线以外的所有曲线上添加新的点(在"曲线"对话框中)	Ctrl + Shift 加点按
移动所选点(在"曲线"对话框中)	↑/↓/←/→
以 10 点为增幅移动所选点以 10 点为增幅(在"曲线"对话框中)	Shift + 箭头
选择多个控制点(在"曲线"对话框中)	Shift 加点按
前移控制点(在"曲线"对话框中)	Ctrl + Tab
后移控制点(在"曲线"对话框中)	Ctrl + Shift + Tab
添加新的点(在"曲线"对话框中)	点按网格

结　　果	快　捷　键
删除点（在"曲线"对话框中）	Ctrl 加点按
取消选择所选通道上的所有点（在"曲线"对话框中）	Ctrl + D
使曲线网格更精细或更粗糙（在"曲线"对话框中）	Alt 加点按网格
选择彩色通道（在"曲线"对话框中）	Ctrl + ~
选择单色通道（在"曲线"对话框中）	Ctrl + 数字
打开"色彩平衡"对话框	Ctrl + B
打开"色相/饱和度"对话框	Ctrl + U
全图调整（在"色相/饱和度"对话框中）	Ctrl + ~
只调整红色（在"色相/饱和度"对话框中）	Ctrl + 1
只调整黄色（在"色相/饱和度"对话框中）	Ctrl + 2
只调整绿色（在"色相/饱和度"对话框中）	Ctrl + 3
只调整青色（在"色相/饱和度"对话框中）	Ctrl + 4
只调整蓝色（在"色相/饱和度"对话框中）	Ctrl + 5
只调整洋红（在"色相/饱和度"对话框中）	Ctrl + 6
去色	Ctrl + Shift + U
反相	Ctrl + I

用于图层操作的快捷键

结　　果	快　捷　键
从对话框新建一个图层	Ctrl + Shift + N
以默认选项建立一个新的图层	Ctrl + Alt + Shift + N
通过拷贝建立一个图层	Ctrl + J
通过剪切建立一个图层	Ctrl + Shift + J
与前一图层编组	Ctrl + G
取消编组	Ctrl + Shift + G
向下合并或合并链接图层	Ctrl + E
合并可见图层	Ctrl + Shift + E
盖印或盖印链接图层	Ctrl + Alt + E
盖印可见图层	Ctrl + Alt + Shift + E
将当前层下移一层	Ctrl + [
将当前层上移一层	Ctrl +]
将当前层移到最下面	Ctrl + Shift + [
将当前层移到最上面	Ctrl + Shift +]
激活下一个图层	Alt + [
激活上一个图层	Alt +]

续表

结　　果	快　捷　键
激活底部图层	Shift + Alt + [
激活顶部图层	Shift + Alt +]
调整当前图层的透明度（当前工具为无数字参数的，如移动工具）	0 至 9
保留当前图层的透明区域（开关）	/
投影效果（在"效果"对话框中）	Ctrl + 1
内阴影效果（在"效果"对话框中）	Ctrl + 2
外发光效果（在"效果"对话框中）	Ctrl + 3
内发光效果（在"效果"对话框中）	Ctrl + 4
斜面和浮雕效果（在"效果"对话框中）	Ctrl + 5
应用当前所选效果并使参数可调（在"效果"对话框中）	A

用于图层混合模式的快捷键

结　　果	快　捷　键
循环选择混合模式	Alt + - 或 +
正常	Ctrl + Alt + N
阈值（位图模式）	Ctrl + Alt + L
溶解	Ctrl + Alt + I
背后	Ctrl + Alt + Q
清除	Ctrl + Alt + R
正片叠底	Ctrl + Alt + M
屏幕	Ctrl + Alt + S
叠加	Ctrl + Alt + O
柔光	Ctrl + Alt + F
强光	Ctrl + Alt + H
颜色减淡	Ctrl + Alt + D
颜色加深	Ctrl + Alt + B
变暗	Ctrl + Alt + K
变亮	Ctrl + Alt + G
差值	Ctrl + Alt + E
排除	Ctrl + Alt + X
色相	Ctrl + Alt + U
饱和度	Ctrl + Alt + T
颜色	Ctrl + Alt + C
光度	Ctrl + Alt + Y

续表

结　　果	快　捷　键
去色	海绵工具 + Ctrl + Alt + J
加色	海绵工具 + Ctrl + Alt + A
暗调	减淡/加深工具 + Ctrl + Alt + W
中间调	减淡/加深工具 + Ctrl + Alt + V
高光	减淡/加深工具 + Ctrl + Alt + Z

用于选择操作的快捷键

结　　果	快　捷　键
全部选取	Ctrl + A
取消选择	Ctrl + D
恢复最后的那次选择	Ctrl + Shift + D
羽化选择	Ctrl + Alt + D 或 Shift + F6
反向选择	Ctrl + Shift + I 或 Shift + F7
路径变选区	数字键盘的 Enter
载入选区	Ctrl + 点按图层、路径、通道面板中的缩览图
载入对应单色通道的选区	Ctrl + Alt + 数字

用于滤镜操作的快捷键

结　　果	快　捷　键
按上次的参数再做一次上次的滤镜	Ctrl + F
退去上次所做滤镜的效果	Ctrl + Shift + F
重复上次所做的滤镜(可调参数)	Ctrl + Alt + F
选择工具(在"3D 变化"滤镜中)	V
立方体工具(在"3D 变化"滤镜中)	M
球体工具(在"3D 变化"滤镜中)	N
柱体工具(在"3D 变化"滤镜中)	C
轨迹球(在"3D 变化"滤镜中)	R
全景相机工具(在"3D 变化"滤镜中)	E

用于分析操作的快捷键

结　　果	快　捷　键
记录测量	Shift + Ctrl + M
取消选择所有测量	Ctrl + D

续表

结　果	快　捷　键
选择所有测量	Ctrl + A
隐藏/显示所有测量	Shift + Ctrl + H
删除测量	Backspace
轻移测量	箭头键

用于 3D 操作的快捷键

结　果	快　捷　键
启用 3D 对象工具	K
启用 3D 相机工具	N
隐藏最近的表面	Alt + Ctrl + X
显示所有表面	Alt + Shift + Ctrl + X

用于视图操作的快捷键

结　果	快　捷　键
显示彩色通道	Ctrl + ~
显示单色通道	Ctrl + 数字
显示复合通道	~
以 CMYK 方式预览(开关)	Ctrl + Y
打开/关闭色域警告	Ctrl + Shift + Y
放大视图	Ctrl + +
缩小视图	Ctrl + -
满画布显示	Ctrl + 0
实际像素显示	Ctrl + Alt + 0
向上卷动一屏	PageUp
向下卷动一屏	PageDown
向左卷动一屏	Ctrl + PageUp
向右卷动一屏	Ctrl + PageDown
向上卷动 10 个单位	Shift + PageUp
向下卷动 10 个单位	Shift + PageDown
向左卷动 10 个单位	Shift + Ctrl + PageUp
向右卷动 10 个单位	Shift + Ctrl + PageDown
将视图移到左上角	Home
将视图移到右下角	End
显示/隐藏选择区域	Ctrl + H

续表

结　　果	快　捷　键
显示/隐藏路径	Ctrl + Shift + H
显示/隐藏标尺	Ctrl + R
显示/隐藏参考线	Ctrl + ;
显示/隐藏网格	Ctrl + "
贴紧参考线	Ctrl + Shift + ;
锁定参考线	Ctrl + Alt + ;
贴紧网格	Ctrl + Shift + "
显示/隐藏"画笔"面板	F5
显示/隐藏"颜色"面板	F6
显示/隐藏"图层"面板	F7
显示/隐藏"信息"面板	F8
显示/隐藏"动作"面板	F9
显示/隐藏所有命令面板	TAB
显示或隐藏工具箱以外的所有调板	Shift + TAB

快速输入工具选项

结　　果	快　捷　键
快速输入(当前工具选项面板中至少有一个可调节数字)	0 至 9
循环选择画笔	[或]
选择第一个画笔	Shift + [
选择最后一个画笔	Shift +]
建立新渐变(在"渐变编辑器"中)	Ctrl + N

用于文字处理(在"文字工具"对话框中)操作的快捷键

结　　果	快　捷　键
左对齐或顶对齐	Ctrl + Shift + L
中对齐	Ctrl + Shift + C
右对齐或底对齐	Ctrl + Shift + R
左/右选择1个字符	Shift + ←/→
下/上选择1行	Shift + ↑/↓
选择所有字符	Ctrl + A
选择从插入点到鼠标点按点的字符	Shift 加点按
左/右移动1个字符	←/→
下/上移动1行	↑/↓

续表

结　　果	快　捷　键
左/右移动1个字	Ctrl + ←/→
将所选文本的文字大小减小2点像素	Ctrl + Shift + <
将所选文本的文字大小增大2点像素	Ctrl + Shift + >
将所选文本的文字大小减小10点像素	Ctrl + Alt + Shift + <
将所选文本的文字大小增大10点像素	Ctrl + Alt + Shift + >
将行距减小2点像素	Alt + ↓
将行距增大2点像素	Alt + ↑
将基线位移减小2点像素	Shift + Alt + ↓
将基线位移增加2点像素	Shift + Alt + ↑
将字距微调或字距调整减小 20/1000 ems	Alt + ←
将字距微调或字距调整增加 20/1000 ems	Alt + →
将字距微调或字距调整减小 100/1000 ems	Ctrl + Alt + ←
将字距微调或字距调整增加 100/1000 ems	Ctrl + Alt + →

功能键

结　　果	快　捷　键
帮助	F1
剪切	F2 或 Ctrl+X
拷贝	F3 或 Ctrl+C
粘贴	F4 或 Ctrl+V
隐藏/显示画笔面板	F5
隐藏/显示颜色面板	F6
隐藏/显示图层面板	F7
隐藏/显示信息面板	F8
隐藏/显示动作面板	F9
恢复	F12
填充	Shift + F5
羽化	Shift + F6
选择→反选	Shift + F7
隐藏选定区域	Ctrl + H
退出 Photoshop	Ctrl + Q
取消操作	Esc

参考文献

［1］ 景怀宇.中文版 Photoshop CS5 实用教程[M].北京：人民邮电出版社，2012.
［2］ 王玲.Photoshop CS5 平面设计实战从入门到精通[M].北京：人民邮电出版社，2012.
［3］ 神龙影像.Photoshop CS5 中文版从入门到精通[M].北京：人民邮电出版社，2012.
［4］ 文杰书院.Photoshop CS5 图像处理基础教程[M].北京：清华大学出版社，2012.
［5］ 赵芳，孟龙.Photoshop CS5 平面广告设计经典 228 例[M].北京：科学出版社，2012.
［6］ 金日龙.中文版 Photoshop CS5 基础培训教程[M].北京：人民邮电出版社，2010.
［7］ 瞿颖健，曹茂鹏.中文版 Photoshop CS5 白金手册[M].北京：人民邮电出版社，2011.
［8］ 李晓斌.中文版 Photoshop CS5 数码照片处理完全自学一本通[M].北京：电子工业出版社，2010.
［9］ 栩睿视觉.Photoshop CS5 完全自学手册[M].北京：科学出版社，2012.
［10］ 赵博，艾萍.从零开始：Photoshop CS5 中文版基础培训教程[M].北京：人民邮电出版社，2012.
［11］ 雷波，李巧君，王树琴.中文版 Photoshop CS5 标准教程[M].北京：中国电力出版社，2011.

图1-1 时尚插画

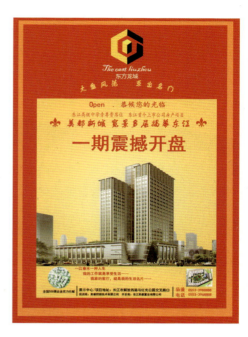

图2-1 楼盘宣传海报

图3-1 韩式风格婚纱照

图4-1 毕业作品展海报

图5-1 苹果最终效果图

图5-2 手机最终效果图

图 6-1　卡通画完成图

图 7-1　视觉创意图像

图 8-1　儿童相册合成图

图 9-1　BMW 宣传广告

图 10-1 Photoshop 宣传海报文字部分

图 11-1 动感文字

图 12-1 炫的宣传画

图 13-1 洁面乳宣传海报

图 13-25 儿童卧室后期效果

图 13-70 人物彩妆效果图

图 13-85 卡通人物效果图